应用型人才培养实用教材
普通高等院校土木工程"十三五"规划教材

建筑工程概预算

主　编　张晓华

副主编　杨维武　张晓丽

参　编　喻敬琴　刘　娟

　　　　刘　艳　邹媛媛

西南交通大学出版社
·成都·

图书在版编目（CIP）数据

建筑工程概预算 / 张晓华主编. —成都：西南交通大学出版社，2017.8（2022.7 重印）

应用型人才培养实用教材 普通高等院校土木工程"十三五"规划教材

ISBN 978-7-5643-5711-5

Ⅰ. ①建… Ⅱ. ①张… Ⅲ. ①建筑概算定额 – 高等学校 – 教材②建筑预算定额 – 高等学校 – 教材 Ⅳ. ①TU723.3

中国版本图书馆 CIP 数据核字（2017）第 218440 号

应用型人才培养实用教材
普通高等院校土木工程"十三五"规划教材

建筑工程概预算

主编　张晓华

责任编辑	柳堰龙
封面设计	何东琳设计工作室

出版发行	西南交通大学出版社 （四川省成都市二环路北一段 111 号 西南交通大学创新大厦 21 楼）
邮政编码	610031
发行部电话	028-87600564
官网	http://www.xnjdcbs.com
印刷	成都中永印务有限责任公司

成品尺寸	185 mm × 260 mm
印张	16.5　　插页　8
字数	457 千
版次	2017 年 8 月第 1 版
印次	2022 年 7 月第 3 次
定价	48.00 元
书号	ISBN 978-7-5643-5711-5

课件咨询电话：028-81435775
图书如有印装质量问题　本社负责退换
版权所有　盗版必究　举报电话：028-87600562

前　言

本书以中华人民共和国住房和城乡建设部《建设工程工程量清单计价规范》（GB 50500—2013）、《房屋建筑与装饰工程工程量计算规范》（GB 50854—2013）和《建筑安装工程费用项目组成》（建标〔2013〕44号）为依据，结合宁夏地区最新的建筑安装工程预算定额及取费标准编写而成。

随着我国工程造价管理体制改革的不断发展，对"建筑工程计量与计价"或"工程估价"等相关课程教材的应用性和实用性要求越来越高，本书的出版，是满足现有形势下高校对培养应用技术型、复合型工程管理专业人才的教学的实际需要，全书理论与实例相结合，融入了编者多年的教学及实践经验。

本书理论部分系统介绍了工程造价的基本概念、工程定额、工程造价构成、工程造价的编写与确定。实务部分以《建设工程工程量清单计价规范》和地方定额为依据，系统介绍了建筑面积计算的规则及方法，工程量清单编制原则和清单计价方法，并在相关章节的计算实例中对综合单价的确定做了具体分析计算。最后附有建筑工程计价案例实训。

本书内容全面系统、图文并茂、通俗易懂、易于自学，可作为高等院校工程管理、工程造价、土木工程、城市规划等专业建筑工程计量与计价或工程估价等相关课程的教材，也可作为相关部门工程造价人员的培训教材或参考书。

本书由宁夏大学土木与水利工程学院张晓华担任主编，宁夏大学土木与水利工程学院杨维武、宁夏建设职业技术学院张晓丽任副主编。具体编写分工如下：宁夏大学土木与水利工程学院张晓华编写第 2、5、7、8、9、13 章，宁夏大学土木与水利工程学院杨维武编写第 6章，宁夏大学新华学院喻敬琴编写第 1、12 章，宁夏大学土木与水利工程学院刘娟编写第 4章，银川能源学院刘艳编写第 10 章，中国矿业大学（银川）邹媛媛编写第 3 章，宁夏建设职业技术学院张晓丽编写第 11 章。全书由张晓华负责统稿。

本书在编写过程中，参考了许多专家学者的相关著作和教材，在此表示衷心的感谢。

由于时间仓促，编者知识水平有限，书中难免存在不足之处，恳请广大读者、专家、同仁批评指正。

编　者
2017 年 6 月

目　录

1 建设工程造价概论

本章概要

本章主要介绍了基本建设程序，建设项目的划分，建筑工程计价模式的基本内容。通过本章的学习，掌握基本建设的概念、程序，建设项目的概念、分类，建设项目工程造价的分类，建设工程计价的概念，理解建设项目的划分、了解工程造价概念及制度。

1.1 建设工程概论

1.1.1 建设工程概念

建设工程是人类有组织、有目的、大规模的经济活动。是固定资产再生产过程中形成综合生产能力或发挥工程效益的工程项目。其经济形态包括建筑、安装工程建设、购置固定资产以及与此相关的一切其他工作。

建设工程是指建造新的或改造原有的固定资产。固定资产是指在社会再生产过程中，可供较长时间使用，并在使用过程中基本不改变原有实物形态的劳动资料和其他物质资料，他是人类物质财富的积累，是人们从事生产和物质消费的基础。

建设工程的特定含义是通过"建设"来形成新的固定资产，单纯的固定资产购置如购进商品房屋，购进施工机械，购进车辆、船舶等，虽然新增了固定资产，但一般不视为建设工程。建设工程是建设项目从预备、筹建、勘察设计、设备购置、建筑安装、试车调试、竣工投产，直到形成新的固定资产的全部工作。

1.1.2 建设项目的概念

建设项目是指按一个总体设计进行建设施工的一个或几个单项工程的总体。

在我国，通常以建设一个企业单位或一个独立工程作为一个建设项目。凡属于一个总体设计中分期分批进行建设的主体工程和附属配套工程，综合利用工程，供水供电工程都作为一个建设项目。不能把不属于一个总体设计，按各种方式结算作为一个建设项目，也不能把同一个总体设计内的工程，按地区或施工单位分为几个建设项目。

建设项目的实施单位一般称为建设单位。国有单位的经营性基本建设大中型项目，在建设阶段实行建设项目法人责任制，由项目法人单位实行统一管理。

1.1.3 建设工程项目分类

1.1.3.1 按建设工程性质分类

1. 新建项目

新建项目是指新建的投资建设工程项目，或对原有项目重新进行总体设计，扩大建设规模后，其新增固定资产价值超过原有固定资产价值三倍以上的建设项目。

2. 扩建项目

扩建项目是指在原有的基础上投资扩大建设的工程项目。如在企业原有场地范围内或其他地点，为了扩大原有主要产品的生产能力或效益，或增加新产品生产能力而建设新的主要车间或其他工程的项目。

3. 改建项目

改建项目是指原有企业为了提高生产效益，改进产品质量或调整产品结构，对原有设备或工程进行改造的项目。有的企业为了平衡生产能力，需增建一些附属、辅助车间或非生产性工程，也可列为改建项目。

4. 重建项目

重建项目是指企业、事业单位因受自然灾害、战争或人为灾害等特殊原因，使原有固定全部或部分报废后又投资重新建设的项目。

5. 迁建项目

迁建项目是指原有企业、事业单位、由于某种原因报经上级批准进行搬迁建设，不论其规模是维持原规模还是扩大建设，均属迁建项目。

1.1.3.2 按建设工程规模分类

按照上级批准的建设项目的总规模和总投资，建设工程项目可分为大型、中型和小型三类。

（1）建设项目的大、中、小类型，应根据项目的建设总规模（设计生产能力或效益）或计划总投资、或按照《建设项目大中小型划分标准》进行划分。建设总规模或计划总投资，原则上应以上级批准的设计任务书或初步设计确定的总规模或总投资为准，没有正式批准设计任务书或初步设计的，可按国家或省，市，自治区的建设中所列的总规模或总投资划分。

（2）工业项目按设计生产能力规模或总投资，确定大、中、小型项目。非工业项目可分为大中型和小型两种，均按项目的经济效益和总投资额划分。

（3）凡生产单一产品的项目，应按产品的设计生产能力划分。生产多种产品的项目，一般按其主要产品的设计生产能力划分，产品种类繁多，难以按其主要产品的设计能力划分，则按其投资总额划分。

（4）一个建设项目只能属于大中小型中的一种类型。新建项目按项目的全部建设规模或全部投资划分，改建、扩建项目按改建、扩建所增加的设计能力或投资划分。

1.1.3.3 按建设用途来划分的工程项目

（1）生产性建设项目。如工业工程项目、运输工程项目、农田水利工程项目、能源工程项目等，即用于物质产品生产建设的工程项目。

（2）非生产性建设项目。按满足人们物质文化生活需要的工程项目。非生产性建设工项目可分为经营性工程项目和非经营性工程项目。

1.1.3.4 按资金来源划分的工程项目

（1）国家预算拨款的工程项目。

（2）银行贷款的工程项目。

（3）企业联合投资的工程项目。

（4）企业自筹的工程项目。

（5）利用外资的工程项目。

（6）外资工程项目。

1.1.4 建设项目的构成

1. 单项工程

单项工程是建设项目的组成部分，是指具有独立的设计文件、在竣工后可以独立发挥效益或生产能力的产品车间（联合企业的分厂）生产线或独立工程等。

一个建设项目可以包括若干个单项工程，例如一个新建工厂的建设项目，其中的各个生产车间、辅助车间、仓库、住宅等工程都是单项工程。有些比较简单的建设项目本身就是一个单项工程，例如只有一个车间的小型工厂、一条森林铁路等。一个建设项目在全部建成投入使用以前，往往陆续建成若干个单项工程，所以单项工程是考核投产计划完成情况和计算新增生产能力的基础。

2. 单位工程

单项工程由若干个单位工程组成。单位工程指不能独立发挥生产能力，但具有独立设计的施工图纸和组织施工的工程。例如工业建筑物的土建工程是一个单位工程，而安装工程又是一个单位工程。

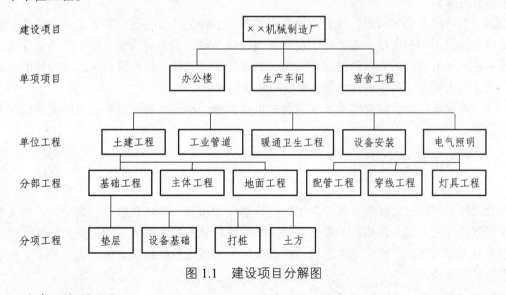

图 1.1　建设项目分解图

3. 分部、分项工程

考虑到组成单位工程的各部分是由不同工人用不同工具和材料完成的，可以进一步把单位工程分解分部工程。土建工程的分部工程是按建筑工程的主要部位划分的，例如基础工程、主体工程、地面工程等；安装工程的分部工程是按工程的种类划分的，例如管道工程、电气工程、通风工程以及设备安装工程等。

按照不同的施工方法、构造及规格可以把分部工程进一步划分为分项工程。分项工程是能通过较简单的施工过程生产出来的、可以用适当的计量单位计算并便于测定或计算其消耗的工程基本构成要素。以上各层次的分解结构图示于图 1.1。

1.2　工程造价基本概念

1.2.1　工程造价含义

1. 工程造价的两种含义

（1）从投资者角度，工程造价是指建设一项工程预期开支或实际开支的全部固定资产投资费用。

（2）从承包商角度，工程造价是指工程价格。即建成一项工程，预计或实际在土地市场、设备市场、技术劳务市场以及承包市场等交易活动中所形成的建筑安装工程的价格和建筑工程总价格。

2. 工程造价两种含义之间的区别和联系

（1）建设成本是对应于投资和项目法人而言的；承包价格是对应于承发包双方而言的。

（2）建设成本的外延是全方位的，即工程建设所有费用；承包价格的涵盖范围即对"交钥匙"工程而言也不是全方位的。如建设项目的贷款利息、项目法人本身对项目管理的管理费等都是不可能纳入工程承发包范围的。在总体数目额及内容组成等方面，建设成本总是大于承包价的总和。

（3）与两种含义相对应，就有两种造价管理，前者是项目投资，后者是承包商的管理，这是两个性质不同的主题。前者属于投资管理范畴，需努力提高效益，同时，还需接受国家的政策指导和监督。后者属价格管理范畴，要通过宏观调控、市场机制来求得价格的总体合理，项目法人则需对具体项目的承包价搞好微观管理。

（4）建设成本的管理要服从于承包价的市场管理，承包价的管理要适当顾及建设成本的承受能力。

1.2.2　工程造价的特点

1. 工程造价的大额性

要发挥工程项目的投资效用，其工程造价都非常昂贵，动辄数百万、数千万，特大的工程项目造价可达百亿人民币。工程造价的大额性使它关系到有关各方面的重大经济利益，同时也会对国家宏观经济产生重大影响。这就决定了工程造价的特殊地位，也说明了工程造价管理的重要意义。

2. 工程造价的个别性、差异性

任何一项工程都有特定的用途、功能和规模。因此，对每一项工程的结构、造型、空间分割、设备配置和内外装饰都有具体的要求，所以工程内容和实物形态都具有个别性、差异性。产品的差异性决定了工程造价的个别性差异。同时，每项工程所处的地理位置也不相同，使这一特点得到了强化。

3. 工程造价的动态性

任何一项工程从决策到竣工交付使用，都有一个较长的建设期间，在建设期内，往往由于不可控制因素的原因，造成许多影响工程造价的动态因素。如设计变更、材料、设备价格、工资标准以及取费费率的调整，贷款利率、汇率的变化，都必然会影响到工程造价的变动。所以，工程造价在整个建设期处于不确定状态，直至竣工决算后才能最终确定工程的实际造价。

4. 工程造价的层次性

工程造价的层次性取决于工程的层次性。一个建设项目往往包含多项能够独立发挥生产能力和工程效益的单项工程。一个单项工程又由多个单位工程组成。与此相适应，工程造价有三个层次，即建设项目总造价、单项工程造价和单位工程造价。如果专业分工更细，分部分项工程也可以作为承发包的对象，如大型土方工程、桩基础工程、装饰工程等。这样工程造价的层次因增加分部工程和分项工程而成为五个层次。即使从工程造价的计算程序和工程管理角度来分析，工程造价的层次也是非常明确的。

5. 工程造价的兼容性

工程造价的兼容性，首先表现在本身具有的两种含义，其次表现在工程造价构成的广泛性和复杂性，工程造价除建筑安装工程费用、设备及工器具购置费用外，征用土地费用、项目可行性研究费用、规划设计费用、与一定时期政府政策（产业和税收政策）相关的费用占有相当的份额。盈利的构成也较为复杂，资金成本较大。

1.2.3 工程造价的职能

工程造价的职能，除一般商品价格职能外，还有自己特殊的职能。

1. 预测职能

工程造价的大额性和多变性，无论是投资者或是承包商都要对工程的工程造价进行预先测算。投资者测算工程造价不仅作为项目决策的依据，同时也是筹集资金，控制工程造价的依据。承包商对工程造价的预测，既为投标报价提供决策依据，也为成本管理提供依据。

2. 控制职能

工程造价的控制职能表现在两个方面：一方面是对投资的控制，即在投资的各个阶段，根据对工程造价的多次预估和测算，对造价进行全过程多层次的控制；另一方面，是对以承包商为代表的商品和劳务供应企业的成本控制。在价格一定的条件下，企业实际成本开支决定企业的盈利水平。成本越高盈利越低，成本高于价格则危及企业的生存。所以施工企业要以工程造价来控制成本，利用工程造价提供的信息资料作为控制成本的依据。

3. 评价职能

工程造价是评价建设项目总投资和分项投资合理性和投资效益的主要依据之一。在评价土地价格、建筑产品和设备价格的合理性时，就必须利用工程造价资料；在评价建设项目偿贷能力、获利能力和宏观效益时，也可依据工程造价。工程造价也是评价建筑安装企业管理水平和经营效果的重要依据。

4．调控职能

工程建设直接关系到国民经济增长，也直接关系到国家重要资源分配和资金流向，对国计民生都产生重大影响。因此，国家对建设规模、产品结构进行宏观调控在任何条件下都是不可缺的，对政府投资项目进行直接调控和管理也是非常必要的。这些都要用工程造价为经济杠杆，对工程建设中的物资消耗水平、建设规模、投资方向等进行调控和管理。

1.2.4　工程造价的作用

工程造价涉及国民经济各机构、各行业，社会再生产的各个环节，也直接关系到人民群众生活和城镇居民的居住条件，所以其作用范围和影响程度很大。

1．工程造价是项目决策的依据

建设工程投资大、生产和使用周期长等特点决定了项目决策的重要性。工程造价决定着项目投资的一次性费用，投资者是否有足够财务能力支付这笔费用，是否认为值得支付这笔费用，是项目决策中要考虑的主要问题。财务能力是一个独立的投资主体必须首先要解决的问题。如果建设工程造价超过了投资者的支付能力，就会迫使其放弃项目；如果项目投资的效果达不到预期的目标，也会放弃工程。因此，在项目决策阶段，建设工程造价就成为项目财务分析和经济评价的重要依据。

2．工程造价是制定投资计划和控制投资的依据

投资计划是按照建设工期、工程进度和工程造价等逐年加以制定的。正确的投资计划有助于合理和有效地使用资金。

工程造价在控制投资方面的作用非常明显。工程造价是通过多次概、预算，最终通过竣工决算确定的。每一次概、预算的过程就是对造价控制的过程。这种控制是在投资者财务能力的限度内为取得既定的投资效益所必需的。工程造价对投资的控制也表现在制定各类定额、标准和参数，对工程造价的计算依据进行控制。在市场经济利益风险机制的作用下，工程造价控制作用成为投资的内部约束机制。

3．工程造价是筹建建设资金的依据

投资体制的改革和市场经济的建立，要求项目的投资者必须有很强的筹资能力，以保证工程建设有充足的资金供应。工程造价基本决定了建设资金的需求量，从而为筹集资金提供了比较准确的依据。当建设资金来源于金融机构贷款时，金融机构在对项目的偿贷能力进行评估的基础上，依据工程造价来确定给予投资者的贷款数据。

4．工程造价是利益合理分配和调节产业结构的手段

工程造价的高低，关系到国民经济各机构和企业间的利益分配。在市场经济中，工程造价也无例外地受供求关系的影响，并在围绕价值的波动中实现对建设规模、产业结构和利益分配的调节。加上政府正确的宏观调控和价格的政策导向，工程造价在这方面的优势会充分发挥出来。

5．工程造价是评价投资效果的重要指标

建设工程造价是一个包含着多层次工程造价的体系，就一个工程项目来说，既是建设项目的总造价，又包含单项工程的造价和单位工程的造价，同时也包含单位生产能力的造价，或一个平方米建筑面积的造价等等。所有这些使工程造价自身形成了一个指标体系。因此，

能为评价投资效果提供多种评价指标，并能形成新的价格信息，为今后类似项目的投资提供参照体系。

1.3 工程造价管理制度

1.3.1 我国建设工程造价管理体制与改革

1. 我国工程造价管理体制的建立

我国工程造价管理体制的发展过程，大体可以分为五个阶段。

第一阶段（1950—1957 年）是与计划经济相适应的概预算定额制度建立时期。第二阶段（1958—1966 年）由于受到经济建设中"左"倾错误的影响，概预算定额管理逐渐被削弱的阶段。第三阶段（1966—1976 年）由于政治运动的干扰，概预算定额管理工作遭到严重破坏的阶段。第四阶段（1976—20 世纪 90 年代初）是工程造价管理工作整顿和发展时期。第五阶段，从 20 世纪 90 年代初至今。随着我国经济发展水平的提高和经济结构的日益复杂，计划经济的内在弊端逐步暴露出来，传统的、与计划经济相适应的预算定额管理，实际上是用来对工程造价实行行政指令的直接管理，遏制了生产者和经营者的积极性与创造性，市场经济虽然有其弱点和消极的方面，但它能适应不断变化的社会经济条件而发挥优化资源配置的基础作用。因而在总结十多年改革开放经验的基础上，由"统一量、指导价、竞争费"到工程量清单计价模式实行后，逐步形成了"政府宏观调控，企业自主报价，市场形成价格，加强市场监管"的工程造价管理模式。

2. 我国工程造价管理体制改革的目标

我国工程造价管理体制改革的最终目标是逐步建立以市场形成价格为主的价格机制。改革的具体内容和任务是：

（1）改革现行的工程定额管理方式，实行量价分离，逐步建立起由工程定额作为指导、通过市场竞争形成工程造价的机制。国务院建设行政主管部门统一制定符合国家有关标准、规范，并反映一定时期施工水平的人工、材料、机械等消耗量标准，实现国家对消耗量标准的宏观管理；制定统一的工程项目划分、工程量计算规则，实行工程量清单报价。人工、材料、机械等单价，由工程造价管理机构依据市场价格的变化发布工程造价相关信息和指数。

（2）加强工程造价信息的收集、处理和发布工作。工程造价管理机构应做好工程造价资料积累工作，建立相应的信息网络系统，及时发布信息，以适应市场的需要。

（3）对政府投资工程和非政府投资工程实行不同的管理方式。

（4）加强对工程造价的监督管理，逐步建立工程造价的监督检查制度，规范计价行为，确保工程质量和工程建设的顺利进行。

3. 工程造价管理的组织

工程造价管理的组织是指为了实现工程造价管理目标而进行的有效组织活动，以及与造价管理组织功能相关的有机群体。它是工程造价动态的组织活动过程和相对静态的造价管理机构的统一。具体来说，主要是指国家、地方、机构和企业之间管理权限及职责范围的划分。

工程造价管理组织有三个系统：

1）政府行政管理系统

政府在工程造价管理中既是宏观管理的主体，也是政府投资项目的微观管理的主体。从宏观管理的角度，政府对工程造价管理有一个严密的组织系统，设置了多层管理机构，规定了管理权限和职责范围。

2）企、事业机构管理系统

企、事业机构对工程造价的管理，属于微观管理的范畴。设计单位和工程造价咨询机构，按照业主或委托方的意图，在可行性研究和规划设计阶段合理确定和有效控制建设项目的工程造价，通过限额设计等手段实现设定的造价管理目标；在招投标工作中编制标底，参加评标、议标；在项目实施阶段，通过对设计变更、工期、索赔和结算等项目管理进行造价控制。设计单位和工程造价咨询机构，通过在全过程造价管理中的业绩，赢得自己的信誉，提高市场竞争能力。承包企业的工程造价管理是企业管理中的重要组成，设有专门职能机构参与企业的投标决策，并通过对市场的调查研究，利用过去积累的经验，研究报价策略，提出报价；在施工过程中，进行工程造价的动态管理，注意各种调价因素的发生和工程价款的结算，避免收益的流失，以促进企业盈利目标的实现。当然，承包企业在加强工程造价管理的同时，还要加强企业内部的各项成本控制，才能切实保证企业有较高的利润水平。

3）行业协会管理系统

工程造价行业协会是由从事工程造价管理和工程造价咨询服务的企业及具有造价工程师注册资格和资深的专家、学者自愿组成的具有社会法人资格的全国性社会团体，是对外代表造价工程师和造价咨询服务机构的行业自律性组织。

中国建设工程造价管理协会遵循国际惯例，按照社会主义市场经济的要求，组织研究工程造价行业发展和管理体制改革的理论和实际问题，不断提高工程造价专业人员的素质和工程造价的业务水平，为维护各方的合法权益，遵守职业道德，合理确定工程造价，提高投资效益，以及促进国际间工程造价机构的交流与合作服务。

1.3.2　工程造价管理含义

1. 工程造价管理的含义

工程造价管理的两种含义：一是建设工程投资费用管理；二是工程价格管理。工程造价计价依据的管理和工程造价专业队伍建设的管理则是为这两种管理服务的。

作为建设工程的投资费用管理，它属于工程建设投资管理范畴。工程建设投资费用管理，是指为了实现投资的预期目标，在拟定的规划、设计方案的条件下，预测、计算、确定和监控工程造价及其变动的系统活动。

工程价格管理，属于价格管理范畴。在微观层次上，是生产企业在掌握市场价格信息的基础上，为实现管理目标而进行的成本控制、计价、定价和竞价的系统活动。在宏观层次上，是政府根据社会经济的要求，利用法律手段、经济手段和行政手段对价格进行管理和调控，以及通过市场管理规范市场主体价格行为的系统活动。因此，国家对工程造价的管理，不仅承担一般商品价格的调控职能，而且在政府投资项目上也承担着微观主体的管理职能。这种双重角色的双重管理职能，是工程造价管理的一大特色。区分两种管理职能，进而制定不同的管理目标，采用不同的管理方法是必然的发展趋势。

2. 工程造价管理的意义和目的

工程造价管理的目的不仅在于控制项目投资不超过批准的造价限额，更在于坚持倡导艰苦奋斗、勤俭建国的方针，从国家的整体利益出发，合理使用人力、物力、财力，取得最大投资效益。

1.3.3 工程造价管理内容

工程造价管理包括工程造价合理确定和有效控制两个方面。

1. 工程造价与基本建设的关系

工程造价的合理确定，就是在工程建设的各个阶段，采用科学计算方法和切实实际的计价依据，合理确定投资估算、设计概算、施工图预算、承包合同价、结算价、竣工决算。

工程造价的合理确定是控制工程造价的前提和先决条件。没有工程造价的合理确定，也就无法进行工程造价控制。

依据建设程序，工程造价的确定与工程建设阶段性工作的深度相适应。一般分为以下七个阶段：

（1）项目建议书阶段。按照有关规定，应编制初步投资估算，经有关机构批准，作为项目列入国家中长期计划和开展前期工作的控制造价。

（2）设计任务书阶段（可行性研究阶段）。按照有关规定编制的投资估算，经有关机构批准，即为该项目国家计划控制造价，如图 1.2 所示，在可行性研究阶段做投资估算。

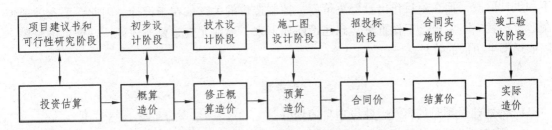

图 1.2　基本建设与概预算关系

（3）初步设计阶段。设计单位按照有关规定概算定额或概算指标编制初步设计总概算，经有关机构批准，即为控制项目工程造价的最高限额。对初步设计阶段，实行建设项目招标承包制签订承包合同协议的，其合同价也应在最高限价（总概算）相应的范围以内。

（4）施工图设计阶段。按规定编制施工图预算，用以核实施工图阶段造价是否超过批准的初步设计概算。经承发包双方共同确认，有关机构审查通过的预算，即为结算工程价款的依据。如图 1.2 所示，建设单位与施工单位在施工图设计完成后分别根据预算定额编制施工图预算，建设单位做标底，施工单位用来做投标报价。

（5）承发包阶段。对施工图预算为基础招标投标的工程，承包合同也是以经济合同形式确定的建筑安装工程造价。

（6）工程实施阶段。要按照承包方实际完成的工程量，以合同价为基础，同时考虑因物价上涨所引起的造价提高，考虑到设计中难以预计的而在实施阶段实际发生的工程和费用，合理确定结算价。如图 1.2 所示，施工企业在施工阶段根据预算定额核定每月完成工程量与建设单位按时结算，对内根据企业定额严格控制直接成本，做好施工预算。

（7）竣工验收阶段，全面汇集在工程建设过程中实际花费的全部费用，如图1.2所示，工程竣工阶段施工单位根据施工图预算向建设单位提出竣工结算。建设单位编制竣工决算，实体现该建设工程的实际造价。所有竣工验收的建设项目必须由建设单位向审计部门对所有财产和物资进行清理，编好竣工决算，分析概预算执行情况，考核投资效果。

2. 工程造价的有效控制

工程造价的有效控制，是指在投资决策阶段、设计阶段、建设项目发包阶段和建设实施阶段，把建设工程造价的发生控制在批准的造价限额之内，随时纠正发生的偏差，以保证项目管理目标的实现，以求在各个建设项目中能合理使用人力、物力、财力，取得较好的投资效益和社会效益。

工程造价控制目标的设置应随工程项目建设实践的不断深入而分阶段设置。具体来讲，投资估算应是方案选择和进行初步设计的工程造价控制目标；设计概算应是进行技术设计和施工图设计的工程造价控制目标；施工图预算建安工程承包合同价则应是施工阶段控制建安工程造价的目标。有机联系的阶段目标互相制约，互相补充，前者控制后者，后者补充前者，共同组成工程造价控制的目标系统。

以设计阶段为重点进行全过程工程造价控制.工程造价控制贯穿于项目建设全过程，这一点是没有疑义的，但是必须重点突出。根据有关资料统计，在初步设计阶段，影响项目造价的可能性为 75% ~ 95%；在技术设计阶段，影响项目造价的可能性为 35% ~ 75%；在施工图设计阶段影响项目造价的可能性为 5% ~ 35%。很显然，造价控制的关键在于施工以前的投资决策和设计阶段，而在项目作出投资决策后，控制造价的关键就在于设计。因此，要有效地控制造价，就应坚定地把工作重点转到建设前期上来，当前尤其是要抓住设计这个关键阶段，以取得事半功倍的效果。

思考题

1. 简述建设项目的概念，建设项目的划分。
2. 简述建设项目的构成。
3. 简述工程造价的两种含义。
4. 简述工程造价两种含义之间区别和联系。
5. 简述基本建设与概预算关系？

2 工程造价构成

本章概要

本章主要介绍工程造价的构成，工程造价的计算方法，本章的重点是要求掌握工程造价的构成计算，建设期贷款利息和涨价预备费的计算方法，理解工程量计算的一般原理。

2.1 建设工程造价基本构成

建设工程造价是工程项目按照确定的建设内容、建设规模、建设标准、功能要求和使用要求等全部建成并验收合格交付所需的全部费用。我国现行工程造价的构成主要划分为设备及工器具购置费用、建筑安装工程费用、工程建设其他费用、预备费、建设期贷款利息、固定资产投资方向调节税等。具体构成如图 2.1 所示。

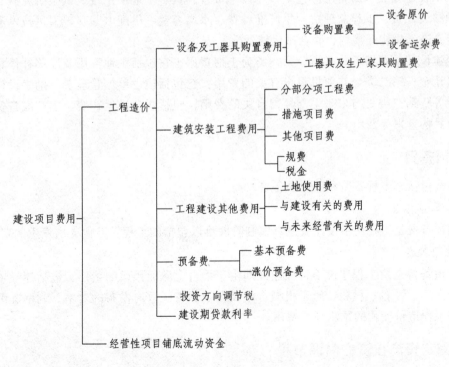

图 2.1 建设工程造价构成

2.1.1 建筑安装工程费用

1. 建筑工程费用

建筑工程费是指各类房屋建筑（包括一般建筑安装工程、室内外装饰装修、各类设备基础、室外构筑物）、道路、绿化、铁路专用线、码头、围护等工程费。

一般建筑安装工程是指建筑物（构筑物）附属的室内供水、供热、卫生、电气、燃气、通风空调、弱电设备的管道安装及线路敷设工程。

2. 安装工程费用

安装工程费包括专业设备安装工程费和管线安装工程费。

专业设备安装工程费是指在主要生产、辅助生产、公用等单项工程中，需安装的工艺、电气、自动控制、运输、供热、制冷等设备装置和各种工艺管道安装及衬里、防腐、保温等工程费。

管线安装工程费是指供电、通信、自控等管线安装工程费。

2.1.2 设备及工器具购置费

设备及工器具购置费是由设备购置费和工具、器具及生产家具购置费组成的。

2.1.3 工程建设其他费

工程建设其他费是指除上述费用以外的，经省级以上人民政府及其授权单位批准的各类必须列入工程建设成本的费用。包括：建设单位管理费、土地使用费、试验研究费、评估咨询费、勘察设计费、工程监理费、生产准备费、水增容费、供配电贴费、引进技术和进口设备其他费、施工机构迁移费、联合试运转费等。

工程建设其他费用可分三类。第一类为土地费用，它包括土地征用及迁移补偿费、土地使用权出让金；第二类是与项目建设有关的费用，它包括建设单位管理费、勘察设计费、试验研究费等；第三类是与未来生产经营有关的费用，包括联合试运转费、生产准备费、办公及生活家具购置费等费用。

2.1.4 预备费

预备费包括基本预备费和涨价预备费。

1. 基本预备费

基本预备费是指在初步设计及概算编制阶段难以包括的工程及其他支出发生的费用。

2. 涨价预备费

涨价预备费是指工程建设项目在建设期由于物价上涨而预留的费用，包括建设项目在建设期由于人工、设备、材料、施工机械价格及国家和省级政府发布的费率、利率、汇率等变化而引起工程造价变化的预测预留费用。

2.1.5 固定资产投资方向调节税

固定资产投资方向调节税是指按照《中华人民共和国固定资产投资方向调节税暂行条例》规定，应交纳的固定资产投资方向调节税（目前暂时停止征收）。

2.1.6 建设期贷款利息

建设期贷款利息是指建设项目使用投资贷款，在建设期内应归还的贷款利息。

2.1.7 国家和省批准的各项税费

国家和省批准的各项税费是指省以上人民政府或授权部门批准的，建设期内应交付的各项税费。

2.1.8 经营性项目铺底流动资金

生产经营性项目铺底流动资金是指生产经营性项目为保证生产和经营正常进行，按其所需流动资金的 30%作为铺底流动资金计入建设项目总概算。竣工投产后计入生产流动资金，但不构成建设项目总造价。

【例题 2.1】某建设项目投资构成中，设备购置费 1 000 万元，工具、器具及生产家具购置费 200 万元，建筑工程费 800 万元，安装工程费 500 万元，工程建设其他费用 400 万元，基本预备费 150 万元，涨价预备费 350 万元，建设期贷款 2 000 万元，应计利息 120 万元，流动资金 400 万元，则该建设项目的工程造价为（　　　）万元。

A. 3 520　　　　　　B. 3 920　　　　　　C. 5 520　　　　　　D. 5 920

建设项目的工程造价为 1 000+200+800+500+400+150+350+120=3 520 万元。

此题主要考核对工程造价以及投资构成的掌握。根据我国目前的规定，工程总投资由固定资产投资和流动资产投资组成，固定资产投资即为通常所说的工程造价，流动资产投资即为流动资金。因此工程造价中不包括流动资金部分。另外需注意的是，建设期贷款不属于工程造价的范围。

2.2 建筑安装工程造价的构成

2.2.1 建筑安装工程造价的构成

在工程建设中，建筑安装工程是创造价值的活动。建筑安装工程费用（图 2.2）作为建筑安装工程价值的货币表现，亦被称为建筑安装工程造价，由建筑工程费和安装工程费两部分构成。

2.2.2 工程量清单计价法的建筑安装工程费用构成

根据宁夏回族自治区住房和城乡建设厅编《2013 宁夏回族自治区建设工程造价计价依据》《建设工程费用定额》，按工程造价计价顺序工程量清单计价法的费用构成包括分部分项工程费、措施项目费、其他项目费、规费和税金。

2.2.2.1 分部分项工程费

分部分项工程费：各专业工程的分部分项工程应予列支的各项费用。

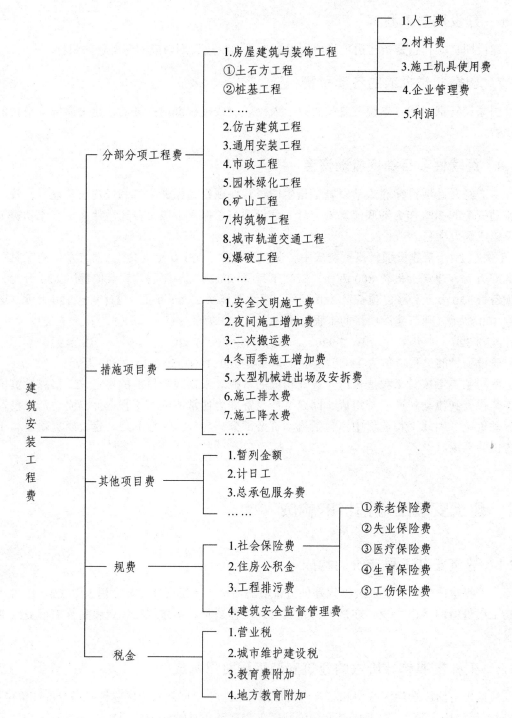

图 2.2　建设安装工程费构成

1．人工费

人工费：按工资总额构成规定，支付给从事建筑安装工程施工的生产工人和附属生产单位工人的各项费用。

1）人工单价的组成

（1）计时工资或计件工资：按计时工资标准和工作时间或对已做工作按计件单价支付给个人的劳动报酬。

（2）奖金：对超额劳动和增收节支支付给个人的劳动报酬，如节约奖、劳动竞赛奖等。

（3）津贴补贴：为了补偿职工特殊或额外的劳动消耗和因其他特殊原因支付给个人的津贴，以及为了保证职工工资水平不受物价影响支付给个人的物价补贴。如流动施工津贴、特殊地区施工津贴、高温（寒）作业临时津贴、高空津贴等。

（4）加班加点工资：按规定支付的在法定节假日工作的加班工资和在法定日工作时间外延时工作的加点工资。

（5）特殊情况下支付的工资：根据国家法律、法规和政策规定，因病、工伤、产假、计划生育假、婚丧假、事假、探亲假、定期休假、停工学习、执行国家或社会义务等原因按计时工资标准或计时工资标准的一定比例支付的工资。

2）人工费的计算

公式1：

$$人工费=\sum（工日消耗量×日工资单价）$$

日工资单价= 生产工人平均工资（计时、计件）+

平均月（奖金+津贴补贴+特殊情况下支付的工资）÷年平均每月法定工作日

注：公式 1 主要适用于施工企业投标报价时自主确定人工费，也是工程造价管理机构编制计价定额确定定额人工单价或发布人工成本信息的参考依据。

公式2：

$$人工费=\sum（工程工日消耗量×日工资单价）$$

工资单价是指施工企业平均技术熟练程度的生产工人在每工作日（国家法定工作时间内）按规定从事施工作业应得的日工资总额。

工程造价管理机构确定日工资单价应通过市场调查、根据工程项目的技术要求，参考实物工程量人工单价综合分析确定，最低日工资单价不得低于工程所在地人力资源和社会保障部门所发布的最低工资标准的：普工 1.3 倍，一般技工 2 倍，高级技工 3 倍。

工程计价定额不可只列一个综合工日单价，应根据工程项目技术要求和工种差别适当划分多种日人工单价，确保各分部工程人工费的合理构成。

注：公式 2 适用于工程造价管理机构编制计价定额时确定定额人工费，是施工企业投标报价的参考依据。

2. 材料费

材料费是指在施工过程中耗用的构成工程实体的原材料、辅助材料、构配件、零件、半成品或成品、工程设备的费用。

1）材料费的构成

（1）材料原价：材料、工程设备的出厂价格或商家供应价格。

（2）运杂费：材料、工程设备自来源地运至工地仓库或指定堆放地点所发生的全部费用。

（3）运输损耗费：材料在运输装卸过程中不可避免的损耗。

（4）采购及保管费：为组织采购、供应和保管材料、工程设备的过程中所需要的各项费用。包括采购费、仓储费、工地保管费、仓储损耗。

（5）包装费

2）材料费的计算

$$材料费=\sum（材料消耗量\times材料单价）$$

$$材料单价=\{（材料原价+运杂费+包装费）\times[1+运输损耗率（\%）]\}\times$$
$$[1+采购保管费率（\%）]$$

3. 施工机具使用费

施工机具使用费：施工作业所发生的施工机械使用费和仪器仪表使用费（或其租赁费）两部分组成。

1）施工机械使用费的组成

施工机械使用费：以施工机械台班耗用量乘以施工机械台班单价表示，施工机械台班单价应由下列七项费用组成：

（1）折旧费：施工机械在规定的使用年限内，陆续收回其原值的费用。

（2）大修理费：施工机械按规定的大修理间隔台班进行必要的大修理，以恢复其正常功能所需的费用。

（3）经常修理费：施工机械除大修理以外的各级保养和临时故障排除所需的费用。包括为保障机械正常运转所需替换设备与随机配备工具附具的摊销和维护费用，机械运转中日常保养所需润滑与擦拭的材料费用及机械停滞期间的维护和保养费用等。

（4）安拆费及场外运费：安拆费指施工机械（大型机械除外）在现场进行安装与拆卸所需的人工、材料、机械和试运转费用以及机械辅助设施的折旧、搭设、拆除等费用；场外运费指施工机械整体或分体自停放地点运至施工现场或由一施工地点运至另一施工地点的运输、装卸、辅助材料及架线等费用。

（5）人工费：机上司机（司炉）和其他操作人员的人工费。

（6）燃料动力费：施工机械在运转作业中所消耗的各种燃料及水、电等。

（7）税费：施工机械按照国家规定应缴纳的车船使用税、保险费及年检费等。

2）仪器仪表使用费的组成

仪器仪表使用费：工程施工所需使用的仪器仪表的摊销及维修费用。

3）施工机具使用费的计算

$$施工机具使用费=施工机械使用费+仪器仪表使用费$$

$$施工机械使用费=\sum（施工机械台班消耗量\times机械台班单价）$$

$$机械台班单价=台班折旧费+台班大修费+台班经常修理费+台班安拆费及$$
$$场外运费+台班人工费+台班燃料动力费+台班车船税费$$

工程造价管理机构在确定计价定额中的施工机械使用费时，应根据《建筑施工机械台班费用计算规则》结合市场调查编制施工机械台班单价。施工企业可以参考工程造价管理机构发布的台班单价，自主确定施工机械使用费的报价，如租赁施工机械。

计算公式为：

$$施工机械使用费=\sum（施工机械台班消耗量\times机械台班租赁单价）$$

$$仪器仪表使用费=工程使用的仪器仪表摊销费+维修费$$

4. 企业管理费

企业管理费：建筑安装企业组织施工生产和经营管理所需的费用。

1）企业管理费内容

（1）管理人员工资：按规定支付给管理人员的计时工资、奖金、津贴补贴、加班加点工资及特殊情况下支付的工资等。

（2）办公费：企业管理办公用的文具、纸张、账表、印刷、邮电、书报、办公软件、现场监控、会议、水电、烧水和集体取暖降温（包括现场临时宿舍取暖降温）等费用。

（3）差旅交通费：职工因公出差、调动工作的差旅费、住勤补助费，市内交通费和误餐补助费，职工探亲路费，劳动力招募费，职工退休、退职一次性路费，工伤人员就医路费，工地转移费以及管理部门使用的交通工具的油料、燃料等费用。

（4）固定资产使用费：管理和试验部门及附属生产单位使用的属于固定资产的房屋、设备、仪器等的折旧、大修、维修或租赁费。

（5）工具用具使用费：企业施工生产和管理使用的不属于固定资产的工具、器具、家具、交通工具和检验、试验、测绘、消防用具等的购置、维修和摊销费。

（6）劳动保险和职工福利费：由企业支付的职工退职金、按规定支付给离休干部的经费、集体福利费、夏季防暑降温、冬季取暖补贴、上下班交通补贴等。

（7）劳动保护费：企业按规定发放的劳动保护用品的支出。如工作服、手套、防暑降温饮料以及在有碍身体健康的环境中施工的保健费用等。

（8）检验试验费：施工企业按照有关标准规定，对建筑以及材料、构件和建筑安装物进行一般鉴定、检查所发生的费用，包括自设试验室进行试验所耗用的材料等费用。不包括新结构、新材料的试验费，对构件做破坏性试验及其他特殊要求检验试验的费用和建设单位委托检测机构进行检测的费用，对此类检测发生的费用，由建设单位在工程建设其他费用中列支。但对施工企业提供的具有合格证明的材料进行检测不合格的，该检测费用由施工企业支付。

（9）工会经费：企业按《工会法》规定的全部职工工资总额比例计提的工会经费。

（10）职工教育经费：按职工工资总额的规定比例计提，企业为职工进行专业技术和职业技能培训，专业技术人员继续教育、职工职业技能鉴定、职业资格认定以及根据需要对职工进行各类文化教育所发生的费用。

（11）财产保险费：施工管理用财产、车辆等的保险费用。

（12）财务费：企业为施工生产筹集资金或提供预付款担保、履约担保、职工工资支付担保等所发生的各种费用。

（13）税金：企业按规定缴纳的房产税、车船使用税、土地使用税、印花税等。

（14）其他：包括技术转让费、技术开发费、投标费、业务招待费、绿化费、广告费、公证费、法律顾问费、审计费、咨询费、保险费等。

2）企业管理费费率

（1）以分部分项工程费为计算基础：

$$企业管理费费率（\%）= \frac{生产工人年平均管理费}{年有效施工天数} \times$$

$$人工费占分部分项工程费比例（\%）$$

（2）以人工费和机械费合计为计算基础：

$$企业管理费费率（\%）= \frac{生产工人年平均管理费}{年有效施工天数 \times （人工单价-日机械使用费）} \times 100\%$$

（3）以人工费为计算基础：

$$企业管理费费率（\%）= \frac{生产工人年平均管理费}{年有效施工天数 \times 人工单价} \times 100\%$$

上述公式适用于施工企业投标报价时自主确定管理费，是工程造价管理机构编制计价定额确定企业管理费的参考依据。

工程造价管理机构在确定计价定额中企业管理费时，应以定额人工费或（定额人工费+定额机械费）作为计算基数，其费率根据历年工程造价积累的资料，辅以调查数据确定，列入分部分项工程和措施项目中。

5. 利润

利润是指施工企业完成所承包工程获得的盈利。

2.2.2.2　措施项目费

措施项目费：为完成建设工程施工，发生于该工程施工前和施工过程中的技术、生活、安全、环境保护等方面的非工程实体消耗费用。

1. 通用措施项目费

（1）现场安全文明施工措施费：为满足施工现场安全、文明施工以及环境保护、职工健康生活所需要的各项费用。本项为不可竞争费用。

① 安全施工措施包括：安全资料的编制、安全警示标志的购置及宣传栏的设置；"三宝""四口""五临边"防护的费用；施工安全用电的费用，包括电箱标准化、电气保护装置、外电防护标志；起重机、塔吊等起重设备（含井架、门架）及外用电梯的安全防护措施（含警示标志）费用及卸料平台的临边防护、层间安全门、防护棚等设施费用；建筑工地起重机械的检验检测费用；施工机具防护棚及其围栏的安全保护设施费用；施工现场安全防护通道的费用；工人的防护用品、用具购置费用；消防设施与消防器材的配置费用；电气保护、安全照明设施费；其他安全防护措施费用。

② 文明施工措施包括：大门、五牌一图、工人胸卡、企业标识的费用；围挡的墙面美化（包括内外粉刷、刷白、标语等）、压顶装饰费用；现场厕所便槽刷白、贴面砖，水泥砂浆地面或地砖费用，建筑物内临时便溺设施费用；其他施工现场临时设施的装饰装修、美化措施费用；现场生活卫生设施费用；符合卫生要求的饮水设备、淋浴、消毒等设施费用；生活用洁净燃料费用；防煤气中毒、防蚊虫叮咬等措施费用；施工现场操作场地的硬化费用；现场污染源的控制、建筑垃圾及生活垃圾清理、场地排水排污措施的费用；防扬尘洒水费用；现场绿化费用、治安综合治理费用、现场电子监控设备费用；现场配备医药保健器材、物品费用和急救人员培训费用；用于现场工人的防暑降温费、电风扇、空调等设备及用电费用；现场施工机械设备防噪音、防扰民措施费用；其他文明施工措施费用。

③ 环境保护费用包括：施工现场为达到环保部门要求所需要的各项费用。

④ 文明施工费：施工现场文明施工所需要的各项费用。

⑤ 安全施工费：施工现场安全施工所需要的各项费用。

（2）夜间施工增加费：因夜间施工所发生的夜班补助费、夜间施工降效、夜间施工照明设备摊销及照明用电等费用。

（3）二次搬运费：因施工场地条件限制而发生的材料、构配件、半成品等一次运输不能到达堆放地点，必须进行二次或多次搬运所发生的费用。

（4）冬雨季施工增加费：在冬季或雨季施工需增加的临时设施、防滑、排除雨雪，人工及施工机械效率降低等费用。

（5）大型机械设备进出场及安拆费：机械整体或分体自停放场地运至施工现场或由一个施工地点运至另一个施工地点，所发生的机械进出场运输及转移费用及机械在施工现场进行安装、拆卸所需的人工费、材料费、机械费、试运转费和安装所需的辅助设施的费用。

（6）施工排水费：为确保工程在正常条件下施工，采取各种排水措施所发生的费用。

（7）施工降水费：为确保工程在正常条件下施工，采取各种降水措施所发生的费用。

（8）地上、地下设施，建筑物的临时保护设施费：工程施工过程中，对已经建成的地上、地下设施和建筑物的保护。

（9）已完工程及设备保护费：竣工验收前，对已完工程及设备采取的必要保护措施所发生的费用。

（10）临时设施费：施工企业为进行建设工程施工所必须搭设的生活和生产用的临时建筑物、构筑物和其他临时设施费用。包括临时设施的搭设、维修、拆除、清理费或摊销费等。

（11）企业检验试验费：施工企业按规定进行建筑材料、构配件等试样的制作、封样和其他为保证工程质量进行的材料检验试验工作所发生的费用。

根据有关国家标准或施工验收规范要求对材料、构配件和建筑物工程质量检测检验发生的费用由建设单位直接支付给所委托的检测机构。

（12）赶工措施费：施工合同约定工期比定额工期提前，施工企业为缩短工期所发生的费用。

（13）工程按质论价：施工合同约定质量标准超过国家规定，施工企业完成工程质量达到经有权部门鉴定或评定为优质工程所必须增加的施工成本费。

（14）特殊地区施工增加费：工程在沙漠或其边缘地区、高海拔、高寒、原始森林等特殊地区施工增加的费用。

（15）工程定位复测费：工程施工过程中进行全部施工测量放线和复测工作的费用。

（16）脚手架工程费：施工需要的各种脚手架搭、拆、运输费用以及脚手架购置费的摊销（或租赁）费用。

措施项目及其包含的内容详见各类专业工程的现行国家或行业计量规范。

2. 各专业工程措施项目费

（1）建筑工程：混凝土、钢筋混凝土模板及支架、脚手架、垂直运输机械费、住宅工程分户验收费等。

（2）单独装饰工程：脚手架、垂直运输机械费、室内空气污染测试、住宅工程分户验收费等。

（3）安装过程：组装平台；设备、管道施工的安全、防冻和焊接保护措施；压力容器和高压管道的检验；焦炉施工大棚；焦炉供炉、热态工程；管道安装后的充气保护措施；隧道内施工的通风、供水、供气、供电、照明及通信设施；现场施工围栏；长输管道施工措施；格架式抱杆、脚手架费用、住宅工程分户验收费等。

（4）市政工程：围堰、筑岛、便道、便桥、洞内施工的通风、供水、供气、供电、照明及通讯设施、驳岸块石清理、地下管线交叉处理、行车、行人干扰增加、轨道交通工程路桥、模板及支架、市政基础设施施工监测、监控、保护等。

（5）园林绿化工程：脚手架、模板、支撑、绕杆、假植等。

（6）房屋修缮工程：模板、支架、脚手架、垂直运输机械费等。

2.2.2.3 其他项目费

（1）暂列金额：建设单位在工程量清单中暂定并包括在工程合同价款中的一笔款项。用于施工合同签订时尚未确定或者不可预见的所需材料、工程设备、服务的采购，施工中可能发生的工程变更、合同约定调整因素出现时的工程价款调整以及发生的索赔、现场签证确认等的费用。

（2）暂估价：招标人在工程量清单中提供的用于支付必然发生但暂时不能确定价格的材料的单价以及专业工程的金额。

（3）计日工：在施工过程中，施工企业完成建设单位提出的施工图纸以外的零星项目或工作所需的费用。

（4）总承包服务费：总承包人为配合、协调建设单位进行的专业工程发包，对建设单位自行采购的材料、工程设备等进行保管以及施工现场管理、竣工资料汇总整理等服务所需的费用。

2.2.2.4 规费

规费：按国家法律、法规规定，由省级政府和省级有关权力部门规定必须缴纳或计取的费用。包括：

（1）社会保险费：企业为职工缴纳的养老保险、医疗保险、失业保险、工伤保险和生育保险等社会保障方面的费用（包括个人缴纳部分）。为确保施工企业各类从业人员社会保障权益落到实处，省、市有关部门可根据实际情况制定管理办法。

①养老保险费：企业按照规定标准为职工缴纳的基本养老保险费。

②失业保险费：企业按照规定标准为职工缴纳的失业保险费。

③医疗保险费：企业按照规定标准为职工缴纳的基本医疗保险费。

④生育保险费：企业按照规定标准为职工缴纳的生育保险费。

⑤工伤保险费：企业按照规定标准为职工缴纳的工伤保险费。

（2）住房公积金：企业按规定标准为职工缴纳的住房公积金。

（3）工程排污费：按规定缴纳的施工现场工程排污费。包括废气、污水、固体、扬尘及危险废物和噪声排污费等内容。

（4）建筑安全监督管理费：有权部门批准收取的建筑安全监督管理费。

其他应列而未列入的规费，按实际发生计取。

2.2.2.5 税金

税金是指国家税法规定的应计入建筑安装工程造价内的营业税、城市维护建设税、教育费附加以及地方教育费附加。

（1）营业税：以产品销售或劳务取得的营业额为对象的税种。

（2）城市维护建设税：为加强城市公共事业和公共设施而开征的税，它以附加形式依附于营业税。

（3）教育费附加和地方教育费附加：为发展地方教育事业，扩大教育经费来源而征收的税种。它以营业税的税额为计征基数。

2.2.2.6 计价程序（表 2.1、表 2.2）

表 2.1 建设工程工程量清单费用计算程序表
（GB 50500—2013）
（以人工费和施工机具使用费为基数）

序号	费用项目	计算式
一	分部分项工程项目	1×2
1	分部分项工程项目	1.1+1.2+1.3+1.4+1.5
1.1	人工费	定额基价人工费
1.2	材料费	定额基价材料费
1.3	施工机具使用费	定额基价施工机具使用费
1.4	企业管理费	（分部分项工程项目人工费和施工机具使用费+单价措施项目人工费和施工机具使用费）×费率
1.5	施工利润	（分部分项工程项目人工费和施工机具使用费+单价措施项目人工费和施工机具使用费）×费率
2	分部分项工程量	按工程量清单数量计算
二	措施项目	2.1+2.2
2.1	单价措施项目	措施项目中可以计算工程量的项目清单宜采用分部分项工程量清单的方式编制
2.2	总价措施项目	措施项目中不能计算工程量的项目清单，以"项"为计量单位即：（分部分项工程项目人工费和施工机具使用费+单价措施项目人工费和施工机具使用费）×总价措施项目费率
三	其他项目	3.1+3.2+3.3+3.4+3.5
3.1	暂列金额	
3.2	暂估价：包括材料暂估单价、工程设备暂估单价、专业工程暂估价	
3.3	计日工	
3.4	总承包服务费	
3.5	索赔与现场签证	
四	规费	（分部分项工程项目人工费+单价措施项目人工费）×规费费率
五	税金	分部分项工程费+措施项目费+其他项目费+规费−按规定不计税的工程设备金额 即：（一+二+三+四）×税率（工程所在地规定的税率）
	建筑安装工程费	一+二+三+四+五

注：根据中华人民共和国住房和城乡建设部公告第 63 号批准《建设工程工程量清单计价规范》为国家标准，编号为 GB 50500—2013，自 2013 年 7 月 1 日起实行。

表 2.2　建设工程工程量清单费用计算程序表

（GB 50500—2013）

（以人工费为基数）

序号	费用项目	计算式
一	分部分项工程项目	1×2
1	分部分项工程项目	1.1+1.2+1.3+1.4+1.5
1.1	人工费	定额基价人工费
1.2	材料费	定额基价材料费
1.3	施工机具使用费	定额基价施工机具使用费
1.4	企业管理费	（1.1）×费率
1.5	施工利润	（1.1）×费率
2	分部分项工程量	按工程量清单数量计算
二	措施项目	2.1+2.2
2.1	单价措施项目	措施项目中可以计算工程量的项目清单宜采用分部分项工程量清单的方式编制
2.2	总价措施项目	措施项目中不能计算工程量的项目清单，以"项"为计量单位即：（分部分项工程项目人工费+单价措施项目人工费）×总价措施项目费率
三	其他项目	3.1+3.2+3.3+3.4+3.5
3.1	暂列金额	
3.2	暂估价：包括材料暂估单价、工程设备暂估单价、专业工程暂估价	
3.3	计日工	
3.4	总承包服务费	
3.5	其他：索赔、现场签证	
四	规　费	（分部分项工程项目人工费+单价措施项目人工费）×规费费率
五	税　金	分部分项工程费+措施项目费+其他项目费+规费–按规定不计税的工程设备金额即：（一+二+三+四）×税率（工程所在地规定的税率）
	建筑安装工程费	一+二+三+四+五

注：根据中华人民共和国住房和城乡建设部公告第 63 号批准《建设工程工程量清单计价规范》为国家标准，编号为 GB 50500—2013，自 2013 年 7 月 1 日起实行。

2.3　设备及工器具购置费用的构成

设备及工器具购置费用是由设备购置费和工具、器具及生产家具购置费组成的，它是固定资产投资中的积极部分。在生产性工程建设中，设备及工器具购置费用占工程造价比重的增大，意味着生产技术的进步和资本有机构成的提高。该笔费用由两项构成，一是设备购置费，由达到固定资产标准的设备工具器具的费用组成；二是工具器具及生产家具购置费，由不够固定资产标准的设备、仪器、工卡模具、器具、生产家具和备品备件等的购置费用组成。

2.3.1 设备购置费的构成及计算

设备购置费是指为建设项目购置或自制的达到固定资产标准的各种国产或进口设备、工具、器具的购置费用。确定固定资产标准是：使用年限在一年以上，单位价值在 1 000 元、1 500 元或 2 000 元以上。具体标准由主管部门规定。设备购置费由设备原价和设备运杂费构成。

$$设备购置费=设备原价+设备运杂费$$

式中：设备原价是指国产标准设备、国产非标准设备、进口设备的原价；设备运杂费是指除设备原价之外的关于设备采购、运输、途中包装及仓库保管等方面支出费用的总和。如果设备是由设备成套公司供应的，成套公司的服务费也应计入设备运杂费之中。

2.3.1.1 国产设备原价的构成及计算

国产设备原价一般指的是设备制造厂的交货价或订货合同价。分为国产标准设备原价和国产非标准设备原价。

1. 国产标准设备原价

国产标准设备原价是指按照主管部门颁发的标准图纸和技术要求，由我国设备生产厂批量生产的，符合国家质量检测标准的设备。国产标准设备原价一般指的是设备制造厂的交货价，即出厂价。如果设备是由设备成套公司供应，则以订货合同价为设备原价。有的设备两种出厂价，即带有备件的出厂价和不带有备件的出厂价。在计算时，一般采用带有备件的原价。

2. 国产非标准设备原价

国产非标准设备原价是指国家尚无定型标准，各设备生产厂不可能采用批量生产，只能按一次订货，并根据具体的设计图纸制造的设备。非标准设备原价有多种不同的计算方法，如成本计算估价法、系列设备插入估价法、分部组合估价法、定额估价法等。但无论采用哪种方法都应该使非标准设备计价接近实际出厂价，并且计算方法要简便。

按成本计算估价法，非标准设备的原价由以下各项组成：

（1）材料费。

$$材料费=材料净重×（1+加工损耗系数）×每吨材料综合价$$

（2）加工费。

加工费是包括生产工人工资和工资附加费、燃料动力费、设备折旧费、车间经费等。其计算公式是：

$$加工费=设备总质量（吨）×设备每吨加工费$$

（3）辅助材料费（简称辅材费）。

辅助材料费包括焊条、焊丝、氧气、氩气、氮气、油漆、电石等费用。其计算公式是：

$$辅助材料费=设备总质量（吨）×辅助材料费指标$$

（4）专用工具费。

专用工具费是按照（1）~（3）项之和乘以一定百分比计算的。

（5）废品损失费。

废品损失费是按照（1）~（4）项之和乘以一定百分比计算的。

（6）外购配套件费。

外购配套件费是按设备设计图纸所列的外购配套件的名称、型号、规格、数量、重量，根据相应的价格加运杂费计算。

（7）包装费。

包装费是按照以上（1）~（6）项之和乘以一定百分比计算的。

（8）利润。

利润是按照（1）~（5）项加第（7）项之和乘以一定利润率计算的。

（9）税金。

税金主要指增值税。其计算公式为：

$$增值税=当期销项税额-进项税额$$

$$当期销项税额=销售额×适用增值税率$$

式中：销售额为（1）~（8）项之和。

（10）非标准设备设计费。

非标准设备设计费是按照国家规定的设计费标准计算。

综上所述，单台非标准设备原价可用下面的公式表达：

$$单台非标准设备原价=材料费+加工费+辅助材料费+专用工具费+$$
$$废品损失费+外购配套件费+包装费+利润+$$
$$增值税+设计费$$

2.3.1.2 进口设备原价的构成及计算

进口设备的原价是指进口设备的抵岸价，即抵达买方边境港口或边境车站，且交完关税后形成的价格。进口设备抵岸价的构成与进口设备的交货类别有关。

1. 进口设备的交货类别及特点

进口设备的交货类别可分为内陆交货类、目的地交货类、装运港交货类。

（1）内陆交货类。即卖方在出口国内陆的某个地点交货。在交货地点，卖方及时提交合同规定的货物和有关凭证，并负担交货前的一切费用和风险；买方按时接受货物，交付货款，负担交货后的一切费用和风险，并自行办理出口手续和装运出口。货物的所有权也在交货后由卖方移给买方。

（2）目的地交货类。即卖方在进口国的港口或内地交货，有目的港船上交货价、目的港船边交货价（FOS）和目的港码头交货价（关税已付）及完税后交货价（进口国的指定地点）等几种交货价。它们的特点是：买卖双方承担的责任、费用和风险是以目的地约定交货点为界线，只有当卖方在交货点将货物置于买方控制下才算交货，才能向买方收取货款。这种交货类别对卖方来说承担的风险较大，在国际贸易中卖方一般不愿采用。

（3）装运港交货类。即卖方在出口国装运港交货，主要有装运港船上交货价（FOB），习惯称离岸价格，运费在内价（C&F）和运费、保险费在内价（CIF），习惯称到岸价格。它们的特点是卖方按照约定的时间在装运港交货，只要卖方把合同规定的货物装船后提供货运单据便完成交货任务，可凭单据收回货款。

装运港船上交货（FOB）是我国进口设备采用最多的一种货价。采用船上交货价时卖方的责任是：在规定的期限内，负责在合同规定的装运港口将货物装上买方指定的船只，并及时通知买方，负担货物装船前的一切费用和风险，负责办理出口手续，提供出口国政府或有关方面签发的证件，负责提供有关装运单据。买方的责任是：负责租船或订舱，支付运费，并将船期、船名通知卖方，负担货物装船后的一切费用和风险，负责办理保险及支付保险费用，办理在目的港的进口和收货手续，接受卖方提供的有关装运单据，并按合同规定支付货款。

2. 进口设备抵岸价的构成及计算

进口设备采用最多的是装运港船上交货价（FOB），其抵岸价的构成可概括为：

进口设备抵岸价=货价+国际运费+运输保险费+银行财务费+外贸手续费+

关税+增值税+消费税+海关监管手续费+车辆购置附加费

（1）货价。一般指装运港船上交货价（FOB）。设备货价分为原币货价和人民币货价，原币货价一律折算为美元表示，人民币货价按原币货价乘以外汇市场美元兑换人民币中间价确定。进口设备货价按有关生产厂商询价、报价、订货合同价计算。

（2）国际运费。即从装运港（站）到达我国抵达港（站）的运费。我国进口设备大部分采用海洋运输，小部分采用铁路运输，个别采用航空运输。进口设备国际运费计算公式为：

国际运费（海、陆、空）=原币货价（FOB）×运费率

国际运费（海、陆、空）=运量×单位运价

式中：运费率或单位运价参照有关部门或进出口公司的规定执行。

（3）运输保险费。对外贸易货物运输保险是由保险人（保险公司）与被保险人（出口人或进口人）订立保险契约，在被保险人交付议定的保险费后，保险人根据保险契约的规定对货物在运输过程中发生的承保责任范围内的损失给予经济上的补偿。这是一种财产保险。

中国人民保险公司收取的海运保险费约为货价的 2.66‰，铁路运输保险费约为货价的 3.5‰，空运保险费约为货价的 4.55‰。

（4）银行财务费。一般是指中国银行手续费。

银行财务费=人民币货价（FOB 价）×银行财务费率

银行财务费率一般为 4‰ ~ 5‰。

（5）外贸手续费。指按对外经济贸易部规定的外贸手续费率计取得费用，外贸手续费率一般取 1.5%。计算公式为：

外贸手续费=（货价（FOB）+国际运费+运输保险费）×外贸手续费率

（6）关税。由海关对进出国境或关境的货物和物品征收的一种税。计算公式为：

关税=[货价（FOB）+国际运费+运输保险费]×进口关税税率

进口关税税率分为优惠和普通两种。优惠税率适用于与我国签订的有关税互惠条款的贸易条约或协定的国家的进口设备；普通税率是用于与我国未订有关税互惠条款的贸易条约或协定的国家的进口设备。进口关税税率按我国海关总署发布的进口关税税率计算。

（7）增值税。是对从事进口贸易的单位和个人，在进口商品报关进口后征收的税种。我国增值税条例规定，进口应税产品均按组成计税价格和增值税税率直接计算应纳税额。即：

进口产品增值税额=组成计税价格×增值税税率

组成计税价格=关税完税价格+关税+消费税

增值税税率根据规定的税率计算。

（8）消费税。对部分进口设备（如轿车、摩托车等）征收，一般计算公式为：

应纳消费税额=（到岸价+关税）/（1－消费税税率）×消费税税率

式中：消费税税率根据规定的税率计算。

（9）车辆购置附加费。进口车辆需缴进口车辆购置附加费。其公式如下：

进口车辆购置附加费=[到岸价+关税+消费税+增值税]×进口车辆购置附加费率

【例2.2】某进口设备的到岸价为100万元，银行财务费0.5万元，外贸手续费费率为1.5%，关税税率为20%，增值税税率17%，该设备无消费税和海关监管手续费。则该进口设备的抵岸价为（   ）万元。

A. 139.0　　　　　B. 142.4　　　　　C. 142.7　　　　　D. 143.2

进口设备抵岸价即为进口设备原价，对于此部分内容应重点掌握其取费基础，计算过程如下：

到岸价=100（万元）

银行财务费=0.5（万元）

外贸手续费=100×1.5%=1.5（万元）

关税=100×20%=20（万元）

增值税=（100+20）×17%=20.4（万元）

进口设备的抵岸价=100+0.5+1.5+20+20.4=142.4（万元）

2.3.1.3　设备运杂费的构成及计算

设备运杂费通常由下列各项构成：

（1）运费和装卸费。国产设备由设备制造厂交货地点起至工地仓库（或施工组织设计指定的需要安装设备的堆放地点）止所产生的运费和装卸费；进口设备则由我国到岸港口或边境车站起至工地仓库（或施工组织设计指定的需要安装设备的堆放地点）止所产生的运费和装卸费。

（2）包装费。在设备原价中没有包含的，为运输而进行的包装支出的各种费用。

（3）设备供销部门的手续费。按有关部门规定的统一费率计算。

（4）采购与仓库保管费。指采购、验收、保管和收发设备所发生的各种费用，包括设备采购人员、保管人员和管理人员的工资、工资附加费、办公费、差旅交通费、设备供应部门办公和仓库所占固定资产使用费、工具用具使用费、劳动保护费、检验试验费等。这些费用可按主管部门规定的采购与保管费费率计算。

设备运杂费按设备原价乘以设备运杂费率计算，其公式为：

设备运杂费=设备原价×设备运杂费率

式中：设备运杂费率按各部门及省、市等的规定计取。

2.3.2　工具、器具及生产家具购置费的构成及计算

工具、器具及生产家具购置费，是指新建或扩建项目初步设计规定的，保证初期正常生产必须购置的没有达到固定资产标准的设备、仪器、工卡模具、器具、生产家具和备品备件等的购置费用。一般以设备购置费为计算基数，按照部门或行业规定的工具、器具及生产家具费率计算。计算公式为：

工具、器具及生产家具购置费=设备购置费×定额费率

2.4 工程建设其他费用的构成

工程建设其他费用，是指从工程筹建起到工程竣工验收交付使用止的整个建设期间，除建筑安装工程费用和设备、工器具购置费用以外的，为保证工程建设顺利完成和交付使用后能够正常发挥效用而发生的各项费用。

2.4.1 土地使用费

土地使用费是指通过划拨方式取得土地使用权而支付的土地征用及迁移的补偿费，或者通过土地使用权出让方式取得土地使用权而支付的土地使用权出让金。

2.4.2 与项目建设有关的其他费用

（1）建设单位管理费：建设单位开办费（筹建、建设工作所需的办公设备购置费等）；建设单位经费（工作人员基本工资、工程质量监督检测费、竣工验收费等）。计算公式如下：

$$建设单位管理费 = 工程费用 \times 建设单位管理费指标或费率（\%）$$

（2）可行性研究费：方案计算经济论证，可行性研究费用等。

（3）研究试验费：为工程提供或验证设计参数，施工中进行的试验、验证等所需费用；包括自行或委托研究、一次性技术转让费。

（4）勘察设计费：建设工程提供项目建议书、可行性研究报告及设计文件等所需的费用。

（5）环境影响评价费：编制环境影响报告书、环境影响报告表及其评估所需的费用。

（6）劳动安全卫生评价费：编制建设项目劳动安全卫生预评价大纲、劳动安全卫生预评价报告书及其调查所需的费用。必须进行劳动安全卫生预评价的 6 类项目：大中型；火灾；爆炸等。

（7）临时设施费：建设期间建设单位所需临时设施的搭设、维修、摊销费用或租赁费用。计算公式如下：

$$临时设施费 = 建筑安装工程费 \times 临时设施费标准$$

（8）建设工程监理费：委托工程监理单位（强制监理）费用

（9）工程保险费：建筑工程一切险；安装工程一切险；机器损坏保险等。

（10）引进技术和进口设备其他费：出国人员费用；国外工程技术人员来华费用；技术引进费（国外的专利费、专有技术费）；分期或延期付款利息；担保费；进口设备检验鉴定费用（商检部门）等 6 项。

（11）特殊设备安全监督检验费。

（12）市政公用设施费：市政公用设施建设配套费；绿化工程补偿费。

2.4.3 与未来企业生产经营有关的其他费用

1. 联合试运转费

新建企业或新增加生产工艺过程的扩建企业在竣工验收前，按照设计规定的工程质量标准，进行整个车间的负荷试运转发生的费用支出大于试运转收入的亏损部分。

不包括：单台设备调试费，无负荷联动试运转费用（应由设备安装工程费开支）。

联合试运转费一般根据不同性质的项目按需要试运转车间的工艺设备购置费的百分比计算。

2. 生产准备费

生产准备费是指新建企业或新增生产能力的企业，为保证竣工交付使用进行必要的生产准备所发生的费用。

费用内容包含：生产职工培训费，包括自行或委托培训；生产单位提前进厂参加施工、设备安装、调试等以及熟悉工艺流程及设备性能等人员工资、工资性补贴、职工福利费、差旅交通费、劳动保护费等。

3. 办公和生活家具购置费

办公和生活家具购置费是指为保证新建、改建、扩建项目初期正常生产、使用和管理所必须购置的办公和生活家具、用具的费用。其范围包括办公室、会议室、资料档案室、阅览室、文娱室、食堂、浴室、理发室、单身宿舍和设计规定必须建设的托儿所、卫生所、招待所、中小学校等家具用具购置费。这项费用按照设计定员人数乘以综合指标计算，一般为 600 ~ 800 元/人。

2.5　预备费

2.5.1　基本预备费

基本预备费是指在初步设计及概算编制阶段难以预料的工程费用。主要包括：

（1）在批准的初步设计范围内，技术设计、施工图设计及施工过程中所增加的工程费用；设计变更、局部地基处理等增加的费用。

（2）一般自然灾害造成的损失和预防自然灾害所采取的措施费用。

（3）竣工验收时为鉴定工程质量对隐蔽工程进行必要的挖掘和修复费用。

计算公式为：

$$基本预备费=（设备及工器具购置费+建筑安装工程费用+$$
$$工程建设其他费用）×基本预备费费率$$

2.5.2　涨价预备费

涨价预备费是指工程建设项目在建设期由于物价上涨而预留的费用，包括建设项目在建设期由于人工、设备、材料、施工机械价格及国家和省级政府发布的费率、利率、汇率等变化而引起工程造价变化的预测预留费用。

$$PF = \sum_{t=1}^{n} I_t \left[(1+f)^t - 1 \right]$$

式中　PF——涨价预备费；

　　　n——建设期年份数；

　　　I_t——建设其中第 t 年投资计划额，包括设备及工器具购置费、建筑安装工程费用、工程建设其他费用及基本预备费；

　　　f——年均投资价格上涨率。

【例 2.3】某建设项目，建设期为 3 年，各年投资计划额如下，第一年投资 7 200 万元，第二年 10 800 万元，第三年 3 600 万元，年均投资价格上涨率为 6%，求建设项目建设期间涨价预备费。

解：第一年涨价预备费为：

$$PF_1 = l_1[(1+f)-1] = 7\ 200 \times 0.6$$

第二年涨价预备费为：

$$PF_2 = l_2[(1+f)^2 -1] = 10\ 800 \times (1.06^2 -1)$$

第三年涨价预备费为：

$$PF_3 = l_3[(1+f)^3 -1] = 3\ 600 \times (1.06^3 -1)$$

因此，建设期的涨价预备费为：

$$PF = 7\ 200 \times 0.6 + 10\ 800 \times (1.06^2 - 1) + 3\ 600 \times (1.06^3 - 1) = 2\ 454.54（万元）$$

2.6 建设期贷款利息

建设期贷款利息包括向国内银行和其他非银行金融机构贷款、出口信贷、外国政府贷款、国际商业银行贷款以及在境内外发行的债券等在建设期内应偿还的借款利息：

$$q_j = \left(P_{j-1} + \frac{1}{2}A_j\right) \cdot i$$

式中　q_j——建设期第 j 年应计利息；

　　　P_{j-1}——建设期第（$j-1$）年年末贷款累计金额与利息累计金额之和；

　　　A_j——建设期第 j 年贷款金额；

　　　i——年利率。

【例题 2.4】某新建项目，建设期为 3 年，分年均衡进行贷款，第一年贷款 300 万元，第二年 600 万元，第三年 400 万元，年利率为 12%，建设期内利息只计息不支付，计算建设期贷款利息。

解：在建设期，各年利息计算如下：

$$Q_j = (P_{j-1} + 1/2A_j) \times i = 1/2 \times 300 \times 12\% = 18（万元）$$

$$Q_j = (P_{j-1} + 1/2A_j) \times i = (300 + 18 + 1/2 \times 600) \times 12\% = 74.16（万元）$$

$$Q_j = (P_{j-1} + 1/2A_j) \times i = (318 + 600 + 74.16 + 1/2 \times 400) \times 12\% = 143.06（万元）$$

$$Q = q_1 + q_2 + q_3 = 18 + 74.16 + 143.06 = 235.22（万元）$$

思考题

1. 建设工程造价（建设项目总投资）基本费用由哪些部分构成？
2. 工程量清单计价法的建筑安装工程费用由哪些部分构成？

3. 措施项目费概念是什么？主要包含哪些内容？

4. 规费概念是什么？主要包含哪些内容？

5. 简述进口设备的交货类别及特点。

6. 预备费包括哪些？主要考虑哪些因素？

习题

1. 已知某建筑工程项目的土建单位工程的直接工程费为 1 200 万元。各种费率如下：现场经费率 5.63%，其他直接费率 4.10%，间接费率 4.39%，利润率 4%，税率为 3.51%。试计算各项费用，并汇总得出该土建工程的施工图预算造价，填入表 2.3。

表 2.3　某基础工程施工图预算费用计算表

序　号	费用名称	费用计算表达式	金额/元	备　注
1	取费基础	直接工程费		
2	措施费	[　]×9.73%		
3	直接费			
4	间接费	[　]×4.39%		
5	利润	(　　)×4%		
6	税金	(　　)×3.51%		
7	基础工程预算造价	(　　　)		

2. 某建设项目投资构成中，设备购置费 1 200 万元，工具、器具及生产家具购置费 210 万元，建筑工程费 650 万元，安装工程费 4 750 万元，工程建设其他费用 510 万元，基本预备费 125 万元，涨价预备费 250 万元，建设期贷款 2 000 万元，应计利息 174 万元，则该建设项目的工程造价为多少万元？

3 工程造价计价依据

本章概要

本章主要介绍工程造价依据，建筑定额、预算定额、概算定额，工程量清单计价规范及工程造价编制，本章的重点是了解各种计价依据的组成及一般原理。

3.1 工程造价计价依据概述

3.1.1 定额的基本概念

1. 定额的含义

所谓定，就是规定；所谓额，就是额度和限度。从广义理解，定额就是规定的额度及限度，即标准或尺度。

2. 工程建设定额的作用

我国经济体制改革的目标模式是建立社会主义市场经济体制。定额既不是计划经济的产物，也不是与市场经济相悖的体制改革对象。定额管理二重性决定了它在市场经济中仍然具有重要的地位和作用。

（1）在工程建设中，定额仍然具有节约社会劳动和提高生产效率的作用。一方面企业以定额作为促进工人节约社会劳动（工作时间、原材料等）和提高劳动效率、加快工作速度的手段，以增加市场竞争能力，获取更多的利润；另一方面，作为工程造价计算依据的各类定额，又促使企业加强管理、把社会劳动的消耗控制在合理的限度内。这都证明了定额在工程建设中节约社会劳动和优化资源配置的作用。

（2）定额有利于建筑市场公平竞争。定额所提供的准确的信息为市场需求主体和供给主体之间的竞争，以及供给主体和供给主体之间的公平竞争，提供了有利条件。

（3）定额是对市场行为的规范。定额既是投资决策的依据，又是价格决策的依据。对于投资者来说，他可以利用定额权衡自己的财务状况和支付能力、预测资金投入和预期回报，还可以充分利用有关定额的大量信息，有效地提高其项目决策的科学性，优化其投资行为。对于承包商来说，企业在投标报价时，一方面要考虑定额的构成，作出正确的价格决策，市场竞争优势，才能获得更多的工程合同。可见，定额在上述两个方面规范了市场的经济行为。

（4）工程建设定额有利于完善市场的信息系统。定额管理是对大量市场信息的加工，也是对市场大量信息进行传递，同时也是市场信息的反馈。信息是市场体系中的不可缺的要素，它的指导性、标准性和灵敏性是市场成熟和市场效率的标志。在我国以定额的形式建立和完善市场信息系统，是以公有制经济为主体的社会主义市场经济的特色。

3. 工程建设定额的特征

1）真实性和科学性

工程建设定额的真实性应该是如实地反映和客观评价工程造价。工程造价受到经济活动中各种因素的影响，每一因素的变化都会通过定额直接或间接地反映出来。定额必须反映工程建设中生产消费的客观规律。

工程建设定额的科学性，首先表现在用科学的态度制定定额，尊重客观实际，力求定额水平合理；其次表现在制定定额的技术方法上，利用现代科学管理的成就形成一套系统的、完整的、在实践中行之有效的方法；最后表现在定额制定和贯彻的一体化，制定是为了提供贯彻的依据，贯彻是为了实现管理的目标，也是对定额的信息反馈。

2）系统性和统一性

工程建设定额是相对的独立系统，是由多种定额结合而成的有机系统。有鲜明的层次，有明确的目标。按照系统论的观点，工程建设就是庞大的实体系统，工程建设定额是为这个实体系统服务的。因而工程建设本身的多种类、多层次就决定了以它为服务对象的工程建设定额的多种类、多层次。工程建设定额的系统性是由工程建设的特点决定的。

工程建设定额的统一性，主要是由国家对经济发展的有计划的宏观调控职能决定的。为了使国民经济按照既定的目标发展，就需要借助于某些标准、定额、参数等，对工程建设进行规划、组织、调节、控制。而这些标准、定额、参数必须在一定范围内是一种统一的尺度，才能实现上述职能，才能利用它对项目的决策、设计方案、投标报价、成本控制进行比选和评价。工程建设定额的统一性，按照其影响力和执行范围来看，有全国统一定额、地区统一定额和行业统一定额等。

3）稳定性和时效性

工程建设定额中所规定的各种劳动与物化劳动消耗量的多少，是由一定时期的社会生产力水平所确定的，有一个相对稳定的执行期。地区和部门定额稳定时间一般在 3～5 年，国家定额在 5～10 年。

但是，稳定性是相对的，随着科学技术水平和管理水平的提高，社会生产力的水平也必然会提高。原有定额不能适应生产发展时，定额授权部门根据新的情况对定额进行修订和补充。因此，就一段时期而论，定额是稳定的；就长时期而论，定额是变化的，既有稳定性，也有时效性。

3.1.2　工程建设定额的分类

工程建设定额是工程建设中各类定额的总称。它包括许多种类定额，可以按照不同的原则和方法对它进行科学的分类。

1. 工程建设定额按生产要素内容分类

（1）劳动消耗定额：简称劳动定额。劳动消耗定额是完成一定的合格产品（工程实体或劳务）规定活劳动消耗的数量标准。为了便于综合和核算，劳动定额大多采用工作时间消耗量来计算劳动消耗的数量。所以劳动定额主要表现形式是人工时间定额，但同时也表现为产量定额。

（2）机械台班消耗定额：我国机械消耗定额是以一台机械一个工作班为计量单位，所以又称为机械台班定额。机械消耗定额是指为完成一定合格产品（工程实体或劳务）所规定的施工机械消耗的数量标准。机械消耗定额的主要表现形式是机械时间定额，但同时也以产量定额表现。

（3）材料消耗定额：简称材料定额，是指完成一定合格产品所需消耗材料的数量标准。

材料是工程建设中使用的原材料、成品、半成品、构配件、燃料以及水、电等资源的统称。材料作为劳动对象构成工程的实体，需用数量很大，种类繁多。所以材料消耗量多少，消耗是否合理，不仅关系到资源的有效利用，影响市场供求状况，而且对建设工程的项目投资、建筑产品的成本控制都起着决定性影响。

2. 工程建设定额按编制程序和用途分类

（1）施工定额：是施工企业（建筑安装企业）组织生产和加强管理在企业内部使用的一种定额。属于企业生产定额的性质。它由劳动定额、机械定额和材料定额 3 个相对独立的部分组成，为了适应组织生产和管理的需要，施工定额的项目划分很细，是工程建设定额中分项最细、定额子目最多的一种定额，也是工程建设定额中的基础性定额。在预算定额的编制过程中，施工定额的劳动、机械、材料消耗的数量标准，是计算预算定额中劳动、机械、材料消耗数量标准的重要依据。

（2）预算定额：是在编制施工图预算时，计算工程造价和计算工程中劳动，机械台班、材料需要量所使用的定额。预算定额是一种计价性的定额，在工程建设定额中占有很重要的地位。从编制程序看，预算定额是概算定额的编制基础。

（3）概算定额：是编制扩大初步设计概算时，计算和确定工程概算造价、计算劳动、机械台班、材料需要量所使用的定额。它的项目划分粗细，与扩大初步设计的深度相适应。它一般是预算定额的综合扩大。

（4）概算指标：是在三阶段设计的初步设计阶段，编制工程概算，计算和确定工程的初步设计概算造价，计算劳动、机械台班、材料需要量时所采用一种定额。这种定额的设定和初步设计的深度相适应。一般是在概算定额和预算定额的基础上编制的，比概算定额更加综合扩展。概算指标是控制项目投资的有效工具，它所提供的数据也是计划工作的依据和参考。

（5）投资估算指标：是在项目建议书和可行性研究阶段编制投资估算、计算投资需要量时使用的一种定额。它非常概略，往往以独立的单项工程或完整的工程项目为计算对象。它概略程度与可行性研究阶段相适应。投资估算指标往往根据历史的预、决算资料和价格变动等资料编制，但其编制基础仍然离不开预算定额、概算定额。

3. 工程建设定额按编制单位和适用范围分类

（1）全国统一定额：由国家建设行政主管部门组织，依据有关国家标准和规范，综合全国工程建设的技术与管理状况等编制和发布，在全国范围内使用的定额。

（2）行业定额：由行业建设行政主管部门组织，依据有关行业标准和规范，考虑行业工程建设特点等情况所编制和发布的，在本行业范围内使用的定额。

（3）地区定额：由地区建设行政主管部门组织，考虑地区工程建设特点和情况制定和发布，在本地区内使用的定额。

（4）企业定额：由施工企业自行组织，主要根据企业的自身情况，包括人员素质、机械装备程度、技术和管理水平等编制，在本企业内部使用的定额。

4. 工程建设定额按其投资费用性质分类

（1）建筑工程定额：是建筑工程的施工定额、预算定额、概算定额和概算指标的统称。

建筑工程，一般理解为房屋和构筑物工程。具体包括一般土建工程、电气工程（动力、照明、弱电）卫生技术（水、暖、通风）工程、工业管道工程、特殊构筑物工程等。广义上它也被理解为除房屋和构筑物外还包括其他各类工程，如道路、铁路、桥梁、隧道、运河、堤坝、港口、电站、机场等工程。在我国统计年鉴中对于固定资产投资构成的划分，就是根据这种理解设计的。广义的建筑工程概念几乎等同了土木工程的概念。从这一概念出发，建筑工程在整个工程建设中占有非常重要的地位。根据统计资料，在我国固定资产投资中，建筑工程和安装工程的投资占60%左右。因此，建筑工程定额在整个工程建设定额中是一种非常重要的定额。在定额管理中占有突出的地位。

（2）设备安装工程定额：是安装工程施工定额、预算定额、概算定额和概算指标的统称。设备安装是对需要安装的设备进行定位、组合、校正、调试等工作的工程。在工业项目中，机械设备安装和电气设备安装工程占有重要地位。因为生产设备大多要安装后才能运转。在非生产性的建设项目中，由于社会生活的城市设施的日益现代化，各类建筑材料的不断涌现，设备安装工程难度也在不断增加。设备安装工程定额也在不断地修订和完善。

设备安装工程定额和建筑工程定额是两种不同类型的定额。一般都要分别编制，各自独立。但是设备安装工程和建筑工程是单项工程的两个有机组成部分，在施工中有时间连续性，也有作业的搭接和交叉，需要统一安排，互相协调，在这个意义上通常把建筑和安装工程作为一个施工过程来看待，即建筑安装工程。所以在通用定额中有时把建筑工程定额和安装工程定额合二为一，称为建筑安装工程定额。

（3）建筑安装工程费用定额：其他直接费用定额，是指预算定额分项内容以外，而与建筑安装施工生产直接有关的各项费用开支标准。其他直接费用定额由于其费用发生的特点不同，只能独立于预算定额之外。它也是编制施工图预算和概算的依据。

现场经费定额，是指与现场施工直接有关，是施工准备、组织施工生产和管理所需的费用定额。

间接费用定额，是指与建筑安装施工生产的个别产品无关，而为企业生产全部产品所必需，为维持企业的经营管理活动所必需发生的各项费用开支的标准。

（4）工器具定额：是为新建或扩建项目投产运转首次配置的工、器具数量标准。工具和器具，是指按照有关规定不够固定资产标准而起劳动手段的工具，器具和生产用家具，如翻砂用模型、工具箱、计量器、容器、仪器等。

（5）工程建设其他费用定额：是独立与建筑安装工程，设备和工器具购置之外的其他费用开支的标准。工程建设的其他费用的发生和整个项目的建设密切相关。它一般要占项目总投资的10%左右，其他费用定额是按各项独立费用分别制定的，以便合理控制这些费用的开支。

3.2 施工定额

3.2.1 施工定额

1. 施工定额的概念

施工定额是具有合理劳动组织的建筑安装工人小组在正常施工条件下完成单位合格产品

所需人工、机械、材料消耗的数量标准，它根据专业施工的作业对象和工艺制定。施工定额反映企业的施工水平。

　　施工定额是企业定额。但应当指出，相当多的施工企业缺乏自己的施工定额，这是施工管理的薄弱环节。施工企业应根据本企业的具体条件和可能挖掘的潜力，根据市场的需求和竞争环境，根据国家有关政策、法律和规范、制度，自己编制定额，自行决定定额的水平。同类企业和同一地区的企业之间存在施工定额水平的差距，这样在建筑市场上才能具有竞争能力。同时，施工企业应将施工定额的水平对外作为商业秘密进行保密。

　　在市场经济条件下，国家定额和地区定额不再是强加给施工企业的约束和指令，而是对企业的施工定额管理进行引导，从而实现对工程造价的宏观调控。

　　2. 施工定额的作用
　　（1）施工定额是企业计划管理的依据。
　　（2）施工定额是组织和指挥施工生产的有效工具。
　　（3）施工定额是计算工人劳动报酬的依据。
　　（4）施工定额有利于推广先进技术。
　　（5）施工定额是编制施工预算、加强企业成本管理的基础。

3.2.2　劳动定额

3.2.2.1　劳动定额的概念及表现形式

　　劳动定额也称人工定额，是指在正常的施工技术组织条件下，为完成一定数量的合格产品或完成一定量的工作所必需的劳动消耗量标准。这个标准是国家和企业对生产工人在单位时间内的劳动数量和质量的综合要求，也是建筑施工企业内部组织生产，编制施工作业计划、签发施工任务单、考核工效、计算报酬的依据。

　　现行的《全国建筑安装工程劳动定额》是供各地区主管部门和企业编制施工定额的参考定额，是以建筑安装工程产品为对象，以合理组织现场施工为条件，按"实"计算。因此，定额规定的劳动时间或劳动量一般不变，其劳动工资单价可根据各地工资水平进行调整。

　　劳动定额按其表现形式的不同，分为时间定额和产量定额。

　　1. 时间定额
　　时间定额亦称工时定额，是指在一定的生产技术和生产组织条件下，完成单位合格产品或完成一定工作任务所必须消耗的时间。定额包括工作时间、辅助工作时间、准备与结束时间、必须休息时间以及不可避免的中断时间。

　　时间定额以"工日"为单位，如：工日/m、工日/m²、工日/m³、工日/t 等。每一个工日工作时间按 8 个小时计算，用公式表示如下：

$$单位产品时间定额（工日）＝\frac{1}{每工日产量}$$

或
$$单位产品时间定额（工日）＝\frac{小组成员工日数总数}{小组台班产数}$$

　　2. 产量定额
　　产量定额是指在一定的生产技术和生产组织条件下，在单位时间（工日）内所应完成合格产品的数量。

时间定额和产量定额之间的关系是互为倒数关系，即：

$$时间定额 = \frac{1}{产量定额}$$

3.2.2.2 劳动定额的编制方法

劳动定额的编制方法主要有技术测定法、统计分析法、经验估算法、比较类推法等。其中技术测定法是我国建筑安装工程收集定额基础资料的基本方法。

1. 技术测定法

技术测定法是一种细致的科学调查研究方法，是在深入施工现场的条件下，根据施工过程合理先进的技术条件、组织条件和施工方法，对施工过程各工序工作时间的各个组成部分进行实地观测，分别测定每一工序的工时消耗，通过测定的资料进行分析计算，并参考以往数据经过科学整理分析以制定定额的一种方法。

技术测定法有较充分的科学技术依据，制定的定额比较合理先进，有较强的说服力。但是，这种方法工作量较大，使它的应用受到一定限制。它一般用于产品数量大且品种少、施工条件比较正常、施工时间长，经济价值大的施工过程。

2. 经验估计法

一般是根据经验丰富的工人、施工技术员和定额员的实践经验，并参考有关的技术资料，结合施工图纸、施工工艺、施工技术组织条件和操作方法等，通过座谈、分析讨论和综合计算的一种方法。

经验估计法技术简单，工作量小，速度快，在一些不便进行定量测定和定量统计分析的定额编制中有一定的优越性。缺点是人为因素较多，科学性、准确性较差。

3. 统计分析法

统计分析法是把过去一定时期内实际施工中的同类工程和生产同类产品的实际工时消耗和产品数量的统计资料（施工任务书、考勤报表和其他有关资料），经过整理，结合当前生产技术组织条件，进行分析对比研究来制定定额的一种方法。所考虑的统计对象应该具有一定的代表性，应以具有平均先进水平的地区、企业、施工队伍的情况作为统计计算定额的依据。统计中要特别注意资料的真实性、系统性和完整性。确保定额的编制质量。统计计算法的优点是简单易行，工作量小。但要使统计分析法制定的定额有较好的质量，就应在基层健全原始记录与统计报表制度，并将一些不合理的虚假因素予以剔除。

4. 比较类推法

比较类推法又称典范定额法，它是以精确测定好的同类型工序或产品的定额，经过分析，推出同类中相邻工序或产品定额的方法。

比较类推法简单易行，工作量小。但往往会因对定额的时间构成分析不够，对影响因素估计不足，或者所选典型定额不当影响定额的质量。

采用这种方法，要特别注意掌握工序、产品的施工工艺和劳动组织的"类似"或"近似"的特征，细致地分析施工过程的各种影响因素，防止将因素变化很大的项目作为同类型项目比较类推。

挖地槽时间定额的确定即属于此类方法，如表 3.1 所示。

表 3.1　挖地槽时间定额确定表　　　　　　　单位：工日/m³

项　　目	比例关系	挖地槽深（<1.5 m）		
		上口宽（小于）/m		
		0.8	1.5	3
一类土	1.00	0.197	0.170	0.157
二类土	1.43	0.282	0.243	0.225
三类土	2.50	0.493	0.425	0.393
四类土	3.76	0.739	0.638	0.589

制定该表中的定额时，首先确定一类土三个项目的定额，再测一、二、三、四类土在一个项目内的比例关系，其他项目则可按这些比例推出。例如三类土上口为 0.8 m 以内的时间定额为：

$$2.5 \times 0.197 \text{ 工日/m}^3 = 0.493 \text{ 工日/m}^3$$

5. 劳动定额示例

表 3.2 摘自《全国建筑安装工程统一劳动定额》第四分册砖石工程的砖基础。

例如：砌 1 m³ 两砖基础综合需 0.833 工日，每工日综合可砌 1.2 m³ 两砖基础。

表 3.2　砖基础砌体劳动定额

工作内容：清理地槽、其垛、角、抹防潮层砂浆等。　　　　　　　计量单位：m³

项　　目		砖基础深在 1.5 m 以内			序　号
		厚　度			
		1 砖	1.5 砖	2 砖及 2 砖以上	
综合	时间定额/产量定额	0.89/1.12	0.86/1.16	0.833/1.2	一
砌墙	时间定额/产量定额	0.37/2.7	0.366/298	0.309/324	二
运输	时间定额/产量定额	0.427/234	0.427/234	0.427/234	三
调制砂浆	时间定额/产量定额	0.093/10.8	0.097/103	0.097/103	四
编号		1	2	3	

3.2.2.3　劳动定额的使用

时间定额和产量定额虽是同一劳动定额的不同表现形式，但其作用却不尽相同。时间定额以单位产品的工日数表示，便于计算完成某一分部（项）工程所需的总工日数，便于核算工资、便于编制施工进度计划和计算分项工期。而产量定额是以单位时间内完成的产品数量表示，便于小组分配施工任务，考核工人的劳动效率和签发施工任务单。

【例 3.1】某砌砖班组 20 名工人，砌筑某住宅楼 1.5 砖混水外墙（机吊）需要 5 天完成，试确定班组完成的砌筑体积。

解：查定额编号为 19，时间定额为 1.25 工日/m³。

产量定额：1/时间定额=1/1.25=0.8（m³/工日）。

砌筑的总工日数：20 工日/天×5 天=100（工日）。

则砌筑体积：100 工日×0.8 m³/工日=80（m³）。

3.2.3 材料消耗定额

3.2.3.1 材料消耗定额的概念

材料消耗定额是指在合理和节约使用材料的前提下，生产单位合格产品所必须消耗的建筑材料（半成品、配件、燃料、水、电）的数量标准。

建筑材料是建筑安装企业进行生产活动完成建筑产品的物质条件。建筑工程的原材料（包括半成品、成品等）品种繁多、耗用量大。在一般工业与民用建筑工程中，材料消耗占工程成本的 60%～70%，材料消耗定额的任务，就在于利用定额这个经济杠杆，对材料消耗进行控制和监督，以达到降低物资消耗和工程成本的目的。

建筑工程材料消耗定额是企业推行经济承包、编制材料计划、进行单位工程核算不可缺少的基础，是促进企业合理使用材料，实行限额领料和材料核算，正确核定材料需要量和储备量，考核、分析材料消耗，反映建筑安装生产技术管理水平的重要依据。

根据施工生产材料消耗工艺要求，建筑安装材料分为非周转性材料和周转性材料两大类。

非周转性材料亦称直接性材料，它是指在建筑工程施工中，一次性消耗并直接构成工程实体的材料。如砖、砂、石、钢筋、水泥等。

周转性材料是指在施工过程中能多次使用、周转的工具型材料。如各种模板、活动支架、脚手架、支撑等。

直接构成建筑安装工程实体的材料称为材料净耗量。

不可避免的施工废料和施工操作损耗称为材料损耗量。

材料的消耗量由材料的净耗量和材料损耗量组成。其关系如下：

$$材料消耗量=材料净耗量+材料损耗量$$

$$材料损耗率=\frac{材料耗损量}{材料消耗量}\times100\%$$

则

$$材料消耗量=\frac{材料净用量}{1-材料损耗量}$$

3.2.3.2 非周转材料消耗定额的制定

通常采用现场观测法，试验室实验法、统计分析法和理论计算法等方法来确定建筑材料净耗量、损耗量。

1. 现场观察法

在合理使用材料条件下，对施工中实际完成的建筑产品数量与所消耗的各种材料量，进行现场观察测定的方法。

此法通常用于制订材料的损耗量。通过现场的观察，获得必要的现场资料，才能测定出哪些是施工过程中不可避免的损耗，应该计入定额内；哪些材料是施工过程中可以避免的损耗，不应计入定额内。在现场观测中，同时测出合理的材料损耗量，即可据此制定出相应的材料消耗定额。

2. 试验室试验法

试验室试验法是专业材料实验人员，通过实验仪器设备确定材料消耗定额的一种方法。它只适用于在试验室条件下测定混凝土、沥青、砂浆、油漆涂料等材料的消耗定额。

由于试验室工作条件与现场施工条件存在一定的差别，施工中的某些因素对材料消耗量的影响，不一定能充分考虑到。因此，对测出的数据还要用观察法进行校核修正。

3. 统计分析法

统计分析法是指在现场施工中，对分部分项工程发出的材料数量、完成建筑产品的数量、竣工后剩余材料的数量等资料，进行统计、整理和分析而编制材料消耗定额的方法。这种方法主要是通过工地的工程任务单、限额领料单等有关记录取得所需要的资料，因而不能将施工过程中材料的合理损耗和不合理损耗区别开来，得出的材料消耗量准确性也不高。

4. 理论计算法

理论计算法是根据设计图纸、施工规范及材料规格，运用一定的理论计算公式制定材料消耗定额的方法。

本方法主要适用于计算按件论块的现成制品材料。例如砖石砌体、装饰材料中的砖石、镶贴材料等。其方法比较简单，先计算出材料的净用量、材料的损耗量，然后两者相加即为材料消耗定额。

每立方米砖砌体材料消耗量的计算：

$$砖净用量（块）= \frac{墙厚砖数 \times 2}{墙厚 \times（砖长 + 灰缝）\times（砖厚 + 灰缝）}$$

$$砖消耗量 = \frac{砖净用量}{1 - 损耗率}$$

$$砂浆消耗量（m^3）：（1 - 砖净用量 \times 每块砖体积）\times（1 + 损耗率）$$

式中：每块标准砖体积 = 0.24×0.115 m $\times 0.053$ m = $0.001\ 462\ 8$（m³）；灰缝为 0.01 m。

砖墙实际厚度表见表 3.3。

表 3.3　砖墙实际厚度表

墙厚砖数	$\frac{1}{2}$	$\frac{3}{4}$	1	$1\frac{1}{2}$	2
墙厚/m	0.115	0.178	0.24	0.365	0.49

【例 3.2】计算 $1\frac{1}{2}$ 标准砖外墙每立方米砌体中砖和砂浆的消耗量。砖与砂浆损耗率为 1%。

解：

$$砖净用量 = \frac{1.5 \times 2}{[0.365 \times（0.24 + 0.01）\times（0.53 + 0.01）]} = 522(块)$$

$$砂浆消耗量 = \frac{(1 - 522 \times 0.24 \times 0.115 \times 0.053)}{(1 - 1\%)} = 0.238（m^3）$$

3.2.3.3　周转性材料消耗定额的制定

周转性材料是指在施工过程中不是一次消耗完，而是多次使用、逐渐消耗、不断补充的周转工具性材料。对逐渐消耗的那部分应采用分次摊销的办法计入材料消耗量，进行回收。如生产预制钢筋混凝土构件、现浇混凝土及钢筋土工程用的模具，搭设脚手架用的脚手杆、跳板，挖土方用的挡土板、护桩等均属周转性材料。

周转性材料消耗定额，应当按照多次使用，分期摊销方式进行计算。即周转性材料在材料消耗定额中，以摊销量表示。

现以钢筋混凝土模板为例，介绍周转性材料摊销量计算。

1. **现浇钢筋混凝土模板摊销量**

1）材料一次使用量

材料一次使用量是指为完成定额单位合格产品，周转性材料在不重复使用条件下的周转性材料一次性用量，通常根据选定的结构设计图纸进行计算。

$$一次使用量=\frac{每立方米混凝土和模板接触面积×每平方米接触面积模板用量}{(1-模板制作安装损耗率)}$$

2）材料周转次数

材料周转次数是指周转性材料从第一次使用起，可以重复使用的次数。

一般采用现场观测法或统计分析法来测定材料周转次数，或查相关手册。

3）材料补损量

补损量是指周转使用一次后由于损坏需补充的数量，也就是在第二次和以后各次周转中为了修补难于避免的损耗所需要的材料消耗，通常用补损率来表示。

补损率的大小主要取决于材料的拆除、运输和堆放的方法以及施工现场的条件。在一般情况下，补损率要随周转次数增多而加大，所以一般采取平均补损率来计算。

$$补损率=\frac{平均损耗率}{一次使用量}×100\%$$

4）材料周转使用量

材料周转使用量是指周转性材料在周转使用和补损条件下，每周转使用一次平均所需材料数量。

一般应按材料周转次数和每次周转发生的补损量等因素，计算生产一定计算单位结构构件的材料周转使用量。

$$周转使用量=\frac{一次使用量+一次使用量×（周转次数-1）×补损率}{周转次数}$$

$$=一次使用量×\frac{1+（周转次数-1）×补损率}{周转次数}$$

5）材料回收量

在一定周转次数下，每周转使用一次平均可以回收材料的数量。

$$回收量=\frac{一次使用量-次使用量×补损率}{周转次数}$$

$$=一次使用量×\frac{1-补损率}{周转次数}$$

6）材料摊销量

周转性材料在重复使用条件下，应分摊到每一计量单位结构构件的材料消耗量。这是应纳入定额的实际周转性材料消耗数量。

$$摊销量=周转使用量-回收量$$

2．预制构件模板计算公式

预制构件模板，由于损耗很少，可以不考虑每次周转的补损率，按多次使用平均分摊的办法进行计算。

$$摊销量=\frac{一次使用量}{周转次数}$$

3.2.4 机械台班定额

1．机械台班消耗定额的概念

机械台班消耗定额，是指在正常的施工、合理的劳动组合和合理使用施工机械的条件下，生产单位合格产品所必需的一定品种、规格施工机械作业时间的消耗标准。机械台班消耗定额以台班为单位，每一台班按 8 小时计算。

2．机械台班消耗定额的表现形式

机械台班消耗定额的表达形式，有时间定额和产量定额两种。

1）机械时间定额

机械时间定额是指在正常的施工条件下，某种机械生产合格单位产品所必须消耗的台班数量，用公式表示如下：

$$机械时间定额=\frac{1}{机械台班产量}$$

2）机械台班产量定额

机械台班产量定额是指某种机械在合理的施工组织和正常施工的条件下，单位时间内完成合格产品的数量，用公式表示如下：

$$机械台班产量定额=\frac{1}{机械时间定额}$$

3）时间定额和产量定额的关系

机械时间定额和机械台班产量定额互为倒数关系，即：

$$机械时间定额×机械台班产量定额=1$$

3．机械台班配合人工定额

由于机械必须由工人小组配合，机械台班人工配合定额是指机械台班配合用工部分，即机械台班劳动定额。

表现形式为：机械台班配合工朋、组的人工时间定额和完成合格产品数量，即：

$$单位产品的时间定额（工日）=\frac{小组成员总工日数}{每台班产量}$$

$$机械台班产量定额=\frac{每台班产量}{班组总工日数}$$

4．机械台班消耗定额的应用

机械台班消耗定额在《全国建筑安装工程统一劳动定额》中，是以一个单机作业的定额定员人数（台班工日）完成的台班产量和时间定额来表示的。其表现形式为：

$$机械台班消耗定额 = \frac{时间定额}{台班定额}$$

或

$$机械台班消耗定额 = \frac{时间定额}{台班产量} \times 台班工日$$

3.3 预算定额

3.3.1 预算定额的用途及其编制原则

3.3.1.1 预算定额的概念与用途

1. 预算定额的概念

预算定额，是规定消耗在合格质量的单位工程基本构造要素上的人工、材料和机械台班的费用数量消耗标准，是计算建筑安装产品价格的基础。

所谓基本构造要素，即通常所说的分项工程和结构构件。在编制施工图预算时，需要按照施工图纸和工程量计算工程量，还需要借助于某些可靠的参数计算人工、材料、机械（台班）的耗用量，并在此基础上计算出资金的需要量，计算出建筑安装工程的价格。

在我国，现行的工程建设概、预算制度，规定了通过编制概算和预算控制造价，概算定额、概算指标、预算定额等则为计算人工、材料、机械（台班）耗用量，提供统一的可靠参数。同时，现行制度还赋予了概预算定额相应的权威性，使之成为建设单位和施工企业之间建立经济关系的重要基础。

2. 预算定额的用途和作用

（1）预算定额是编制施工图预算、确定建筑安装工程造价的基础。施工图设计一经确定，工程预算造价就取决于预算定额水平和人工、材料及机械台班的价格。预算定额起着控制劳动消耗、材料消耗和机械台班使用的作用，进而起着控制建筑产品价格的作用。

（2）预算定额是编制施工组织设计的依据。施工组织设计的重要任务之一，是确定施工中所需人力、物力的供求量，并做出最佳安排。施工单位在缺乏本企业的施工定额的情况下，根据预算定额，亦能够比较精确地计算出施工中各项资源的需要量，为有计划地组织材料采购和预制件加工、劳动力和施工机械的调配，提供了可靠的计算依据。

（3）预算定额是工程结算的依据。工程结算是建设单位和施工单位按照工程进度对已完成的分部分项工程实现货币支付的行为。按进度支付工程款，需要根据预算定额将已完成分项工程的造价算出。单位工程验收后，再按竣工工程量、预算定额和施工合同规定进行结算，以保证建设单位建设资金的合理使用和施工单位的经济收入。

（4）预算定额是施工单位进行经济活动分析的依据。预算定额规定的物化劳动和劳动消耗指标，是施工单位在生产经营中允许消耗的最高标准。目前，预算定额决定着施工单位的收入，施工单位就必须以预算定额作为评价企业工作的重要标准，作为努力实现的目标。施工单位可根据预算定额对施工中的劳动、材料、机械的消耗情况进行具体的分析，以便找出并克服低功效、高消耗的薄弱环节，提高竞争能力。只在施工中尽量降低劳动消耗，采用新技术，提高劳动者素质，提高劳动生产率，才能取得较好的经济效果。

（5）预算定额是编制概算定额的基础。概算定额是在预算定额基础上综合扩大编制的。利用预算定额作为编制依据，不但可以节省编制工作的大量人力、物力和时间，收到事半功倍的效果，还可以使概算定额在水平上与预算定额保持一致，以免造成执行中的不一致。

（6）预算定额是合理编制招标标底、招标报价的基础。在深化改革中，预算定额的指令性作用将日益削弱，而施工单位按照工程个别成本报价的指导性作用仍然存在，因此，预算定额作为编制标底的依据和施工企业报价的基础性作用仍将存在，这也是由于预算定额本身的科学性和权威性决定的。

3.3.1.2　预算定额的种类

按专业性质分，预算定额是建筑工程定额和安装工程定额两大类。建筑工程定额按专业对象分为建筑工程预算定额、市政工程预算定额、铁路工程预算定额、公路工程预算定额、房屋修缮工程预算定额、矿山井巷预算定额等。

安装工程预算定额按专业对象分为电气设备安装工程预算定额、机械设备安装工程预算定额、通信设备安装工程预算定额、化学工业设备安装工程预算定额、工业管道安装工程预算定额、工艺金属结构安装工程预算定额、热力设备安装工程预算定额等。

从管理权限和执行范围划分，预算定额可以分为全国统一定额、行业统一定额和地区统一定额等。全国统一定额由国务院建设行政主管部门组织制定发行；行业统一定额由国务院行业主管部门制定；地区统一定额由省、自治区、直辖市建设行政主管部门制定。

预算定额按物资要素分为劳动定额、机械定额和材料消耗定额，但是它们是相互依存形成一个整体，作为编制预算定额依据，各自不具有独立性。

3.3.1.3　预算定额的编制原则和依据

1. 预算定额的编制原则

为保证预算定额的质量，充分发挥预算定额的作用，实际使用简便，在编制工作中应该遵循以下原则：

1）按社会平均水平确定预算定额的原则

预算定额的水平以大多数施工单位的施工水平定额水平为基础。但是，预算定额绝不是简单的套用施工定额的水平。首先，要考虑预算定额中包含了更多的可变因素，需要保留合理的幅度差，例如，人工幅度差、机械幅度差、材料的超运距、辅助用工及材料堆放、运输、操作损耗和由细到粗综合后的量差等。其次，预算定额应当是平均水平，而施工定额是平均先进水平，两者相比，预算定额水平要相对低一些，但是应限制在一定范围之内。

2）简明适用的原则

预算定额项目是在施工定额的基础上进一步综合，通常将建筑物分解为分部、分项工程。简明适用是指再编制预算定额时，对于那些主要的、常用的、价值量大的项目、分项工程划分宜细；次要的、不常用的、价值量相对较小的项目则可以放粗一些。

预算定额要项目齐全。要注意补充那些因采用新技术、新结构、新材料而出现的新的定额项目。如果项目不全，缺项多，就会使计价工作缺少充足的可靠的依据。补充定额一般因资料所限，费时费力，可靠性较差，容易引起争执。

预算定额要简明适用，还要求合理确定预算定额的计算单位，简化工程量的计算，尽可能地避免同一种材料用不同的计量单位和一量多用。尽量减少定额附注和换算系数。

3）坚持统一性和差别性相结合的原则

所谓统一性，就是从培育全国统一市场规范计价行为出发，计价定额的制定规划和组织实施由国务院建设行政主管部门归口，并负责全国统一定额制定或修订，颁发有关工程造价管理的规章制度颁发等。这样就有利于通过定额和工程造价的管理实现建筑安装工程价格的宏观调控。通过编制全国统一定额，使建筑安装工程具有一个统一的计价依据，也使考核设计和施工的经济效果具有一个统一的效果。

所谓差别性，就是在统一性的基础上，各部门和省、自治区、直辖市主管部门可以在自己的管辖范围内，根据本部门和地区的具体情况，制定部门和地区性定额、补充性制度和管理办法，以适应我国幅员辽阔，地区间部门发展不平衡和差异大的实际情况。

2．预算定额编制的依据

（1）现行劳动定额和施工定额。预算定额是在现行劳动定额和施工定额的基础上编制的。预算定额中人工、材料、机械台班消耗水平，需要依据劳动定额或施工定额取定；预算定额的计量单位的选择，也要以施工定额为参考，从而保证两者的协调和可比性，减少预算定额的编制工作量，缩短编制时间。

（2）现行设计规范、施工及验收规范、质量评定标准和安全操作规程。预算定额在确定人工、材料、机械台班消耗数量时，必须考虑上述各项规范的要求和规定。

（3）具有代表性的典型工程施工图及有关标准图。对这些图纸进行仔细分析研究，并计算出工程数量，作为编制定额时选择施工方法确定定额含量的依据。

（4）新技术、新结构、新材料和先进的施工方法等。这类资料是调整定额水平和增加新的定额项目所必需的依据。

（5）有关科学试验、技术测定的统计、经验资料。这类工程是确定定额水平的重要依据。

（6）现行的预算定额、材料预算价格及有关文件规定等。包括过去定额编制过程中积累的基础资料，也是编制预算定额的依据和参考。

3.3.2　预算定额的编制方法

3.3.2.1　人工工日消耗量的计算

人工工日数可以有两种确定方法。一种是以劳动定额为基础确定；一种是以现场观察测定资料为基础计算。遇到劳动定额缺项时，采用现场工作日写实等测定定方法确定和计算定额的人工耗用量。

预算定额中人工工日消耗量是指在正常施工条件下，生产单位合格产品所必需消耗的人工工日数量，是由分项工程所综合的各个工序劳动定额包括的基本用工、其他用工两部分组成的。

3.3.2.2　材料消耗量的计算

1．材料消耗量的划分

材料消耗量是完成单位合格产品所必须消耗的材料数量，按用途划分为以下四种：

（1）主要材料：直接构成工程实体的材料，其中也包括成品、半成品的材料。

（2）辅助材料：也是构成工程实体除主要材料以外的其他材料。如垫木钉子、铅丝等。

（3）周转性材料：脚手架、模板等多次周转使用的不构成工程实体的摊销性材料。

（4）其他材料：用量较少，难以计量的零星材料。如棉纱、编号用的油漆等。

2. 材料消耗量计算方法

凡有标准规格的材料，按规范要求计算定额计量单位的耗用量、如砖、水卷材、块料面层等。设计图纸标注尺寸及下料要求的按设计图纸尺寸计算材料净用量，如门窗制作用材料，方、板料等。

（1）换算法：各种胶结、涂料等材料的配合比用料，可以根据要求条件换算，得出材料用量。

（2）测定法：包括实验室实验法和现场观察法。指各种强度等级的混凝土及砌筑砂浆配合比的耗用原材料数量的计算，需按照规范要求试配经过试压合格以后并经过必要的调整后得出的水泥、沙子、石子、水的用量。对新材料、新结构又不能用其他方法计算定额消耗用量时，需用现场测定法来确定，根据不同条件可以采用写实记录法和观察法，得出定额的消耗量。

（3）其他材料的确定法：一般按工艺测算并在定额项目材料计算表内列出名称、数量，并据依编制期价格以其他材料占主要材料的比率计算，列在定额材料栏之下，定额内可不列材料名称及耗用量。

3.3.2.3　机械台班消耗量的计算

预算定额中的机械台班消耗量是指在正常施工条件下，生产单位合格产品（分部分项工程或结构构件）必须消耗的某种型号施工机械的台班数量。

根据施工定额确定机械台班消耗量的计算。这种方法是指施工定额或劳动定额中机械台班产量加机械幅度差预算定额的机械台班消耗量。

机械台班幅度差一般包括正常施工组织条件下不可避免的机械空转时间，施工技术原因的中断及合理停滞时间，因供电供水故障及水电线路移动检修而发生的运转中断时间，因气候变化或机械本身故障影响工时利用的时间，施工机械转移及配套机械相互影响损失的时间，配合机械施工的工人因与其他工种交叉造成的间歇时间，因检查工程质量造成的机械停歇时间，工程收尾和工作量不饱满造成的机械停歇时间等。

大型机械幅度差系数为：土方机械 25%，打桩机械 33%，吊装机械 30%。砂浆、混凝土搅拌机由于按小组配用，以小组产量计算机械台班产量，不另增加机械幅度差。其他分部工程中如钢筋加工、木材、水磨石等各项专用机械的幅度差为 10%。

综上所述，预算定额的机械台班消耗量按下式计算：

预算定额机械耗用台班=施工定额机械耗用台班×（1/机械幅度差系数）

占比重不大的零星小型机械按劳动定额小组成员计算出机械台班使用量，以"机械费"或其他机械费表示，不再列台班数量。

以现场测定资料为基础确定机械台班消耗量。

如遇到施工定额（劳动定额）缺项者，则需要依据单位时间完成的产量测定。

3.4 概算定额、概算指标和估算指标

3.4.1 概算定额的概念及作用

1. 概算定额的概念

概算定额是在相应预算定额的基础上，根据有代表性的设计图纸和有关资料，经过适当综合、扩大以及合并而成的，介于预算定额和概算指标之间的一种定额。

概算定额规定了完成一定计量单位的建筑扩大结构构件、分部工程或扩大分项工程所需人工、材料、机械消耗和费用的数量标准。例如砖基础概算定额项目，就是以砖基础为主，综合了挖地槽、砌砖基础、铺设防潮层、回填土及运土等预算定额中的分项工程项目。

2. 概算定额的作用

（1）概算定额是编制概算的依据。工程建设程序规定，采用两阶段设计时，其初步设计必须编制概算；采用三阶段设计时，其技术设计必须编制修正概算，对项目进行总估价。概算定额是编制初步设计概算和技术设计修正概算的依据。

（2）概算定额是设计方案比较的依据。设计方案比较，目的是选择出技术先进、经济合理的方案，在满足使用功能的条件下，降低造价和资源消耗。采用扩大综合后的概算定额为设计方案的比较提供了方便条件。

（3）概算定额是编制概算指标和投资估算指标的依据。

（4）实行工程总承包时，概算定额也可作为投标报价参考。

3. 概算定额的编制原则

概算定额应该贯彻社会平均水平和简明适用的原则，也是工程计价的依据，应符合价值规律和反映现阶段生产力水平。在概算定额与综合预算定额水平之间应保留必要的幅度差，并在概算定额编制过程中严格控制。

为满足事先确定概算造价、控制投资的要求，概算定额要尽量不留活口或少留活口。

4. 概算定额的编制依据

概算定额的适用范围不同于预算定额，其编制依据也略有区别，一般有以下几种：

（1）现行的设计标准规范。

（2）现行建筑和安装工程预算定额。

（3）国务院各有关部门和各省、自治区、直辖市批准颁发的标准设计图集和有代表性的设计图纸等。

（4）现行的概算定额及其编制资料。

（5）编制期人工工资标准、材料预算价格、机械台班费用等。

5. 概算定额基准价

概算定额基准价又称为扩大单价，是概算定额单位扩大分部分项工程或结构件等所需全部人工费、材料费、施工机械使用费之和，是概算定额价格表现的具体形式。计算公式为：

概算定额基准价=概算定额单位人工费+概算定额单位材料费+

概算定额单位施工机械使用费

$$=人工概算定额消耗量\times人工工资单价+\sum(材料概算定额消耗量\times$$
$$材料预算价格)+\sum(施工机械概算定额消耗量\times机械台班费用单价)$$

概算定额基准价的制定依据与综合预算定额基价相同，以省会城市的工资标准、材料预算价格和机械台班单价计算基准价。在概算定额表中一般应列出基准价所依据的单价，并在附录中列出材料预算价格取定表。

3.4.2 概算指标

1. 概算指标的概念

概算指标是比概算定额综合、扩大性更强的一种定额指标。它是以每 100 m² 建筑面积或 1 000 m³ 建筑体积、构筑物以座为计算单位规定出人工、材料、机械消耗数量标准或定出每万元投资所需人工、材料、机械消耗数量及造价的数量标准。

2. 概算指标的作用

概算指标和概算定额、预算定额一样，都是与各个设计阶段相适应的多次计价的产物，它主要用于投资估价、初步设计阶段，其作用为：

（1）概算指标是编制投资估价和控制初步设计概算、工程概算造价的依据。

（2）概算指标是设计单位进行设计方案的技术经济分析、衡量设计水平、考核投资效果的标准。

（3）概算指标是建设单位编制基本建设计划、申请投资贷款和主要材料计划的依据。

3. 概算指标的编制依据

（1）现行的设计标准规范。

（2）现行的概算定额及其他相关资料。

（3）国务院各有关部门和各省、自治区、直辖市批准颁发的标准设计图集和有代表性的设计。

（4）编制期相应地区人工工资标准、材料价格、机械台班费用等。

4. 概算指标的内容与应用

1）概算指标的内容

（1）总说明：它主要从总体上说明概算指标的作用、编制依据、适应范围和使用方法等。

（2）示意图：表明工程的结构形式。工业项目还表示出吊车及起重能力等。

（3）工程基本特征：主要对工程的结构形式、层高、层数和建筑面积进行说明，具体见表 3.3。

表 3.3　框架住宅工程基本特征

结构类型	层数	层高	檐高	建筑面积
框架结构	六层	2.9 m	17.77 m	4 739.77 m²

（4）工程造价指标。说明该项目每 100 m² 的造价指标以及期中土建、水暖和电气照明等单工程的相应造价。如表 3.4、表 3.5 所示。

表 3.4 框架住宅工程造价指标

项 目	造价/元	平方米造价/（元/m²）	占建安造价比例/%
建筑工程	6 225 761.17	1 138.61	64.82
装饰工程	1 449 903.94	265.17	15.10
安装工程	1 652 135.91	302.16	17.20
暂列金额	276 938.94	50.65	2.88
合 计	9 604 739.96	1 756.59	100.00

表 3.5 框架住宅工程造价分析表

项 目	总价/元	平方米造价（元/m²）	占建安造价比例/%
人工费	1 469 112.25	268.68	15.30
材料费	5 661 696.27	1 035.45	58.95
机械费	330 810.09	60.50	3.44
管理费	483 812.05	88.48	5.04
利 润	167 107.39	30.56	1.74
施工组织措施费	314 299.55	57.48	3.27
其他项目费	260 000.00	47.55	2.71
规 费	330 429.42	60.43	3.44
税 金	307 723.25	56.28	3.20
劳保基金	279 749.69	51.16	2.91
合 计	9 604 739.96	1 756.59	100.00

（5）构造内容及工程量指标。说明该工程项目的构造内容和相应计算单位的工程量指标。如表 3.6 所示。

表 3.6 框架结构住宅构造内容及工程量指标

项 目			单位	工程量	百平方米工程量
建筑工程	挖 方		m³	6 281.38	114.88
	地基沙石换填		m³	2 408.22	44.04
	砌 筑		m³	1 226.07	22.42
	轻质条板墙		m³	194.40	3.56
	混凝土	基 础	m³	367.46	6.72
		梁板柱	m³	1 477.71	27.03
		直行楼梯	m²	236.58	4.33
	钢 筋		t	278.44	5.09
	防 水	地下室	m²	678.63	12.41
		屋 面	m²	1 064.18	19.46
		卫生间	m²	2 900.25	53.04

项 目			单位	工程量	百平方米工程量
建筑工程	保温隔热	外 墙	m²	2 891.13	52.88
		屋 面	m²	886.64	16.22
	楼地面及天棚		m²		19.65
装饰工程	楼地面		m²	4 421.93	80.87
	楼梯面层		m²	236.58	4.33
	楼梯栏杆		m	296.76	5.43
	墙柱面	内外墙抹灰	m²	12 475.45	228.16
		内墙面砖（楼梯间）	m²	1 057.58	19.34
		外墙面砖	m²	2 568.45	46.97
	天 棚	抹 灰	m²	4 034.65	73.79
	门 窗		m²	1 138.49	20.82
	油漆涂料	内墙乳胶漆	m²	1 984.40	36.29
		外墙丙烯酸涂料	m²	95.48	1.75
安装工程	给水管		m	3 744.80	68.49
	排水管		m	983.30	17.98
	采暖管	镀锌钢管	m	199.60	3.65
		PP-R 塑料管	m	2 779.40	50.83
	散热器		片	2 636.00	48.21
	电气配管		m	15 336.40	280.48
	电气配线	强 电	m	31 825.85	582.06
		弱 电	m	2 390.80	43.72
	铜芯电缆		m	202.6	3.71

2）概算指标的应用

概算指标的应用比概算定额具有更大的灵活性，由于它是一种综合性很强的指标，不可能与工程的建筑特征、结构特征、自然条件、施工条件完全一致。因此在选用概算指标时要十分慎重，选用的指标与设计对象在各个方面应尽量一致或接近，不一致的地方要进行换算，以提高准确性。

概算指标的应用一般有两种情况：第一种情况，如果设计对象的结构特征与概算指标一致时，可直接套用；第二种情况，如果设计对象的结构特征与概算指标的规定局部不同时，要对指标的局部内容调整后再套用。

3.4.3 估算指标

1. 估算指标的概念与作用

工程造价估算指标是确定生产一定计量单位（如 m²、m³ 或幢、座等）建筑安装工程的造价和工料消耗的标准。主要是选择具有代表性的、符合技术发展方向的、数量足够的并具有重复使用可能的设计图纸及其工程量的工程造价实例，经筛选、统计分析后综合取定。

工程造价估算指标的制定是建设项目管理的一项重要工作。估算指标是编制项目建议书和可行性研究报告书投资估算的依据，是对建设项目全面的技术性与经济性论证的依据。估算指标对提高投资估算的准确度，进行建设项目全面评估，作出正确决策具有重要意义。

2. 编制原则

（1）估算指标编制必须适应今后一段时期编制建设项目建议书和可行性研究报告书的需要。

（2）估算指标的分类、项目划分、项目内容、表现形式等必须结合工程专业特点，与编制建设项目建议书和可行性研究报告书深度相适应。

（3）估算指标编制要符合国家有关的方针政策、近期技术发展方向，反映正常建设条件下的造价水平，并适当留有余地。

（4）采用的依据和数据尽可能做到正确、准确和具有代表性。

（5）估算指标力求满足各种用户使用的需要。

3. 编制依据

（1）国家和建设行政主管部门制定的工期定额。

（2）国家和地区建设行政主管部门制定的计价规范、专业工程概预算定额及取费标准。

（3）编制基准期的人工单价、材料价格、施工机械台班价格。

3.5   工程量清单计价规范

根据《中华人民共和国招标投标法》和建设部令第 107 号《建设工程施工发包与承包计价管理办法》，2003 年 2 月 17 日，建设部 119 号令颁布了国家标准《建设工程工程量清单计价规范》（GB 50500—2003），并与 2003 年 7 月 1 日正式实施。2008 年 7 月 9 日，住房和城乡建设部以第 63 号公告发布了《建设工程工程量清单计价规范》（GB 50500—2008），自 2008 年12 月 1 日起实施。2012 年 12 月 25 日，住房和城乡建设部和国家质量监督检验检疫总局联合发布《建设工程工程量清单计价规范》（GB 50500—2013），自 2013 年 4 月 1 日起实施。

3.5.1   工程量清单的概念和内容

3.5.1.1   工程量清单的概念

工程量清单是指建设工程的分部分项工程项目、措施项目、其他项目、规费项目和税金项目的名称和相应数量等的明细清单。是按照招标要求和施工设计图纸要求规定将招标工程的全部项目和内容，依据统一编码、统一项目名称、统一单位、统一工程量计算规则要求，计算招标工程的分部分项工程数量的表格。

工程量清单是招标文件的组成部分。是由招标人发出的一套注有工程各实物工程名称、性质、特征、单位、数量及开办项目、税费等相关表格组成的文件。其中招标工程量清单指招标人依据国家标准、招标文件、设计文件以及施工现场实际情况编制的，随招标文件发布供投标报价的工程量清单。已标价工程量清单指构成合同文件组成部分的投标文件中已标明价格，经算术性错误修正（如有）且承包人已确认的工程量清单，包括对其的说明和表格。招标工程量清单应由具有编制能力的招标人或受其委托，具有相应资质的工程造价咨询人或招标代理人编制。采用工程量清单方式招标，招标工程量清单必须作为招标文件的组成部分，其准确性和完整性由招标人负责。招标工程量清单应以单位（项）工程为单位编制，由分部分项工程量清单，措施项目清单，其他项目清单，规费项目、税金项目清单组成。

3.5.1.2　工程量清单的内容

工程量清单计价与计量规范由《建设工程工程量清单计价规范》（GB 50500）、《房屋建筑与装饰工程量计算规范》（GB 50854）、《仿古建筑工程量计算规范》（GB 50855）、《通用安装工程量计算规范》（GB 50856）、《市政工程量计算规范》（GB 50857）、《园林绿化工程量计算规范》（GB 50858）、《矿山工程量计算规范》（GB 50859）、《构筑物工程量计算规范》（GB 50860）、《城市轨道交通工程量计算规范》（GB 50861）、《爆破工程量计算规范》（GB 50862）组成。

《建设工程工程量清单计价规范》（GB 50500，以下简称计价规范）包括总则、术语、一般规定、招标工程量清单、招标控制价、投标报价、合同价款约定、工程计量、合同价款调整、合同价款中期支付、竣工结算与支付、合同解除的价款结算与支付、合同价款争议的解决、工程计价资料与档案、计价表格 15 部分组成。

1. 分部分项工程量清单

分部分项工程是"分部工程"和"分项工程"的总称。"分部工程"是单位工程的组成部分按结构部位、路段长度及施工特点或施工任务将单位工程划分为若干分部的工程。例如房屋建筑与装饰工程分为土石方工程、桩基工程、砌筑工程、混凝土及钢筋混凝土工程、楼地面装饰工程、天棚工程等分部工程。"分项工程"是分部工程的组成部分，系按不同施工方法材料、工序及路段长度等分部工程划分为若干个分项或项目的工程。例如现浇混凝土基础分为带形基础、独立基础、满堂基础、桩承台基础、设备基础等分项工程。

分部分项工程项目清单必须载明项目编码、项目名称、项目特征、计量单位和工程量。分部分项工程项目清单必须根据各专业工程计量规范规定的项目编码、项目名称、项目特征计量单位和工程量计算规则进行编制。在分部分项工程量清单的编制过程中，由招标人负责前六项内容填列，金额部分在编制招标控制价或投标报价时填列。

1）项目编码

项目编码是分部分项工程和措施项目清单名称的阿拉伯数字标识。分部分项工程量清项目编码以五级编码设置，用十二位阿拉伯数字表示。一、二、三、四级编码为全国统一，即一至九位应按计价规范附录的规定设置；第五级即十至十二位为清单项目编码，应根据工程的工程量清单项目名称设置，不得有重号，这三位清单项目编码由招标人针对招标工程目具体编制，并应自 001 按顺序编制。项目编码结构如图 3.1 所示（以房屋建筑与装饰工程为例）。

各级编码代表的含义如下：

① 第一级表示工程分类顺序码（分二位）。

② 第二级表示专业工程顺序码（分二位）。

③ 第三级表示分部工程顺序码（分二位）。

④ 第四级表示分项工程项目名称顺序码（分三位）。

⑤ 第五级表示工程量清单项目名称顺序码（分三位）。

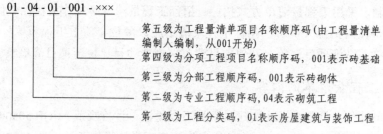

图 3.1 工程量清单项目编码结构

2）项目名称

分部分项工程量清单的项目名称应按各专业工程计量规范附录的项目名称结合工程的实际确定。附录表中的"项目名称"为分项工程项目名称，是形成分部分项工程量清单项目名称的基础。即在编制分部分项工程量清单时，以附录中的分项工程项目名称为基础，考虑该项目的规格、型号、材质等特征要求，结合工程的实际情况，使其工程量清单项目名称具体化、细化，以反映影响工程造价的主要因素。例如"墙面一般抹灰"这一分项工程在形成工程量清单项目名称时可以细化为"外墙面抹灰""内墙面抹灰"等。清单项目名称应表达详细、准确，各专业工程计量规范中的分项工程项目名称如有缺陷，招标人可作补充，并报当地工程造价管理机构（省级）备案。

3）项目特征

项目特征是构成分部分项工程项目、措施项目自身价值的本质特征。项目特征是对项目的准确描述，是确定一个清单项目综合单价不可缺少的重要依据，是区分清单项目的依据，是履行合同义务的基础。分部分项工程量清单的项目特征应按各专业工程计量规范附录中规定的项目特征，结合技术规范、标准图集、施工图纸，按照工程结构、使用材质及规格或安装位置等，予以详细而准确的表述和说明。凡项目特征中未描述到的其他独有特征，由清单编制人视项目具体情况确定，以准确描述清单项目为准。

在各专业工程计量规范附录中还有关于各清单项目"工作内容"的描述。工作内容是指完成清单项目可能发生的具体工作和操作程序，但应注意的是，在编制分部分项工程量清单时，工作内容通常无需描述，因为在计价规范中，工程量清单项目与工程量计算规则、工作内容有一一对应关系，当采用计价规范这一标准时，工作内容均有规定。

4）计量单位

计量单位应采用基本单位，除各专业另有特殊规定外均按以下单位计量：

（1）以质量计算的项目——吨或千克（t，kg）

（2）以体积计算的项目——立方米（m³）。

（3）以面积计算的项目——平方米（m²）。

（4）以长度计算的项目——米（m）。

（5）以自然计量单位计算的项目——个、套、块、樘、组、台……

（6）没有具体数量的项目——宗、项……

各专业有特殊计量单位的，另外加以说明，当计量单位有两个或两个以上时，应根据所工程量清单项目的特征要求，选择最适宜表现该项目特征并方便计量的单位。

计量单位的有效位数应遵守下列规定：

① 以"t""m³""kg"为单位，应保留小数点后三位数字，第四位小数四舍五入。

② 以"m""m²"应保留小数点后两位数字，第三位小数四舍五入。

③ 以"个""件""根""组""系统"等为单位，应取整数。

5）工程数量的计算

工程数量主要通过工程量计算规则计算得到。工程量计算规则是指对清单项目工程量计算的规定。除另有说明外，所有清单项目的工程量应以实体工程量为准，并以完成后的净计算；投标人投标报价时，应在单价中考虑施工中的各种损耗和需要增加的工程量。根据工程量清单计价与计量规范的规定，工程量计算规则可以分为房屋建筑与装饰工、仿古建筑工程、通用安装工程、市政工程、园林绿化工程、矿山工程、构筑物工程、城市轨交通工程、爆破工程九大类。

以房屋建筑与装饰工程为例，其计量规范中规定的实体项目包括土石方工程，地基处理与边坡支护工程，桩基工程，砌筑工程，混凝土及钢筋混凝土工程，金属结构工程，木结构工程，门窗工程，屋面及防水工程，保温、隔热、防腐工程，楼地面装饰工程，墙、柱面装饰与隔断、幕墙工程，天棚工程，油漆、涂料、裱糊工程，其他装饰工程，拆除工程等，分别制定了它们的项目的设置和工程量计算规则。

6）补充项目附加

随着工程建设中新材料、新技术、新工艺等的不断涌现，计量规范附录所列的工程量清单项目不可能包含所有项目。在编制工程量清单时，当出现计量规范附录中未包括的清单项目时，编制人应作补充。在编制补充项目时应注意以下三个方面：

（1）补充项目的编码应按计量规范的规定确定。具体做法如下：补充项目的编码由计量规范的代码与 B 和三位阿拉伯数字组成，并应从 001 起顺序编制，例如房屋建筑与装饰工程如需补充项目，则其编码应从 01B001 开始起顺序编制吗，同一招标工程的项目不得重码。

（2）在工程量清单中应附补充项目的项目名称、项目特征、计量单位、工程量计算规则和工作内容。

（3）将编制的补充项目报省级或行业工程造价管理机构备案。

2. 措施项目清单

措施项目列项措施项目是指为完成工程项目施工，发生于该工程施工准备和施工过程中的技术，生活、安全、环境保护等方面的项目。

措施项目清单应根据相关工程现行国家计量规范的规定编制，并应根据工程的实际情况列项。例如《房屋建筑与装饰工程量计算规范》中规定的措施项目，包括脚手架工程、混凝土模板及支架（撑）、垂直运输、超高施工增加、大型机械设备进出场及安拆、施工排水、降水、安全文明施工及其他措施项目。

措施项目分为技术措施和组织措施两部分。组织措施费用的发生与使用时间、施工方法或两个以上的工序相关，并大都与实际完成体工程量的大小关系不大，如安全文明施工、夜间施工、非夜间施工照明、二次搬运、冬季施工、地上及地下设施、建筑物的临时保护设施、已完工程及设备保护等。但是有些非实体项目则是可以计算工程量的项目，如脚手架工程、混凝土模板及支架（撑）、垂直运输、超高施工增加、大型机械设备进出场及安拆、施工排水、降水等，与完成的工程实体具有直接关系，并且是可以精确计量的项目，用分部分项工程量清单的方式采用综合单价，更有利于措施费的确定和调整。措施项目中不能计算工程量的项目清单，以"项"为计量单位进行编制；可以计算项目中工程量的项目清单宜采用分部分项工程量清单的方式编制，列出项目编码、项目名称、项目特征、计量单位和工程量计算规则。

3. 其他项目清单

其他项目清单是指分部分项工程量清单、措施项目清单所包含的内容以外，因招标人的特殊要求而发生的与工程有关的其他费用项目和相应数量的清单。工程建设标准的高低、工程的复杂程度、工程的工期长短、工程的组成内容、发包人对工程管理要求等都直接影响其他项目清单的具体内容。其他项目清单包括暂列金额，暂估价（包括材料暂估单价、工程设备暂估单价、专业工程暂估价），计日工，总承包服务费。出现未包含在表格中内容的项目，可根据工程实际情况补充。

1）暂列金额

暂列金额是指招标人在工程量清单中暂定并包括在合同价款中的一笔款项。用于工程合同签订时尚未确定或者不可预见的所需材料、工程设备、服务的采购，施工中可能发生的工程变更、合同约定调整因素出现时的合同价款调整，以及发生的索赔、现场签证确认等的费用。不管采用何种合同形式，其理想的标准是，一个合同的价格就是其最终的竣工结算价格，或者至少两者应尽可能接近。我国规定对政府投资工程实行概算管理，经项目审批部门批复的设计概算是工程投资控制的刚性指标，即使商业性开发项目也有成本的预先控制问题，否则，无法相对准确预测投资的收益和科学合理地进行投资控制。但工程建设自身的特性决定了工程的设计需要根据工程进展不断地进行优化和调整，业主需求可能会随工程建设进展出现变化，工程建设过程还会存在一些不能预见、不能确定的因素。消化这些因素必然会影响合同价格的调整，暂列金额正是因这类不可避免的价格调整而设立，以便达到合理确定和有效控制工程造价的目标。设立暂列金额并不能保证合同结算价格就不会再出现超过合同价格的情况，是否超出合同价格完全取决于工程量清单编制人对暂列金额预测的准确性，以及工程建设过程是否出现了其他事先未预测到的事件。

2）暂估价

暂估价是指人在工程量清单中提供的用于支付必然发生但暂时不能确定价格的材料、工程设备的单价以及专业工程的金额，包括材料暂估价、工程设备暂估单价和专业工程暂估价；暂估价在招标阶段预见肯定要发生，只是因为标准不明确或者需要由专业承包人完成，暂时无法确定价格。暂估价数量和拟用项目应当结合工程量清单中的"暂估价表"予以补充说明。为方便合同管理，需要纳入分部分项工程量清单项目综合单价中的暂估价应只是材料、工程设备暂估单价，以方便投标人组价。专业工程的暂估价一般应是综合暂估价，应当包括除规费和税金以外的管理费、利润等取费。总承包招标时，专业工程设计深度往往是不够的，一般需要交由专业设计人设计，国际上，出于提高可建造性考虑，一般由专业承包人负责设计，以发挥其专业技能和专业施工经验的优势这类专业工程交由专业分包人完成是国际工程的良好实践，目前在我国工程建设领域也已比较普遍。公开透明地合理确定这类暂估价的实际开支金额的最佳途径就是通过施工总承包人与工程建设项目招标人共同组织的招标。

暂估价中的材料、工程设备暂估价单价应根据工程造价信息或参照市场价格估算，列出明细表；专业工程暂估价应分不同专业，按有关计价规定估算，列出明细表。

3）计日工

在施工过程中，承包人完成发包人提出的工程合同范围以外的零星项目或工作，按合同约定的单价计价的一种方式。计日工是为了解决现场发生的零星工作的计价而设立的。国际上常见的标准合同条款中，大多数都设立了计日工（Daywork）计价机制。计日工对完成零星工作所消耗的人工工时、材料数量、施工机械台班进行计量，并按照计日工表中填报的适用项目的单价进行计价支付。计日工适用的所谓零星项目或工作一般是指合同约定之外的或者因变更而产生，工程量清单中没有相应项目的额外工作，尤其是那些难以事先商定价格的额外工作。计日工应列出项目名称、计量单位和暂估数量。

4）总承包服务费

总承包服务费是指总承包人为配合协调发包人进行的专业工程发包，对发包人自行采购的材料、工程设备等进行保管以及施工现场管理、竣工资料汇总整理等服务所需的费用。招标人应预计该项费用并按投标人的投标报价向投标人支付该项费用。总承包服务费应列出服务项目及其内容等。

4. 规费和税金项目清单

（1）社会保障费：包括养老保险费、失业保险费、基本医疗保险费、工伤保险费、生育保险费。

（2）住房公积金。

（3）工程排污费。

（4）工伤保险费。

出现计价规范中未列的项目，应根据省级政府或省级有关权力部门的规定列项。

税金项目清单应包括下列内容：

（1）营业税。

（2）城市维护建设税。

（3）教育费附加。

出现计价规范未列的项目，应根据税务部门的规定列项。

3.5.2 工程量清单计价的适用范围

计价规范适用于建设工程发承包及其实施阶段的计价活动。使用国有资金投资的建设程发承包，必须采用工程量清单计价；非国有资金投资的建设工程，宜采用工程量清单计；不采用工程量清单计价的建设工程，应执行计价规范中除工程量清单等专门性规定外的他规定。

国有资金投资的项目包括全部使用国有资金（含国家融资资金）投资或国有资金投资为的工程建设项目。

（1）国有资金投资的工程建设项目包括：

① 使用各级财政预算资金的项目。

② 使用纳入财政管理的各种政府性专项建设资金的项目。

③ 使用国有企事业单位自有资金，并且国有资产投资者实际拥有控制权的项目。

（2）国家融资资金投资的工程建设项目包括：

① 使用国家发行债券所筹资金的项目。

② 使用国家对外借款或者担保所筹资金的项目。

③ 使用国家政策性贷款的项目。

④ 国家授权投资主体融资的项目。

⑤ 国家特许的融资项目。

（3）国有资金（含国家融资资金）为主的工程建设项目是指国有资金占投资总额 5%以内，或虽不足 50%但国有投资者实质上拥有控股权的工程建设项目。

3.5.3 工程量清单计价的特点和作用

3.5.3.1 清单计价规范的特点

（1）强制性。《建设工程工程量清单计价规范》（GB 50500—2013，以下简称《13 计价规范》）作为国家标准包含了一部分必须严格执行的强制性条文，如：全部使用国有资金投资或国有投资资金为主的工程建设项目，必须采用工程量清单计价；采用工程量清单方式招标，工程量清单必须作为招标文件的组成部分，其准确性和完整性由招标人负责；分部分项工程量清单应根据附录规定的项目编码、项目名称、项目特征、计量单位和工程量计算规则进行编制；分部分项工程量清单应采用综合单价计价；招标文件中的工程量清单标明的工程量是投标人投标报价的共同基础，竣工结算的工程量按承、发包双方在合同中的约定应予计量且实际完成的工程量确定；措施项目清单中的安全文明施工费应按照国家或省级、行业建设主管部门的规定计价，不得作为竞争性费用；投标人应按照招标人提供的工程量清单填报价格，填写的项目编码。项目名称、项目特征、计量单位和工程量必须也招标人提供的一致。

（2）实用性。主要表现在计价规范的附录中，工程量清单及其计算规则的项目名称表现的是工程实体项目，项目名称明确清晰，工程量计算规则简洁明了。特别还列有项目特征和工作内容，易于编制工程量清单是确定具体项目名称和投标报价。

（3）竞争性。一方面表现在《13 计价规范》中从政策性规定到一般内容的具体规定，充分体现了工程造价由市场竞争形成价格的原则。《13 计价规范》中的措施项目，在工程量清单中只列"措施项目"一栏，具体采用什么措施，由投标企业的施工组织设计，视具体情况报价。另一方面，《13 计价规范》中人工、材料、和施工机械没有具体的消耗量，投标企业可以依据企业定额、市场价格或参照建设主管部门发布的社会平均消耗量定额、价格信息进行报价，为企业报价提供了自主的空间。

（4）通用性。表现在我国工程量清单计价是与国际惯例接轨的，符合工程量计价方法标准化、工程量清单计算规则统一化、工程造价确实市场化的要求。

3.5.3.2 清单计价规范的作用

1. 提供一个平等的竞争条件

采用施工图预算来投标报价，由于设计图纸的缺陷，不同施工企业的人员理解不一，计算出的工程量也不同，报价就更相去甚远，也容易产生纠纷。而工程量清单报价就为投标者提供了一个平等竞争的条件，相同的工程量，由企业根据自身的实力来填不同的单价。投标人的这种自主报价，使得企业的优势体现到投标报价中，可在一定程度上规范建筑市场秩序，确保工程质量。

2. 满足市场经济条件下竞争的需要

招投标过程就是竞争的过程，招标人提供工程量清单，投标人根据自身情况确定综合单价，利用单价与工程量逐项计算每个项目的合价，再分别填入工程量清单表内，计算出投标总价。单价成了决定性的因素，定高了不能中标，定低了又要承担过大的风险。单价的高低直接取决于企业管理水平和技术水平的高低，这种局面促成了企业整体实力的竞争，有利于我国建设市场的快速发展。

3．有利于提高工程计价效率，能真正实现快速报价

采用工程量清单计价方式，避免了传统计价方式下招标人与投标人在工程量计算上的重复工作，各投标人以投标人提供的工程量清单为统一平台，结合自身的管理水平和施工方案进行报价，促进了各投标人企业定额的完善和工程造价信息的积累和整顿，体现了现代工程建设中快速报价的要求。

4．有利于工程款的拨付和工程造价的最终结算

中标后，业主要与中标单位签订施工合同，中标价就是确定合同价的基础，投标清单上的单价就成了拨付工程款的依据。业主根据施工企业完成的工程量，可以很容易地确定进度款的拨付额。工程竣工后，根据设计变更、工程量增减等，业主也很容易确定工程的最终造价，可在某种程度上减少业主与施工单位之间的纠纷。

5．有利于业主对投资的控制

采用现在的施工图预算形式，业主对因设计变更、工程量的增减所引起的工程造价变化不敏感，往往等到竣工结算时才知道这些变更对项目投资的影响有多大，但此时常常是为时已晚。而采用工程量清单报价的方式则可对投资变化一目了然，在要进行设计变更时，能马上知道它对工程造价的影响，业主就能根据投资情况来决定是否变更或进行方案比较，以决定最恰当的处理方法。

3.5.4　工程量清单的编制

工程量清单是招标文件的组成部分，主要由分部分项工程量清单、措施项目清单、其他项目清单等组成，是编制标底和投标报价的依据，是签订合同、调整工程量和办理竣工结算的基础。

3.5.4.1　一般规定

（1）招标工程量清单应由具有编制能力的招标人或受其委托，具有相应资质的工程造价咨询人或招标代理人编制。

（2）招标工程量清单必须作为招标文件的组成部分，其准确性和完整性由招标人负责。

（3）招标工程量清单是工程量清单计价的基础，应作为编制招标控制价、投标报价、计算工程量、工程索赔等的依据之一。

（4）工程量清单应由分部分项工程量清单、措施项目清单、其他项目清单、规费项目清单、税金项目清单组成。

（5）编制工程量清单应依据：

本规范和相关工程的国家计量规范；国家或省级、行业建设主管部门颁发的计价依据和办法；建设工程设计文件；与建设工程有关的标准、规范、技术资料；拟定的招标文件；施工现场情况、工程特点及常规施工方案；其他相关资料。

3.5.4.2　工程量清单计价的基本方法和程序

以招标人提供的工程量清单为平台，投标人根据自身的技术、财务、管理能力进行投标

报价，招标人根据具体的评表细则进行优选，这种计价方式是市场定价体系的具体表现形式。

工程量清单计价的基本过程为：在统一的工程量计算规则基础上，制定工程量清单项目设置规则，根据具体工程的施工图纸计算出各个清单项目的工程量，再根据工程造价信息和经验数据计算得到工程造价。这一计算过程如图 3.2 所示。

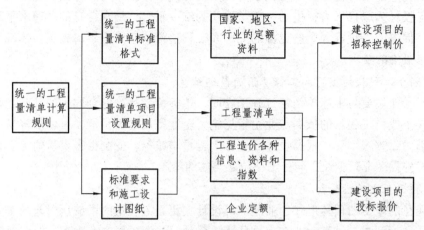

图 3.2　工程造价工程量清单计价过程示意图

从工程造价工程量清单计价过程示意图中可以看出，其编制过程可以分为两个阶段：工程量清单格式的编制和利用工程量清单来编制投标报价。投标报价是在业主提供的工程量计算结果的基础上，根据企业自身所掌握的各种信息、资料和结合企业定额编制得出的。

（1）分部分项工程费=∑分部分项工程量×分部分项工程单价，其中，分部分项工程单价由人工费、材料费、机械费、管理费、利润等组成，并考虑风险费用。

（2）措施项目费=∑措施项目工程量×措施项目综合单价。

（3）单位工程报价=分部分项工程费+措施项目费+其他项目费+规费+税金。

（4）单项工程报价=∑单位工程报价。

（5）建设项目总报价=∑单项工程报价。

思考题

1. 简述定额的基本概念。
2. 简述工程建设定额的分类。
3. 简述施工定额的概念和预算定额的概念，以及两者的区别。
4. 简述概算定额、概算指标和估算指标的概念。
5. 简述工程量清单的概念和内容。其计价有何特点？

4 工程造价的编制与确定

> **本章概要**
>
> 本章主要介绍工程投资估算、设计概算、施工图预算、施工预算、招投标控制价、工程结算决算的编制与确定，本章的重点是要求掌握施工图预算和施工预算的区别，掌握结算的计算方法，了解基本建设过程中造价计算的一般流程。

4.1 投资估算

投资估算是指在项目投资决策过程中，依据现有的资料和特定的方法，对建设项目的投资数额进行的估计。投资估算是项目决策的重要依据之一，在整个决策过程中，投资估算占有很重要位置。投资估算要有准确性，如果误差太大，必将导致决策的失误。因此，准确、全面的估算建设项目的工程造价，是项目可行性研究乃至整个建设项目投资决策阶段造价管理的重要任务。

4.1.1 投资估算的阶段划分

投资估算是在整个决策过程中，依据现有的资料和一定的方法，对建设项目的投资数额进行的估计。投资决策过程可进一步分为规划阶段、项目建议书阶段、可行性研究阶段、评审四个阶段。由于不同阶段所具备的条件和掌握的资料不同，因而投资估算的准确程度也不同，进而每个阶段投资估算所起的作用也不同。但是随着阶段的不断发展，调查研究不断深入，掌握的资料越来越丰富，投资估算逐步精确，其所起的作用也越来越重要。投资估算阶段划分情况概括见表 4.1。

表 4.1　投资估算的阶段划分及作用

	投资估算阶段划分	投资估算误差率	投资估算的主要作用
投资决策过程	1.规划（机会研究）阶段的投资估算	30%	1. 说明有关各项目之间的关系； 2. 作为否定一个项目或决定是否继续进行研究的依据之一
	2.项目建议书（初步可行性研究）阶段的投资估算	20%	1. 从经济上判断项目是否列入投资计划； 2. 作为领导部门审批项目建议书的依据之一； 3. 可否定一个项目,但不能完全肯定一个项目是否真正可行

	投资估算阶段划分	投资估算误差率	投资估算的主要作用
投资决策过程	3. 可行性研究阶段的投资估算	10%	可对项目是否真正可行做出初步的决定
	4.评审阶段（含项目评估）的投资估算	10%以内	1. 可作为对可行性研究结果进行最后评价的依据； 2. 可作为对建设项目是否真正可行做最后决定的依据

4.1.2 投资估算的作用

按照现行项目建议书和可行性研究报告编制深度和审批要求，其中投资估算一经批准，在一般情况下不得随意突破。据此，投资估算的准确与否不仅影响到建设前期的投资决策，而且还直接关系到下阶段设计概算、施工图预算以及项目建设期造价管理和控制。具体作用如下：

（1）投资估算是主管部门审批建设项目的主要依据，也是银行评估项目投资贷款的依据。工程投资估算是工程方案设计招标的一部分，是立项、初步设计的重要经济指标。

（2）建设项目的投资估算，业主筹措资金，银行贷款及项目建设期造价管理和控制的重要依据。

（3）在工程项目初步设计阶段，为了保证不突破可行性研究报告批准的投资估算范围，需要进行多方案的优化设计，实行按专业切块进行投资控制。

（4）项目投资估算的正确与否，也直接影响到对项目生产期所需的流动资金和生产成本的估算，并对项目未来的经济效益（盈利、税金）和偿还贷款能力的大小也具有重要作用。它不仅是确定项目投资决策的命运，也影响到项目能否持续生存发展的能力。

4.1.3 投资估算的编制依据

（1）批准的项目建议书、可行性研究报告及其批文。

（2）工程建设估算指标、概算指标、类似工程实际投资资料。

（3）设备现行出厂价格（含非标准设备）及运杂费率。

（4）工程所在地主要材料价格实际资料、工业和民用建筑造价指标、土地征用价格和建设外部条件。

（5）引进技术设备情况简介及询价，报价资料。

（6）现行的建筑安装工程费用定额及其他费用定额指标。

（7）资金来源及建设工期。

（8）其他有关文件、合同、协议书等。

4.1.4 投资估算的编制内容

1. 投资估算的编制内容

投资估算是确定和控制建设项目全过程的各项投资总额，其估算范围涉及建设投资前期、建设实施期（施工建设期）和竣工验收交付使用期（生产经营期）各个阶段的费用支出。

全厂性工业项目或整体性民用工程项目（如小区住宅、机关、学校、医院等），应包括厂（院）区红线以内的主要生产项目，附属项目、室外工程的竖向布置土石方、道路、围墙大门、室外综合管网、构筑物和厂区（庭院）的建筑小区、绿化等工程，还应包括厂区外专用的供水、供电、公路、铁路等工程费用以及为建设工程的发生的其他费用等，从筹建到竣工验收交付使用的全部费用。投资估算文件，一般应包括投资估算编制说明及投资估算表。

1）编制说明

（1）工程概况。

（2）编制原则。

（3）编制依据。

（4）编制方法。

（5）投资分析。应列出按投资构成划分、按设计专业划分和按生产用途划分的三项投资百分比分析表。

（6）主要技术经济指标。如单位产品投资指标等，与已建成或正在建设的类似项目投资作比较分析，并论述其产生差异的原因。

（7）存在的问题和改进建议。

2. 投资总估算表（表4.2）

表4.2　投资总估算表

序号	工程或费用名称	估算价值						占固定资产投资的比例/%	备注
		建筑工程	设备购置	安装工程	其他费用	合计	其他外币		
1	固定资产投资								
1.1	工程费用								
1.1.1	主要生产项目								
	……								
1.1.2	其他附属项目								
	……								
1.2	工程费用合计								
	其他费用								
	……								
1.3	预备费用								
1.3.1	基本预备费								
1.3.2	涨价预备（建设期价差预备费）								
2	固定资产投资								
3	方向调节税								
	建设期利息								
	合计（1+2+3）								

项目建议书和可行性研究报投资估算构成框图见图 4.1。

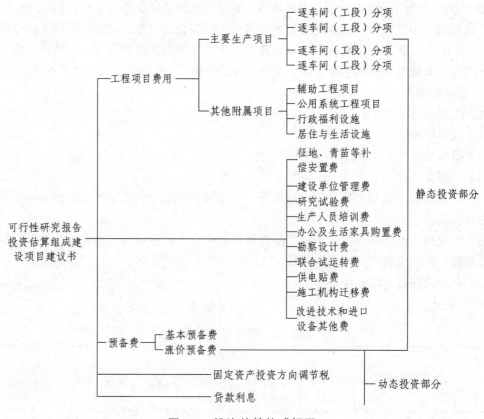

图 4.1 投资估算构成框图

2. 投资估算的编制深度

建设项目投资估算的编制深度，应与项目建议书和可行性研究报告的编写深度相适应。

（1）项目建议书阶段，应编制出项目总估算书，它包括工程费的单项工程投资估算、工程建设其他费用估算、预备费的基本预备费和涨价预备费、投资方向调节税及建设期贷款利息。

（2）可行性研究报告阶段，应编制出项目总估算书、单项工程投资估算书。主要工程项目应分别编制每个单位工程的投资估算；对于附属项目或次要项目可简化编制一个单项工程的投资估算（其中包括土建、水、暖、通、电等）；对于其他费用也应按单项费用编制；预备费用应分别列出基本预备费和涨价预备费；对于应缴投资方向调节税的建设项目，还应计算投资方向调节税以及建设期贷款利息。

4.1.5 固定资产投资估算的编制方法

按照我国现行项目投资管理规定，建设项目固定资产投资按照费用性质划分，可分为建筑安装工程费、设备及工器具购置费、工程建设其他费用、预备费（含基本预备费和涨价预备费）、固定资产投资方向调节税和建设期贷款利息等内容。项目投资估算的内容与构成相同于项目建设费用构成。

根据国家对固定资产投资实行静态控制、动态管理的要求。又将固定资产投资分为静态投资和动态投资两部分。其中固定资产投资静态部分包括：建筑安装工程费、设备及工器具购置费、工程建设其他费用及基本预备费等内容；而固定资产投资动态部分包括建设期涨价预备费、固定资产投资方向调节税和建设期贷款利息。

4.1.5.1 静态投资的估算

静态投资是建设项目投资估算的基础，所以必须全面、准确地进行分析计算，既要避免少算漏项，又要防止高估冒算，力求切合实际。根据静态投资费用项目内容的不同，投资估算采用的方法和深度也不尽相同。

1. 按设备费用的百分比估算法

设备购置费用在静态投资中占有很大比重。在项目规划或可行性研究中，对工程情况不完全了解，不可能将所有设备开出清单；但根据工业生产建设的经验，辅助生产设备、服务设施的装备水平与主体设备购置费用之间存在着一定的比例关系。与他相类似，设备安装费与设备购置费用之间也有一定的比例关系。因此，在对主体设备或类似工程情况已有所了解的情况下，有经验的造价工程师往往采用比例估算的办法估算投资，而不必分项去详细计算，这种方法在实际中有很多的应用。

2. 资金周转率法

这是一种用资金周转率来推测投资额的简便方法。项目的资金周转率可以根据已建相似项目的有关数据进行估计，然后再根据项目的预计产品的年产量及单价，进行估算项目的投资额。这种方法比较简便，计算速度快，但精确度较低，可用于投资机会研究及项目建议书阶段的投资估算。

3. 朗格系数法

以设备费用为基础，乘以适当的系数来推算项目的建设费用。此法比较简单，但没有考虑设备规格和材料的差异，所以精确度不高。

4. 生产能力指数法

根据已建成的、性质类似的建设项目（或生产装置）的投资额和生产能力，以及项目（或生产装置）的生产能力，估算建设项目的投资额。采用这种方法，计算简单，速度快；但要求类似工程的资料可靠，条件基本相同，否则误差就会增大。

5. 指标估算法

对于房屋、建筑物进行造价估算，经常采用投资估算指标法。即根据各种具体的投资估算指标，进行单位工程投资估算。投资估算指标的形式较多，例如元/m²、元/m³、元/kVA 等。根据这些投资估算指标，乘以所需的面积、体积、容量等，就可以求出相应的土建工程、给排水工程、照明工程、采暖工程、变配电工程等各单位工程的投资。在此基础上，可汇总成每一单项工程的投资。另外再估算工程建设其他费用及预备费，即求得建设项目总投资。

目前，我国各部门、各省市已编制了相应各类建设项目的投资估算指标，绝大多数已审批通过，颁布执行。因此，投资估算指标在我国已基本形成一定的系统，这为进行各类建设项目的投资估算提供了一定的条件。特别在编制可行性研究报告的投资估算时，应根据可行性研究报告的内容、国家有关规定和估算指标等，以估算编制时的价格进行编制，并应按照有关规定，合理地预测估算编制后到竣工期间工程的价格、利率、汇率等动态因素的变化，打足建设投资，不留缺口，确保投资估算的编制质量。

工程建设其他费用的估算应根据不同的情况采取不同的方法。例如土地使用费，应根据取得土地的方式以及当地土地管理部门的具体规定计算；与项目建设有关的其他费用，业主费用等特定性强，没有固定的比例和项目，可与建设单位共同研究商定。

总之，静态投资的估算并没有固定的公式，实际工作中，只要有了项目组成部分的费用数据，就可考虑用各种适合的方法来估算。需要指出的是这里所说的虽然是静态投资，但它也是有一定时间性的，应该统一按某一确定的时间来计算，特别是对编制时间距开工时间较远的项目，一定要以开工前一年为基准年，以这一年的价格为依据计算，按照近年的价格指数将编制年的静态投资进行适当地调整，否则就会失去基准作用，影响投资估算的准确性。

4.1.5.2　动态投资的估算

动态投资主要包括价格变动可能增加的投资额（涨价预备费）、建设期利息和固定资产投资方向调节税等三部分内容，如果是涉外项目，还应该计算汇率的影响。动态投资的估算应以基准年静态投资的资金使用计划额为基础来计算以上各种变动因素，而不是以编制年的静态投资为基础计算。

1.　涨价预备费的估算

涨价预备费是指从估算年到项目建成期间内，预留因物价上涨而引起的投资费用增加额。其估算方法，一般根据国家规定的投资综合价格指数，按估算年份价格水平的投资额为基数，采用复利方法计算。

2.　建设期投资贷款利息

建设期投资贷款利息，是指建设项目使用投资贷款在建设期内应归还的贷款利息。建设期贷款利息包括向国内银行和其他非银行金融机构贷款、出口信贷、外国政府贷款、国际商业银行贷款以及在境内外发行的债券等在建设期内应偿还的借款利息。建设期利息实行复利计算。

3.　固定资产投资方向调节税

固定资产投资方向调节税目前停止征收。

4.2　设计概算

4.2.1　工程项目设计概算的作用

设计概算是设计文件的重要组成部分，是在投资估算的控制下由设计单位根据初步设计图纸及说明、概算定额（或概算指标）、各项费用定额（或取费标准）、设备、材料预算价格等资料，用科学的方法计算、编制和确定的建设项目从筹建至竣工交付使用所需全部费用的文件。采用两阶段设计的建设项目，初步设计阶段必须编制设计概算；采用三阶段设计的，技术设计阶段必须编制修正概算。

设计概算的主要作用可归纳为：

（1）设计概算是编制建设项目投资计划、确定和控制建设项目投资的依据。

（2）设计概算是签订建设工程合同和贷款合同的依据。

（3）设计概算是控制施工图设计和施工图预算的依据。

（4）设计概算是衡量设计方案技术经济合理性和选择最佳设计方案的依据。

（5）设计概算是工程造价管理及编制招标标底和投标报价的依据。

（6）设计概算是考核建设项目投资效果的依据。

4.2.2　设计概算的编制原则和依据

1. 设计概算的编制原则

为提高建设项目设计概算编制质量，科学合理确定建设项目投资，设计概算编制应坚持以下原则：

（1）严格执行国家的建设方针和经济政策的原则。

（2）要完整、准确地反映设计内容的原则。

（3）要坚持结合工程的实际，反映工程所在地当时价格水平的原则。

2. 设计概算的编制依据

（1）国家发布的有关法律、法规、规章、规程等。

（2）批准的可行性研究报告及投资估算、设计图纸等有关资料。

（3）有关部门颁布的现行概算定额、概算指标、费用定额等和建设项目设计概算编制办法。

（4）有关部门发布的人工、设备材料价格、造价指数等。

（5）有关合同、协议等。

（6）其他有关资料。

4.2.3　设计概算的内容

设计概算可分单位工程概算、单项工程综合概算和建设项目总概算三级。各级之间概算的相互关系如图 4.2 所示。

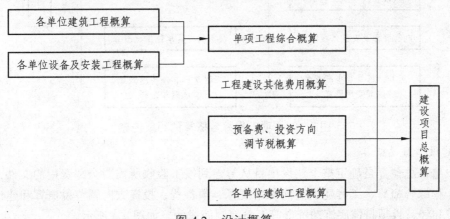

图 4.2　设计概算

设计概算的编制，是从单位工程概算这一级编制开始，经过逐级汇总而成。

1. 单位工程概算

单位工程概算是确定各单位工程建设费用的文件，是编制单项工程综合概算的依据，是单项工程综合概算的组成部分。单位工程概算按其工程性质分为建筑工程概算和设备及安装工程概算两大类。

（1）建筑工程概算包括土建工程概算，给排水、采暖工程概算，通风、空调工程概算，电气照明工程概算，弱电工程概算，特殊构筑物工程概算和工业管道工程概算等。

（2）设备及安装工程概算包括机械设备及安装工程概算，电气设备及安装工程概算，以及工具、器具及生产家具购置费概算等。

2．单项工程综合概算

单项工程综合概算是确定一个单项工程所需建设费用的文件，它是由单位工程中的各单位工程概算汇总编制而成的，是建设项目总概算的组成部分。单项工程综合概算的组成内容如图4.3所示。

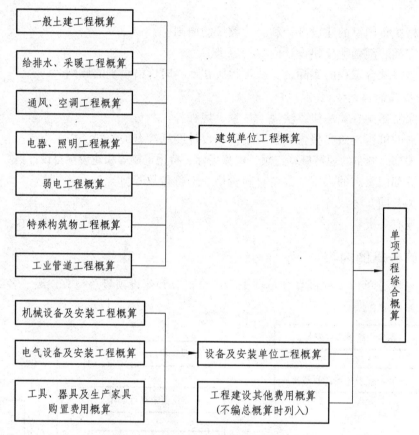

图4.3 单项工程综合概算的组成内容

3．建设项目总概算

建设项目总概算是确定整个建设项目从筹建到竣工验收所需要全部费用的文件，它是由各单项工程综合概算、工程建设其他费用概算、预备费、投资方向调节税概算和建设期贷款利息概算和经营性项目铺底流动资金等汇总编制而成的，如图4.4所示。

4.2.4 设计概算的编制方法

4.2.4.1 单位工程概算的编制方法

建筑单位工程概算由建筑安装工程中的直接工程费、间接费、计划利润和税金组成。

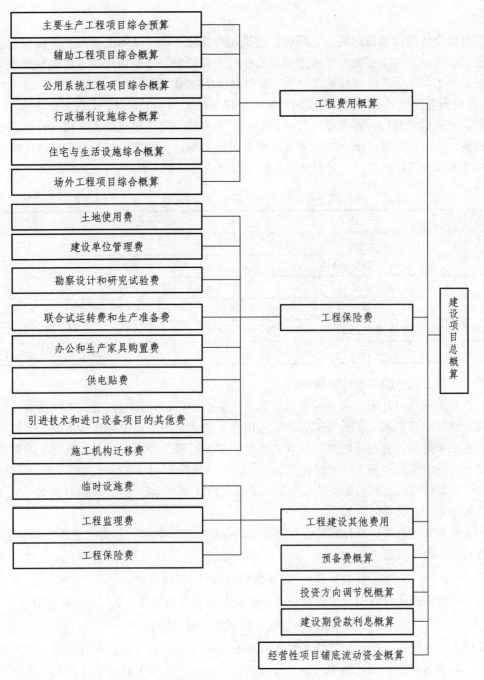

图 4.4　建设项目总投资

单位工程概算分建筑工程概算和设备及安装工程概算两大类。建筑工程概算的编制方法有概算定额法、概算指标法、类似工程预算法等；设备及安装工程概算的编制方法有预算单价法、概算指标法、设备价值百分比法和综合吨位指标法等。

1. 建筑工程概算的编制方法

1）概算定额法（扩大单价法）

概算定额法又叫扩大单价法或扩大结构定额法。它是采用概算定额编制建筑工程概算的方法。

当初步设计建设项目达到一定深度，建筑结构比较明确，基本上能按初步设计图纸计算出楼面、地面、墙体、门窗和屋面等分部工程的工程量时，可采用这种方法编制建筑工程概算。在采用扩大单价法编制概算时，首先根据概算定额编制成扩大单位估价表（表 4.3 及表 4.4），作为概算定额基价，然后用算出的扩大分部分项工程的工程量，乘以单位估价，进行具体计算。概算定额是按一定计量单位规定的，扩大分部分项工程或扩大结构部分的劳动、材料和机械台班的消耗量标准。扩大单位估价表是确定单位工程中各扩大分部分项工程或完整的结构件所需全部材料费、人工费、施工机械使用费之和的文件。

表 4.3　扩大单价估价表　　　　　　　　　　单位：10 m³

序号	项　　目	单　价	数　量	合　　计
1	综合人工	×××	12.45	××××
2	水泥混合砂浆 M5	×××	1.39	××××
3	普通黏土砖	×××	4.34	××××
4	水	×××	0.87	××××
5	灰浆搅拌机	×××	0.23	××××
	合　　计			××××

扩大单价法完整的编制步骤如下：

（1）根据初步设计图纸和说明书，按概算定额中的项目计算工程量。工程量的计算，必须根据定额中规定的各个扩大分部分项工程内容，遵循定额中规定的计量单位、工程量计算规则及方法来进行。有些无法直接计算工程量的零星工程，如散水、台阶、厕所蹲台等，可根据概算定额的规定，按主要工程费用的百分比（一般为 5~8%）计算。

（2）根据计算的工程量套用相应的扩大单位估价（概算定额），计算出材料费、人工费、施工机械使用费三者费用之和。

（3）根据有关取费标准计算其他直接费、间接费、利润和税金，将上述各项和加在一起，其和为建筑工程概算造价。

建筑工程概算造价=直接费+间接费+利润+税金

（4）将概算造价除以建筑面积可以求出建筑工程单方造价等有关技术经济指标。

建筑工程单方造价=建筑工程概算造价÷建筑面积

采用扩大单价法编制建筑工程概算比较准确，但计算比较繁琐。只有具备一定的设计基本知识，熟悉概算定额，才能弄清分部分项的综合内容，才能正确地计算扩大分部分项的工程量。同时在套用扩大单位估价时，如果所在地区的工资标准及材料预算价格与概算定额不一致，则需要重新编制扩大单位估价或测定系数加以调整。

2）概算指标法

当初步设计深度不够，不能准确地计算工程量，但工程设计采用的技术比较成熟，而又有类似概算指标可以利用时，可采用概算指标来编制概算。

概算指标，是按一定计量单位规定的通常以整个房屋每 100 m² 建筑面积或 1 000 m² 建筑体积为计量单位来规定人工、材料和施工机械台班的消耗量以及价值表现的标准，比概算定额更综合扩大的分部工程或单位工程等劳动、材料和机械台班的消耗量标准和造价指标。在建筑工程中，它往往按完整的建筑物、构筑物以 m^2、m^3 或座等为计量单位。

概算指标法是厂房、住宅的建筑面积或体积乘以技术条件相同或基本相同的概算指标编制概算的方法。

用此法编制概算时，首先要计算建筑面积和建筑体积，再根据工程的性质、规模、结构和层数等基本条件，选定相应概算指标，按下式计算建筑工程概算直接费和主要材料消耗量：

（1）当设计对象在结构特征、地质及自然条件上与概算指标完全相同，如基础埋深及形式、层高、墙体、楼板等主要承重构件相同，就可直接套用概算指标编制概算。

（2）当设计对象的结构特征与某个概算指标有局部不同时，则需要对该概算指标进行修正，然后用修正后的概算指标进行计算。

3）类似工程预算法

当建设工程对象尚无完整的初步设计方案，而建设单位又急需上报设计概算时，可采用此法。类似工程预算法是利用技术条件与设计对象相类似的已完工程或在建工程的工程造价资料来编制工程设计概算的方法。类似工程预算法就是以原有的相似工程的预算为基础，按编制概算指标方法，求出单位工程的概算指标，再按概算指标法编制建筑工程概算。当工程设计对象与已建或在建工程相类似，结构基本相同，或者概算定额和概算指标不全，就可以采用这种方法编制单位工程概算。此法可以快速、准确地编制概算。

类似工程顶算法适用于工程初步设计与已建工程或在建工程的设计相类似又没有可用的概算指标时，但必须对建筑结构差异和价差进行调整。建筑结构差异的调整方法与概算指标法的调整方法相同，类似工程造价的价差调整常有两种方法：一是类似工程造价资料有具体的人工、材料、机械台班的用量时，可按类似工程造价资料中的主要材料用量、工日数量、机械台班用量乘以工程所在地的主要材料预算价格、人工单价、机械台班单价，计算出直接费，再乘以当地的综合费率，即可得出所需的造价指标；二是类似工程造价资料只有人工、材料、机械台班费用和其他直接费、现场经费、间接费时可按下面方法调整。

4.2.4.2　单项工程综合概算的编制方法

单项工程综合概算是以其所辖的建筑工程概算表和设备安装概算表为基础汇总编制的。当建设项目只有一个单项工程时，单项工程综合概算（实为总概算）还应包括工程建设其他费用、含建设期贷款利息、预备费和固定资产投资方向调节税的概算。

1. 综合概算书的内容

单项工程综合概算文件一般包括编制说明（不编制总概算时列入）和综合概算表。

1）编制说明

编制说明主要包括：编制依据；编制方法；主要设备和材料的数量；其他有关问题说明。

2）综合概算表

综合概算表（表4.4）是根据单项工程所辖范围内的各单位工程概算等基本资料，按照国家或部委所规定统一表格进行编制。

2. 编制步骤和方法

（1）编制顺序。综合概算书的编制，一般从单位工程概算书开始编制，然后统一汇编而成。其编制顺序为：

① 建筑工程。

② 给水与排水工程。

③ 采暖、通风和煤气工程。

④ 电器照明工程。

⑤ 工业管道工程。

⑥ 设备购置。

⑦ 设备安装工程。

⑧ 工器具及生产家具购置。

⑨ 其他工程和费用（当不编总概算时列此项费用）。

⑩ 不可预见的工程和费用。

⑪ 回收金额。

按上述顺序汇总的各项费用总价值，即为该单项工程全部建设费用，并以适当的计量单位求出技术经济指标。

（2）技术经济指标的计量单位。单项工程综合概算表中技术经济指标，应能反映单位工程的特点，并应具有代表性。

（3）填制综合概算表。按照表格形式和所要求的内容，逐项填写计算，最后求出单项工程综合概算总价值。

表 4.4　综合概算表

建设单位：××××

单位工程：××××　　　　　　综合概算价值：　　　　　　　　　　工程编号：××××

序号	单位工程编号	工程和费用名称	概算价值/万元						技术经济指标/元				占总投资额/%
			建筑工程	设备购置费	设备安装费	生产工器具费	其他费用	总价	单位	数量	单位价值	
1	2	3	4	5	6	7	8	9	10	11	12	13
1	××	××	××					××	××	××	××	×××
2	××	××		××	××						××	×××
3	××	××			××	××					××	×××
4												
	合计							××	××	×	××	×××

审核　　　　　校对　　　　　编制　　　　　　　　　　年　　　月　　　日

4.2.4.3　建设项目总概算

建设项目总概算是设计文件的重要组成部分，是确定整个建设项目从筹建到建成竣工交付使用所预计花费的全部费用的总文件。它是由各单项工程综合概算、工程建设其他费用、建设期贷款利息、预备费、固定资产投资方向调节税和经营性项目的铺底流动资金，按照主管部门规定的统一表格进行编制而成的。

建筑工程项目总概算书（总概算书）一般应包括：封面及目录、编制说明、总概算表、工程建设其他费用概算表、单项工程综合概算表、单位工程概算表、工程量计算表、分年度投资汇总表与分年度资金流量汇总表以及主要材料汇总表与工日数量表等。

4.3 施工图预算

4.3.1 施工图预算概述

1. 施工图预算的概念

施工图预算是根据批准的施工图设计、预算定额和单位计价表、施工组织设计文件以及各种费用定额等有关资料进行计算和编制的单位工程预算造价的文件。

施工图预算有单位工程预算、单项工程预算和建设项目总预算。单位工程预算是根据施工图设计文件、现行预算定额、费用定额以及人工、材料、设备、机械台班等预算价格成为单位工程施工图预算；单项工程预算是所有单位工程施工图预算的汇总，建设项目建筑安装工程总预算是所有单项工程施工图预算的汇总。

2. 施工图预算的作用

（1）施工图预算是考核工程成本、确定工程造价的主要依据。

（2）施工图预算是编制投标文件、签订承发包合同的依据。

（3）施工图预算是工程价款结算的主要依据。

（4）施工图预算是落实或调整年度建设计划的依据。

（5）施工图预算是施工企业编制施工计划的依据。

3. 施工图预算的编制依据

（1）批准的初步设计概算。

（2）施工图纸及说明书和标准图集。

（3）适用的预算定额或专业工程计价表。

（4）施工组织的设计或施工方案。

（5）材料、人工、机械台班预算价格。

（6）费用定额及各项取费标准。

（7）建材五金手册和预算工作手册。

4.3.2 施工图预算编制准备工作

1. 熟悉施工图

施工图纸是准确计算工程量的基础资料。图纸详细表达了工程的构造、材料作法、材料品种及其规格、尺寸等内容，只有对施工图纸有较全面详细的了解，才能结合预算划分项目，全面、正确地分析各分部分项工程，有步骤地计算其工程量。

2. 参加技术交底，踏勘施工现场

预算人员参加交底会和踏勘施工现场，要听取和搜集下列情况：

（1）了解工程特点和施工要求，对施工中要求采用的一些新材料或新工艺，更应了解清楚。

（2）了解设计单位对施工条件和技术措施的要求和介绍，有助于编制人员注意措施性的费用，防止漏项。

（3）预算编制人员可主动在技术交底会上，就施工图中的疑问，进行询问核实。

（4）了解场地、场外道路、水电源情况。通过踏勘施工现场，可以补充有关资料，例如，了解土方工程中土的类别、现场有无施工障碍需要拆除清理、现场有无足够的材料堆放场、超重设备的运输路线和路基的状况等，从而能够获取编制预算的必要依据，为充分理解施工组织设计作准备。

3．熟悉施工组织设计或施工方案

要充分了解施工组织设计和施工方案，以便编制预算时注意影响工程费用的因素，如土方工程中的余土外运或缺土的来源、深基础的施工方法、放坡的坡度、大宗材料的堆放地点、预制件的运输距离及吊装方法等。

4．确定和熟悉定额依据

在传统的定额计价模式下，定额依据的确定应当遵循"干什么工程执行什么定额，预算定额与费用定额配套使用"的原则。例如某些零星建筑工程，既可以套用建筑工程预算定额，也可以套用房屋修缮工程预算定额，某些厂区道路及排水工程，既可以套用建筑工程预算定额，也可以套用市政工程预算定额等，而套用不同定额所得到的工程造价是会有差异的。因此，准确合理使用预算定额非常重要。

4.3.3　计算工程量

1．列项

在熟悉施工图纸，掌握预算定额，了解施工现场的基础上，在动手计算分项工程量前，先排列分项工程名称，这是编制施工图预算的一个主要环节，同时，既要避免漏列工程子目，又要防止重复列项。

排列分项名称可按分部顺序、分部内分项顺序进行。列完分项后，再按建筑物由下到上逐一校验有无漏项。

2．计算工程量

在列项以后，根据设计图纸和施工说明书，按照工程量计算规则和计量单位的规定，对所列的分项工程量进行计算。工程量计算是预算工作的基础和重要组成部分，而且在整个预算编制过程中是最繁重的一道工序，直接影响到预算的及时性和正确性。

1）工程量的含义

工程量指以物理计量单位或自然计量单位表示的各个具体工程细目的数量。所谓物理计量单位是以工程细目的某种物理属性为计量单位。例如土建工程中，多以米（m）、平方米（m²）、立方米（m³）以及吨（t）等单位或它们的倍数来表示分项工程的计量单位。安装工程中，则主要以分项工程中所规定的施工对象本身的自然组成情况，例如个、组、台、套等，或它们的倍数作为计量单位，故称自然计量单位。

2）工程量计算规则

正确计算工程量，不仅要求看懂施工图纸、掌握工程的具体情况，而且要求按照工程量计算规则进行计算。工程量计算规则指建筑安装工程量计算规定，包括工程量的项目划分、计算内容、计算范围、计算公式和计量单位等。我国工程量计算规则是统一的。

3）计算工程量的一般步骤

（1）根据工程内容和定额项目，列出计算工程量分部分项工程名称。

（2）根据一定的计算顺序和计算规则，列出计算式。

（3）根据施工图纸上的设计尺寸及有关数据，代入计算式进行数值计算。

（4）对计算结果的计量单位进行调整，使之与定额中相应的分部分项工程的计量单位保持一致。

3. 工程量计算一般顺序

在工程量计算过程中，为了防止遗漏、避免重复、便于核查，按照一定的顺序计算十分必要。工程量计算总体顺序有：

（1）按计价规范分部顺序计算。

（2）按施工顺序计算。

（3）按工程量内在关系合理安排计算顺序。例如应用统筹法原理计算。

在工程量计算过程中，如发现原先排列的分项工程项目有遗漏，应随时补充列项，随时计算。

4. 工程量的整理与复核

工程量计算完毕后，要进行一次系统的整理。相同项目、套用同一定额的工程量，应合并"同类项"，避免项目的重复。

经过整理的工程量要进行复核，发现问题，及时纠正，保证计算工程量的准确无误。

4.3.4 施工图预算编制方法

施工图预算编制方法常用的有单价法和实物法。我国的工程造价计价方法分为定额计价法和工程量清单计价法两种，其中定额计价法包括"单价法"和"实物法"，工程量清单计价法又称之为"综合单价法"。

4.3.4.1 单价法编制施工图预算

1. 单价法预算的含义

定额计价中的"单价法"，是指：首先按相应定额工程量计算规则计算工程中各个分部分项工程的工程量，直接套取相应预算定额的各个分部分项工程量的定额基价，其次直接得出各个分部分项工程的直接费，汇总得出工程的总的直接费，然后用工程总的直接费乘以相应的费率得出工程总的间接费、利润和税金，最后汇总得出工程的造价。

而工程量清单计价法之所以被称之为"综合单价法"，既然是"综合单价"，就是说各个分部分项工程的费用不仅仅包括工料机的费用，还包括各个分部分项工程的间接费、利润、税金、措施费、风险费等，即在计算各个分部分项工程的工料机费用的同时就开始计算各个分部分项工程的间接费、利润、税金、措施费、风险费等。这样就会形成各个分部分项工程的"完全价格（综合价格）"，最后直接汇总所有分部分项工程的"完全价格（综合价格）"就可直接得出工程的工程造价，我们将这种计价方法称为工程量清单计价法。

再者就是工程量清单计价和定额计价的在于首先他们的分部分项工程的划分和工程量计

算规则不同，工程量清单计价的计算规则取自于全国统一的《工程量清单计价规范》划分分部分项工程和计算工程量，而定额计价法用各地区的《预算定额》《消耗量定额》来划分和计算。

单价法法预算步骤如图 4.5 所示。

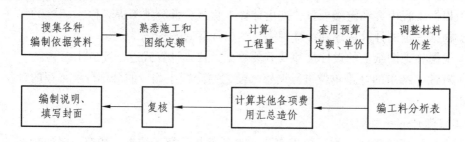

图 4.5　单价法编制施工图预算步骤

具体步骤如下：

（1）搜集各种编制依据资料。各种编制依据资料包括施工图纸、施工组织设计或施工方案、现行建筑安装工程预算定额、费用定额、统一的工程量计算规则、预算工作手册和工程所在地区的材料、人工、机械台班预算价格与调价规定等。

（2）熟悉施工图纸和定额。只有对施工图和预算定额有全面详细的了解，才能全面准确地计算出工程量，进而合理地编制出施工图预算造价。

（3）计算工程量。工程量的计算在整个预算过程中是最重要、最繁重的一个环节，不仅影响预算的及时性，更重要影响预算造价的准确性。因此，必须在工程量计算上下工夫，确保预算质量。

计算工程量一般可按下列具体步骤进行：

①根据施工图示的工程内容和定额项目，列出计算工程量的分部分项工程。

②根据一定的计算顺序和计算规则，列出计算式。

③根据施工图示尺寸及有关数据，代入计算式进行数学计算。

④按照定额中的分部分项工程的计量单位对相应的计算结果的计量单位进行调整，使之一致。

（4）套用预算定额单价。工程量计算完毕并核对无误后，用所得到的分部分项工程量套用单位估价表中相应的定额基价，相乘后相加汇总，便可求出单位工程的直接费。

（5）编制工料分析表。根据各分部分项工程的实物工程量和相应定额中的项目所列的用工工日及材料数量，计算出各分部分项工程所需的人工及材料数量，相加汇总便得出该单位工程的所需要的各类人工和材料的数量。

（6）计算其他各项应取费用和汇总造价。按照建筑安装单位工程造价构成的规定费用项目、费率及计费基础，分别计算出直接费、间接费、利润和税金，并汇总单位工程造价。

（7）复核。单位工程预算编制后，有关人员对单位工程预算进行复核，以便及时发现差错，提高预算质量。复核时应对工程量计算公式和结果、套用定额基价、各项费用取费费率及计算基础和计算结果、材料和人工预算价格及其价格调整等方面是否正确进行全面复核。

（8）编制说明、填写封面。编制说明是编者向审核者交代编制方面有关情况，包括编制依据，工程性质、内容范围，设计图纸号、所用预算定额编制年份（即价格水平年份），有关部门的调价文件号，套用单价或补充单位估价表方面的情况及其他需要说明的问题。封面

74

填写应写明工程名称、工程编号、工程量（建筑面积）、预算总造价及单方造价、编制单位名称及负责人和编制日期，审查单位名称及负责人和审核日期等。

单价法是目前国内编制施工图预算的主要方法，具有计算简单、工作量较小和编制速度较快，便于工程造价管理部门集中统一管理的优点。但由于是采用事先编制好的统一的单位估价表，其价格水平只能反映定额编制年份的价格水平。在市场经济价格波动较大的情况下，单价法的计算结果会偏离实际价格水平，虽然可采用调价，但调价系数和指数从测定到颁布又滞后且计算也较烦琐。

4.3.4.2 实物法编制施工图预算

1. 实物法预算的含义

用实物法编制施工图预算，是先用各分项工程的实物工程量，分别套取预算定额，求出单位工程所需的各种人工、材料、施工机械台班的消耗量。再分别乘以工程当地各种人工、材料、施工机械台班的实际单价，分别求得人工费、材料费和施工机械使用费。然后汇总、相加求得直接费。最后按规定计取其他各项费用，就可得出单位工程施工图预算造价。

2. 实物法预算步骤（图4.6）

实物法编制施工图预算的首尾步骤与单价法相似，但在具体内容上有些区别，最大区别在于计算人工费、材料费和施工机械使用费的方法即计算直接费的方法不同。

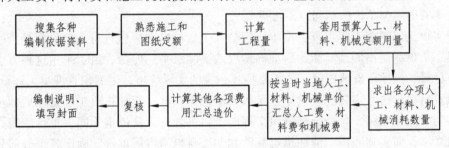

图4.6 实物法编制施工图预算步骤

（1）准备资料，熟悉施工图纸。

针对实物法的特点，在此阶段中特别需要全面地搜集各种人工、材料、机械当时当地的实际价格，包括：不同品种、不同规格的材料价格，不同工种人工工资单价，不同种类、不同型号的机械台班单价等。实际价格应真实、可靠。

（2）计算工程量。

本步骤的内容与单价法相同，不再重复。

（3）套预算人工、材料、机械台班定额。

预算定额的实物消耗量是完成一定计量单位的符合国家技术规范、质量标准并反映一定时期施工工艺水平的分项工程计价所需的人工、材料、施工机械台班消耗量的确定标准。在建筑工程费用、标准、设计、施工技术及其相关规范和工艺水平等未有大的突破性的变化之前，定额的"量"具有相对稳定性。

（4）统计汇总单位工程所需的各类人工工日、材料、机械台班消耗量。

根据预算定额所列的各类人工工日的含量，乘以各分项工程的工程量，算出各分项工程所需的各类人工工日的数量，汇总得出单位工程所需的各类人工工日消耗量。同样，根据预算定额所列的各种材料含量，乘以各分项工程的工程量，分种类相加求出单位工程各种材料的消耗量。根据预算定额所列的各种施工机械台班含量，乘以各分项工程的工程量，按类相加求出单位工程各种施工机械台班消耗量。

（5）根据当时、当地人工、材料和机械台班单价，汇总计算单位工程的人工费、材料费和机械使用费。

随着我国市场经济体制的建立，人工单价、材料价格等，已经成为影响工程造价的最活跃的因素，工程造价主管部门定期发布价格、造价信息，可以作为编制施工图预算的参考价格。施工企业也可以根据自己的情况，自行确定工、料、机单价。

用当时、当地的各类实际人工、材料、机械台班单价乘以相应的工料机消耗量，即得单位工程人工费、材料费和机械使用费。

（6）计算其他各项费用，汇总造价。

这里的各项费用包括其他直接费、间接费、利润、税金等。一般讲，其他直接费、税金相对比较稳定，而间接费、利润则要根据建筑市场供求状况，随行就市，浮动较大。

（7）复核。

要求认真检查人工、材料、机械台班的消耗数量计算得是否准确，是否有漏算或多算的，套取的定额是否正确。另外，还要检查采用的实际价格是否合理等。

（8）编制说明、填写封面。

本步骤的内容与单价法相同，不再重复。

采用实物法编制施工图预算，由于所用的人工、材料和机械台班的单价都是当时当地的实际价格，所以编制出的预算能比较准确地反映实际水平。但是，由于采用这种方法需要统计人工、材料、机械台班消耗量，还需要搜集相应的实际价格，因而信息搜集工作量较大。

可以看出单价法与实物法最主要也是最根本的区别就在于计算出工程量以后的步骤。单价法和实物法的区别在于各个分部分项工程的工料机合价计算依据不同，单价法用"定额基价"直接计算，而实物法用"消耗量定额"和"工料机的市场单价"确定各个分部分项工程的工料机合价。不管哪种方法计算，所计算出来的各个分部分项工程的费用都只包括工料机费用，各个分部分项工程的费用没有间接费、利润、税金、措施费、风险费等，换句话来说就是定额计价法中只能计算工程总的间接费、措施费、利润和税金等，在这种计价方法下我们无法得出各个分部分项工程的间接费、措施费、利润和税金。因此我们将此种工料单价称之为"不完全单价"。

4.4 招标控制价与投标价

4.4.1 招标控制价

1. 招标控制价的概念

招标控制价是《13 计价规范》新增的术语。招标控制价是指招标人根据国家或省级、行业建设主管部门颁发的有关计价依据和办法，按设计施工图纸计算的，对招标工程限定的最高工程造价，其作用是招标人对招标工程的最高限价。

2. 招标控制价的适用原则

《13 计价规范》规定："国有资金投资的工程建设项目应实行工程量清单招标，并应编制招标控制价。招标控制价超过批准的概算时，招标人应将其报原概算审批部门审核。投标人的投标报价高于招标控制价的，其投标应予以拒绝"。该条规定包含三方面原则：

（1）为有利于客观、合理地评审投标报价，避免哄抬标价，造成国有资产流失，国有资金投资的工程建设项目应编制招标控制价，作为招标人能够接受的最高交易价格。

（2）我国对国有资金投资的工程建设项目的投资控制实行的是投资概算控制制度，因此，当招标的控制价超过批准的概算，招标人应当将其报原概算审批部门审核。

（3）国有资金投资的工程其招标控制价相当于政府采购中的采购预算。根据《中华人民共和国采购法》的"投标人的报价均超过了采购预算，采购人不能支付的"应予废标的精神，规定在国有资金投资工程的招投标活动中，投标人的投标报价不能超过招标控制价，否则其投标将被拒绝。

3. 招标控制价的编制依据

（1）《13 计价规范》。

（2）国家或省级、行业建设主管部门颁发的计价定额和计价办法。

（3）建设工程设计文件及相关资料。

（4）招标文件中的工程量清单及有关要求。

（5）与建设项目相关的标准、规范、技术资料。

（6）工程造价管理机构发布的工程造价信息；工程造价信息没有发布的参照市场价。

（7）其他的相关资料。

4.4.2 投标价

1. 投标价的概念

投标价指施工企业根据招标文件及有关计算工程造价的资料，在工程预算造价计算的基础上，再考虑投标策略以及各种影响工程造价的因素，然后提出投标报价。投标报价又称投标价。标价是工程施工投标的关键。

投标报价是施工企业投标文件的重要内容。投标报价并非仅仅是报一个价格，而是包括一系列的文件资料，标书的具体内容，应符合招标文件所提出的要求。

投标单位应根据招标文件和工程技术规范要求，并根据施工现场情况编制施工方案或施工组织设计，根据招标文件的要求编制投标文件和计算投标报价，投标文件应完全按照招标文件的各项要求和格式来编制。

2. 投标报价的实质内涵

投标单位的投标报价应根据本施工企业的管理水平、装备能力、技术力量、劳动效率、技术措施及本企业的定额（即施工定额），计算出由本企业完成该工程的预计直接费，再加上实际可能发生的一切间接费，即实际预测的工程成本，根据投标中竞争的情况，进行盈亏分析，确定利润和考虑适当的风险费，作出竞争决策的原则之后，最后提出报价书。因此，对一个招标工程，各施工企业的投标报价是不同的，因为每个施工企业的素质和经营管理水平不同。所以说，投标报价是反映每个施工企业的水平。如果一个施工企业的组织、经营和管理水平高，则工程成本低，报价就富有竞争力。

3. 13 计价规范对投标价的规定

1）实行工程量清单招标的投标报价应遵循的原则

（1）投标价应由投标人或受其委托具有相应资质的工程造价咨询人编制。

（2）除本规范强制性规定外，投标人应依据招标文件及其招标工程量清单自主确定报价成本。

（3）投标报价不得低于工程成本。

（4）投标人应按招标 工 程量清单填报价格。项目编码、项目名称、项目特征、计量单位、工程量必须与招标工程量清单一致。

（5）投标人可根据工程实际情况结合施工组织设计，对招标人所列的措施项目进行增补。

2）投标报价编制依据

（1）建设工程工程量清单计价规范。

（2）国家或省级、行业建设主管部门颁发的计价定额和计价办法。

（3）建设工程设计文件及相关资料。

（4）拟定的招标文件及招标工程量清单。

（5）与建设项目相关的标准、工程量清单计价规范、技术资料。

（6）施工现场情况、工程特点及常规施工方案。

（7）工程造价管理机构发布的工程造价信息，当工程造价信息没有发布时，参照市场价。

（8）其他的相关资料。

3）工程量清单投标报价的标准格式

工程量清单投标报价应采用统一格式，随招标文件发至投标人，由投标人填写。根据《建设工程工程量清单计价规范》（GB 50500—2013）并结合宁夏回族自治区关于《建设工程工程量清单计价规范》（GB 50500—2013）的贯彻意见，工程量清单计价格式见第 13 章工程实例。

4.5 竣工结算编制与工程价款结算

4.5.1 竣工结算编制与审核

1. 竣工结算的含义

竣工结算是施工企业在所承包的工程全部完工交工之后，与建设单位进行的最终工程价款结算。竣工结算反映该工程项目上施工企业的实际造价以及还有多少工程款要结清。通过竣工结算，施工企业可以考核实际的工程费用是降低还是超支。

竣工结算是建设单位竣工决算的一个组成部分。建筑安装工程竣工结算造价加上设备购置费、勘察设计费、征地拆迁费和一切建设单位为这个建设项目中开支的其他全部费用，才能成为该项目完整的竣工决算。

2. 竣工结算的编制

由于工程项目建设周期较长，在建设过程中必然会出现各式各样的施工变化，原设计方案不能得到完全执行，这样以设计图纸为依据的原预算也会出现不真实的部分。同时，建筑材料的市场价格标准也在随时变动着，这些变动直接影响工程造价。所以，必须根据施工合同规定对合同价款或施工图预算进行调整与修正。

1）竣工结算的编制内容

（1）工程竣工资料（竣工图、各类签证、核定单、工程量增单、设计变更通知等）。

（2）竣工结算说明，包括各类设备清单及价格、工程调整情况及其原因、执行的定额文件、费用标准、材差调整、国家及地方调整文件。

（3）竣工结算汇总表，包括各单位工程结算造价、技术经济指标。

（4）各单位工程结算表，包括结算计算分析表。

（5）各种费用汇总表，包括各种已经发生的费用。

2）竣工结算编制的依据

竣工结算编制的质量取决于编制依据及原始材料的积累。一般依据如下：

（1）工程量清单计价规范。

（2）施工合同。

（3）工程竣工图纸及资料。

（4）双方确认的工程量。

（5）双方确认追加（减）的工程价款。

（6）双方确认的索赔、现场签证事项及价款。

（7）投标文件。

（8）招标文件。

（9）其他依据。

3）竣工结算的编制方法

（1）工程竣工结算方式。

工程竣工结算分为单位工程竣工结算、单项工程竣工结算和建设项目竣工总结算。

（2）工程竣工结算编审。

① 编制竣工结算一般有两种方法：

a. 在审定的施工图预算造价或合同价款总额基础上，根据变更资料计算，在原预算造价基础上作出调整。

b. 根据竣工图、原始资料、预算定额及有关规定，按施工图预算的编制方法，全部重新进行计算。这种编制方法，工作量大，但完整性好与准确性强，使用与工程变更较大、变更项目较多的工程。

② 单位工程竣工结算由承包人编制，发包人审查；实行总承包的工程，由具体承包人编制，在总包人审查的基础上，发包人审查。

③ 单项工程竣工结算或建设项目竣工总结算由总（承）包人编制，发包人可直接进行审查，也可以委托具有相应资质的工程造价咨询机构进行审查。政府投资项目，由同级财政部门审查。单项工程竣工结算或建设项目竣工总结算经发、承包人签字盖章后有效。

4.5.2 工程价款结算

4.5.2.1 工程价款结算的必要性

施工企业在建筑安装工程施工中消耗的生产资料及支付给工人的报酬，必须通过备料款和工程款的形式，分期向建设单位结算以得到补偿。这是因为建筑安装工程生产周期长，如果待工程全部竣工再结算，必然使施工企业资金发生困难。同时，施工企业长期以来没有足够的流动资金，施工过程所需周转资金要通过向建设单位收取预付款和结算工程款，予以补充和补偿。

4.5.2.2 工程价款结算的原则

（1）正确地反映工程进度。在数量上应当与结算时的实际完成工程量相符合，办理已完成工程单位价格应与预算或合同单价相一致。

（2）及时结算。指施工企业能够按工程结算办法，在规定期限内及时提出结算凭证，建设单位进行审查和付款，以保证施工企业资金的正常周转。

（3）简化结算手续。在保证正确和及时的基础上，尽量简化结算手续。

（4）有利于施工企业经济核算。在确定工程结算对象时，应从加强施工企业的经济核算出发。有利于节约使用资金、降低工程成本、加速施工进度和保证工程质量。

（5）有利于促使工程早日竣工投产或使用。如工程初期付款额度偏高，后期比例较小，会导致抢开工多占用建设单位资金，反之，也会形成拖欠工程款，不利于施工企业的资金周转。

4.5.2.3 工程价款结算的方式

按现行规定，工程款结算有多种方式。

（1）按月结算。即实行每月结算一次工程款竣工后清算的办法。跨年度竣工的工程，在年终进行工程盘店，办理年度结算。

（2）竣工后一次结算。建设项目或单项工程全部建筑安装工程工期在 12 个月以内，或者工程承包合同价在 100 万以下的可以实行开工前支付一定的预付款，或者加上工程款每月预支，竣工后一次结算的方式。

（3）分段结算。即按照工程形象进度，划分不同阶段进行结算。分段结算可以按月预支工程款。

（4）其他结算方式。结算双方可以约定采用并经开户银行同意的其他结算方式。

实行竣工后一次结算和分段结算的工程，当年结算的工程应与年度完成工程量一致，年终不另清算。

我国现行工程价款结算中，相当一部分是实行按月结算。这种结算办法是根据工程进度，按已完分部分项工程这一"假定建筑安装产品"为对象，按月结算（或预支），待工程竣工后再办理竣工结算，一次结清，找补余款。

4.5.2.4 工程预付款的计算和扣回

1. 预付款的概念

施工企业承包工程，一般都实行包工包料，需要有一定数量的备料周转金，我国目前是由建设单位在开工前拨给施工企业一定数额的预付款（预付备料款），构成施工企业为该承包工程项目储备和准备主要材料、结构件所需要的流动资金。工程预付款的预付比例（额度）和时间应在合同中约定。

《13 计价规范》规定，发包人应按照合同约定支付工程预付款。支付的工程预付款按照合同约定在工程进度款中抵扣。财政部、建设部关于印发《建设工程价款结算暂行办法》的通知第十二条规定：

（1）包工包料工程的预付款按合同约定拨付，原则上预付比例不低于合同金额的 10%，不高于合同金额的 30%，对重大工程项目，按年度工程计划逐年预付。

（2）在具备施工条件的前提下，发包人应在双方签订合同后的一个月内或不迟于约定的开工日期前的 7 天内预付工程款，发包人不按约定预付，承包人应在预付时间到期后 10 天内向发包人发出要求预付的通知，发包人收到通知后仍不按要求预付，承包人可在发出通知 14 天后停止施工，发包人应从约定应付之日起向承包人支付应付款的利息（利率按同期银行贷款利率计），并承担违约责任。

（3）预付的工程款必须在合同中约定抵扣方式，并在工程进度款中进行抵扣。

（4）凡是没有签订合同或不具备施工条件的工程，发包人不得预付工程款，不得以预付款为名转移资金。

2. 预付备料款的拨付

预付备料款的额度，应执行地方规定或由合同双方商定。预付备料款按下列公式计算：

预付备料款=年度建筑安装工作量或合同价款×预付备料款额度（%）

对于施工企业常年应备的备料款数额，可按下式计算：

备料款数额=全年施工工作量×

主要材料所占的比重年度施工日历天数×材料储备天数

在实际工作中，备料款的数额，要根据工作类型、合同工期、承包方式和供应方式等不同条件而定。一般建筑工程不应超过当年建筑工作量（包括水、电、暖）或合同价款的 30%；安装工程不应超过年安装工作量的 10%，材料占比重多的按 15%左右拨付。工程施工合同中应当明确预付备料款的数额。

3. 预付备料款的扣回

建设单位拨付给施工企业的备料款，应根据周转情况陆续抵充工程款。备料款属于预付性质，在工程后期应随工程所需材料储备逐渐减少，以抵充工程价款的方式陆续扣还。具体如何逐次扣还，应在施工合同中约定。常用扣还办法有三种：一是按照公式计算起扣点和抵扣额；二是按照当地规定协商确定抵扣备料款；三是工程最后一次抵扣备料款。

在实际工作中，有些工程工期较短（例如在 3 个月以内），就无需分期扣还；有些工程工期较长，如跨年度工程，其备料款的占用时间很长，根据需要可以少扣或不扣。在一般情况下，工程进度达到 60%时，开始抵扣预付备料款。

1）按公式计算起扣点和抵扣额

这种方法原则上是以未完工程和未施工工程所需材料的价值相当于备料款数额时起扣，于每次结算工程价款时，按材料比重扣抵工程价款，竣工前全部扣清。

起扣点计算公式推导如下：

未完成工程需主要材料总值=未完成工程价值×主要材料比重

=预付备料款

未完成工程价值=预付备料款÷主要材料比重

起扣时已完工程价值=施工合同总值-未完工程价值

$$=施工合同总值-预付备料款÷主要材料比重$$

应扣还的预付备料款，按下列公式计算：

$$第一次扣抵额=（累计已完工程价值-起扣时已完工程价值）×主要材料比重$$
$$以后每次扣抵额=每次完成工程价值×主要材料比重$$

2）协商确定扣还备料款

按公式计算确定起扣点和抵扣额，理论上较为合理，但手续较繁。实践中参照上述公式计算出起扣点，在施工合同中采用协商的起扣点和采用固定的比例扣还备料款办法，承发包双方共同遵守。例如：规定工程进度达到 60%开始抵扣备料款，扣回的比例按每完成 10%进度扣预付备料款总额的 25%。

3）工程最后一次抵扣备料款

该法适合于造价不高、工程简单、施工期短的工程。备料款在施工前一次拨付，施工过程中不作抵扣，当备料款加已付工程款达到合同价款的 90%时，停付工程款。

【例 4.1】某框架结构工程施工承包合同价为 1 000 万元，合同工期 9 个月。合同中约定，预付款为合同总价的 20%，在开工前 7 天预付；主要材料及设备占合同价的 65%；保留金占合同总价的 5%，保留金和工程变更价款在每月进度结算时扣留。该工程各月实际完成的产值及工程变更价款见表 4.5。

表 4.5　各月实际完成产值及工程变更价款

月　份	1	2	3	4	5	6	7	8	9
产值/万元	45	57	93	176	218	167	106	98	40
工程变更价款	3	0	5	1	37.4	-2	0	12.9	1

【问题】

（1）该工程预付款是多少？保留金是多少？

（2）计算预付款起扣点。

（3）计算 1—9 月应结算的工程进度款及累计拨款。

（4）计算该工程竣工结算总价款。

【答案】

（1）工程预付款=1 000×20%=200（万元）

保留金=1 000×5%=50（万元）

（2）预付款起扣点=1 000-200÷65%=692.31（万元）

（3）1—8 月应结算的工程进度款及累计拨款如下：

1 月：应结算的工程进度款=45×（1-5%）+3=45.75（万元）

累计拨款=45.75（万元）

2 月：应结算的工程进度款=57×（1-5%）=54.15（万元）

累计拨款=45.75+54.15=99.90（万元）

3 月：应结算的工程进度款=93×（1-5%）+5=93.35（万元）

累计拨款=99.90+93.35=193.25（万元）

4 月：应结算的工程进度款=176×（1-5%）+1=168.20（万元）

累计拨款=193.25+168.20=361.45（万元）

5 月：应结算的工程进度款=218×（1-5%）+37.40=244.50（万元）

累计拨款=361.45+244.50=605.45（万元）

6 月：应结算的工程进度款=167×（1-5%）-2=156.65（万元）

累计拨款=605.45+156.65=762.10（万元）

因为 6 月份累计拨款超过了预付款起扣点 692.31 万元，所以应该从本月进度款中扣除超出部分工程款的 65%的预付款。

超出部分工程款=605.45+167×（1-5%）-692.31=71.49（万元）

6 月份实际应结算的工程进度款=167×（1-5%）-2-71.49×65%=126.18（万元）

6 月份累计拨款=605.45+126.18=731.63（万元）

7 月份：应结算的工程进度款=106×（1-5%-65%）=31.8（万元）

累计拨款=731.63+31.8=763.43（万元）

8 月份：应结算的工程进度款=98×（1-5%-65%）+12.90=42.30（万元）

累计拨款=763.43+42.30=805.43（万元）

9 月份：应结算的工程进度款=40×（1-5%-65%）+1=13（万元）

累计拨款=805.43+13=818.73（万元）

（4）竣工结算总价款=200+818.73+50=1068.73（万元）

或：竣工结算总价款=1 000+68.3=1 068.30（万元）

4.5.2.5　工程竣工价款结算

竣工结算办理完毕，发包人应将竣工结算书报送工程所在地工程造价管理机构备案。竣工结算书作为工程竣工验收备案、交付使用的必备文件。凡由发、承包双方授权的现场代表签字的现场签证以及发、承包双方协商确定的索赔等费用，应在工程竣工结算中如实办理，不得因发、承包双方现场代表的中途变更改变其有效性。

工程竣工结算以合同工期为准，实际施工工期比合同工期提前或延后，发、承包双方应按合同约定的奖惩办法执行。

4.6　竣工决算

4.6.1　竣工决算含义

竣工决算是反映建设项目实际造价和投资效果的文件，是竣工验收报告的重要组成部分。所有竣工验收项目在办理验收手续之前，必须对所有财产和物资进行清理，编制竣工决算。及时、正确地进行竣工决算，对于总结分析建设的过程的经验教训，提高工程造价管理水平及积累技术经济资料，具有重要意义。竣工决算由建设单位编制，它包括为建成该项目所实际支出的一切费用的总和。

4.6.2　竣工决算的内容

建设项目竣工决算包括从筹建到竣工投产全过程全部实际支出费用。竣工决算由竣工决算报告说明书、竣工工程平面示意图、竣工决算报表、工程造价比较分析四部分组成。

4.6.3 竣工决算的审计

审计法规定："审计机关对国家建设项目预算的执行情况和决算，进行审计监督。"

1. 竣工决算进行审计的重点

（1）竣工决算的编报时间按照国家规定应在项目（工程）办理验收手续之前完成。工业项目在投料试车产出合格品后三个月内（引进成套项目可按合同规定）应进行试生产考核，考核合格后应即办理交付使用资产和验收手续，其他项目都不得超过三个月期限，如确有困难，报主管部门同意可以延长，延长期最多不得超过三个月，否则将取消基建试车收入分成。

（2）竣工决算内务表之间相关数字是否相符。

（3）竣工决算中的概（预）算数是否与批准的设计文件中的概（预）算数一致，资金成本数是否与账簿报表一致。

（4）竣工工程项目是否已经过验收，是否已验收而不能投产使用。

（5）有无计划外工程项目和楼、堂、馆、所等项目。

（6）计划内项目有无扩大面积、提高标准、超出投资。

（7）工程质量是否符合验收规范的要求，有无因工程质量低劣影响投产和使用的情况。

（8）工程竣工验收时有无铺张浪费现象。

（9）有无下马停建工程，如有，应审查其损失情况。

（10）竣工项目剩余材料设备的处理有无问题。

（11）是否拖欠施工企业的工程款，如有，应查明原因。

（12）基建结余资金是否清理并结转清楚。

除以上 12 项审计重点内容以外，国家审计署办公厅在审办投发（1996）44 号文中明确规定：对国家基本建设项目竣工决算审计中抽查建筑安装工程结算，抽查面不少于建筑安装完成额 15%，抽查重点是超概算金额较大的单位工程。

2. 交付使用资产的审计

建设单位已经完成购置建造过程，并已交付生产使用单位的各项投资，主要包括固定资产和为生产准备的不够固定资产标准的设备、工具、器具、家具等流动资产，还包括建设单位用基建拨款或投资借款购建的在建设期限自用的固定资产，都属于交付使用资产。

思考题

1. 简述投资估算的阶段划分；简述固定资产投资估算的编制方法？

2. 设计概算的内容有哪些？设计概算的编制方法有哪些？

3. 简述施工图预算的概念；简述施工图预算编制方法。

4. 招标控制价与投标报价？简述宁夏回族自治区对招标控制价编制的规定。

5. 简述竣工结算编制与工程价款结算的概念？其结算有哪些，有何特点？

6. 竣工结算编制与竣工决算的概念？两者区别？

5 建筑面积计算及工程量计算原理

本章概要

本章主要介绍建筑面积的概念及作用，建筑面积的计算规则，工程量的概念和计算方法，本章的重点是要求掌握建筑面积的计算方法，理解工程量计算的一般原理。

5.1 建筑面积的概念及作用

5.1.1 建筑面积的概念

建筑面积是一项重要的经济指标。在国民经济一定的时期内，完成建筑面积的多少标志着一个国家的工、农业发展状况，人民生活居住条件的改善和文化生活福利设施发展的程度。建筑面积是指建筑物外围结构所围成的水平投影面积的总和，也就是建筑物的展开面积。

建筑面积包括房屋使用面积、辅助面积和结构面积。其中，使用面积是指建筑物各层布置中可直接为生产或生活使用的净面积总和，例如住宅建筑中的卧室、起居室、客厅等（住宅建筑中的使用面积也称为居住面积）。辅助面积，是指建筑物各层平面布置中为辅助生产和生活所必需的净面积总和，例如住宅建筑中的楼梯、走道、厕所、厨房等。使用面积与辅助面积的总和称为有效面积。结构面积是指建筑物各层平面布置中的墙体、柱等结构所占面积的总和。建筑面积的组成示意图如图 5.1 所示。

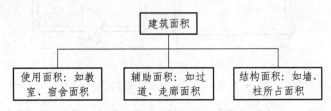

图 5.1 建筑面积的组成示意图

5.1.2 计算建筑面积的作用

在我国的工程项目建设中，建筑面积是一项重要的技术经济指标。它是确定建设规模的重要指标，也是确定各项技术经济指标的基础，还是计算有关分项工程量的依据。有了建筑面积，才能够计算出另外一个重要的技术经济指标——单方造价（元/m²）。建筑面积、单方造价这两个技术经济指标，是计划部门、规划部门、上级主管部门进行立项、审批、控制的重要依据。

5.2 建筑面积的计算规则

对于建筑面积的计算规则，全国各地的规定会有所区别，但基本上大同小异。下面以《建筑工程建筑面积计算规范》（GB/T 50353—2013）的规定来介绍建筑面积计算规则。

（1）单层建筑物的建筑面积，应按其外墙勒脚以上结构外围水平面积计算，并应符合下列规定：

单层建筑物高度在 2.20 m 及以上者应计算全面积；高度不足 2.20 m 者应计算 1/2 面积。

利用坡屋顶内空间时净高超过 2.10 m 的部位应计算全面积；净高在 1.20～2.10 m 的部位应计算 1/2 面积；净高不足 1.20 m 的部位不应计算面积。

建筑面积的计算是以勒脚以上外墙结构外边线计算，勒脚是墙根都很矮的一部分墙体加厚，不能代表整个外墙结构，因此要扣除勒脚墙体加厚的部分。单层建筑物应按不同的高度确定其面积的计算，其高度指室内地面标高至屋面板板面结构标高之间的垂直距离。遇有以屋面板找坡的平屋顶单层建筑物，其高度指室内地面标高至屋面板最低处板面结构标高之间的垂直距离。

关于坡屋顶内空间如何计算建筑面积，规范参照了《住宅设计规范》的有关规定，将坡屋顶的建筑按不同净高确定其面积的计算。净高指楼面或地面至上部楼板底面或吊顶底面之间的垂直距离。

【例 5.1】如图 5.2 所示的单层建筑物，勒脚厚 40 mm，墙体厚 240 mm，试计算其建筑面积 S。

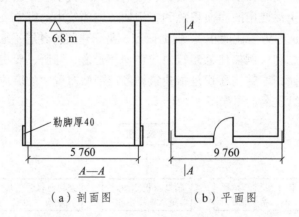

（a）剖面图　　　　　（b）平面图

图 5.2　单层建筑物建筑面积计算示意图（单位：mm）

解：建筑面积为：

$$S = （5.76+0.24）\times（9.76+0.24）=60（m^2）$$

【例 5.2】如图 5.3 所示，建筑物利用坡屋顶内空间，已知勒脚厚 40 mm，墙体厚 240 mm，试计算其建筑面积 S（单位：mm）。

解：底层建筑面积：

$$S_1 = （5.76+0.24）\times（9.76+0.24）/2= 30（m^2）$$

坡屋顶建筑面积：

$$S_2 = （2.76+0.24）\times 10/2+（5.76-2.76）\times 10=45（m^2）$$

建筑面积：

$$S = S_1 + S_2 = 75（m^2）$$

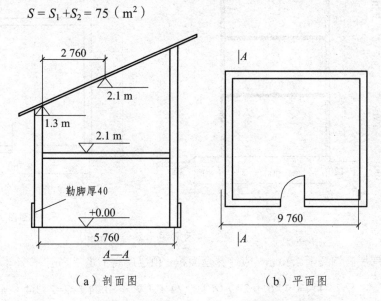

（a）剖面图　　　　　　　（b）平面图

图 5.3　单层建筑物利用坡屋顶内空间示意图（单位：mm）

（2）单层建筑物内设有局部楼层者，局部楼层的二层及以上楼层，有围护结构的应按其围护结构外围水平面积计算，无围护结构的应按其结构底板水平面积计算。层高在 2.20 m 及以上者应计算全面积；层高不足 2.20 m 者应计算 1/2 面积。

如图 5.4 所示为设有局部楼层的单层建筑物平面图和剖面图，一层层高 h_1=2.3 m，二层层高 h_2=2.7 m，其建筑面积为：$S=L\times B+1\times b$。

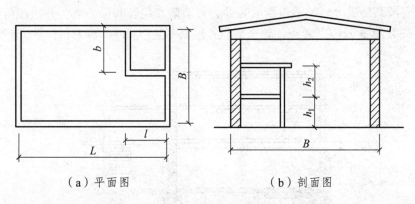

（a）平面图　　　　　　　（b）剖面图

图 5.4　单层建筑物内部带有部分楼层

（3）多层建筑物首层应按其外墙勒脚以上结构外围水平面积计算；二层及以上楼层应按其外墙结构外围水平面积计算。层高在 2.20 m 及以上者应计算全面积；层高不足 2.20 m 者应计算 1/2 面积。

【例 5.3】已知一多层建筑物如图 5.5 所示，墙厚为 240 mm，试计算其建筑面积。

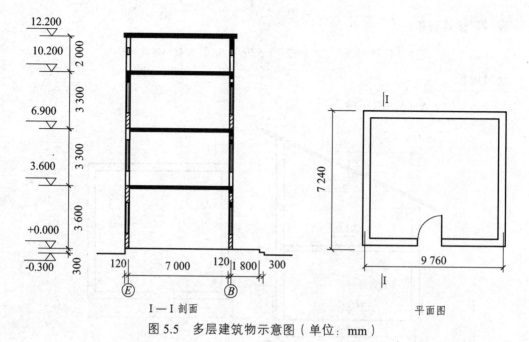

图 5.5　多层建筑物示意图（单位：mm）

解：1~3 层层高均高于 2.20 m，应计算全面积；顶层层高不足 2.2 m，按一半计算建筑面积：

$$S=7.24×（9.76+0.24）×3+7.24×（9.76+0.24）/2=253.4（m^2）$$

（4）多层建筑坡屋顶内和场馆看台下，当设计加以利用时净高超过 2.10 m 的部位应计算全面积；净高在 1.20 m 至 2.10 m 的部位应计算 1/2 面积；当设计不利用或室内净高不足 1.20 m 时不应计算面积。

多层建筑坡屋顶内和场馆看台下的空间应视为坡屋顶内的空间，设计加以利用时，应按其净高确定其面积的计算；设计不利用的空间，不应计算建筑面积。

（5）地下室、半地下室（车间、商店、车站、车库、仓库等），包括相应的有永久性顶盖的出入口，应按其外墙上口（不包括采光井、外墙防潮层及其保护墙）外边线所围水平面积计算，层高在 2.20 m 及以上者应计算全面积；层高不足 2.20 m 者应计算 1/2 面积，如图 5.6 所示。

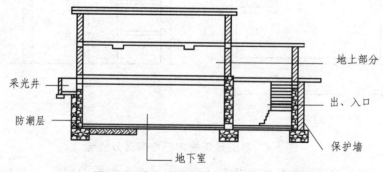

图 5.6　地下建筑及出、入口示意图

（6）坡地的建筑物吊脚架空层、深基础架空层，设计加以利用并有围护结构的，层高在 2.20 m 及以上的部位应计算全面积；层高不足 2.20 m 的部位应计算 1/2 面积。设计加以利用、无围护结构的建筑吊脚架空层，应按其利用部位水平面积的 1/2 计算；设计不利用的深基础架空空层、坡地吊脚架空层、多层建筑坡屋顶内、场馆看台下的空间不应计算面积，如图 5.7 所示。

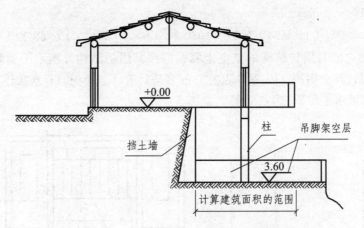

图 5.7　坡地建筑吊脚架空层示意图

（7）建筑物的门厅、大厅按一层计算建筑面积。门厅、大厅内设有回廊时，应按其结构底板水平面积计算。层高在 2.20 m 及以上者应计算全面积；层高不足 2.20 m 者应计算 1/2 面积，如图 5.8 所示。

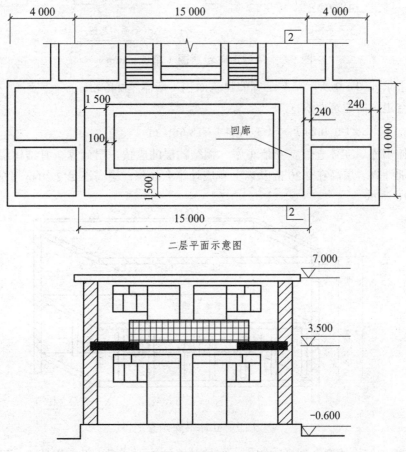

图 5.8　门厅、大厅内设有回廊示意图（单位：mm）

【例 5.4】已知建筑物回廊如图 5.8 所示，试计算其建筑面积。

解：建筑面积：

$$S=[（15-0.24）×2+（10-0.24-1.6×2）×2]×1.6=68.22（m^2）$$

（8）建筑物之间有围护结构的架空走廊，应按其围护结构外围水平面积计算。层高在 2.20 m 及以上应计算全面积，层高不足 2.20 m 者应计算 1/2 面积。有永久性顶盖无围护结构的应按其结构底板水平面积的 1/2 计算，如图 5.9 所示。

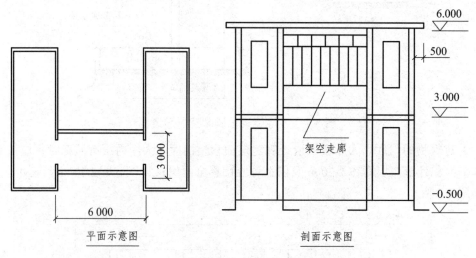

平面示意图　　　　　　　　剖面示意图

图 5.9　架空走廊示意图（单位：mm）

【例 5.5】求如图 5.9 所示架空走廊的建筑面积（墙体厚 240 mm）。

解：架空走廊的建筑面积：

$$S=（6-0.24）×（3+0.24）=18.66（m^2）$$

（9）立体书库、立体仓库、立体车库，无结构层的应按一层计算，有结构层的应按其结构层面积分别计算。层高在 2.20 m 及以上者应计算全面积；层高不足 2.20 m 者应计算 1/2 面积，如图 5.10 所示。

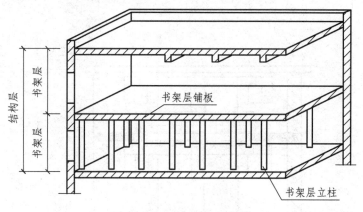

图 5.10　立体书库示意图

（10）有围护结构的舞台灯光控制室，应按其围护结构外围水平面积计算。层高在 2.20 m 及以上者应计算全面积；层高不足 2.20 m 者应计算 1/2 面积。

（11）建筑物外有围护结构的落地橱窗、门斗、挑廊、走廊、檐廊，应按其围护结构外围水平面积计算。层高在 2.2 m 及以上者应计算全面积；层高不足 2.20 m 者应计算 1/2 面积。有永久性顶盖、无围护结构的应按其结构底板水平面积的 1/2 计算，如图 5.11 所示。

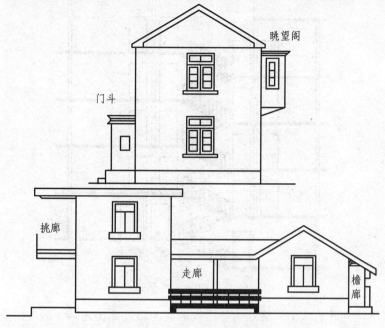

图 5.11　门斗、挑廊、走廊、檐廊示意图

（12）有永久性顶盖、无围护结构的场馆看台应按其顶盖水平投影面积的 1/2 计算。

（13）建筑物顶部有围护结构的楼梯间、水箱间、电梯机房等，层高在 2.20 m 及以上者应计算全面积；层高不足 2.20 m 者应计算 1/2 面积，如图 5.12 所示。

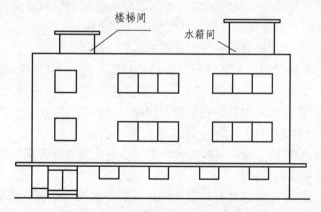

图 5.12　顶部楼梯间、水箱间示意图

如遇建筑物屋顶的楼梯间是坡屋顶，应按坡屋顶的相关条文计算面积。

（14）设有围护结构不垂直于水平面而超出底板外沿的建筑物，应按其底板面的外围水平面积计算。层高在 2.20 m 及以上者应计算全面积；层高不足 2.20 m 者应计算 1/2 面积。

设有围护结构不垂直于水平面而超出底板外沿的建筑物是指向建筑物外倾斜的墙体，若遇有向建筑物内倾斜的墙体、应视为坡屋顶，应按坡屋顶的有关条文计算面积。

（15）建筑物内的室内楼梯间、电梯井、观光电梯井、提物井、管道井、通风排气竖井、垃圾道、附墙烟囱应按建筑物的自然层计算。如图 5.13 所示。

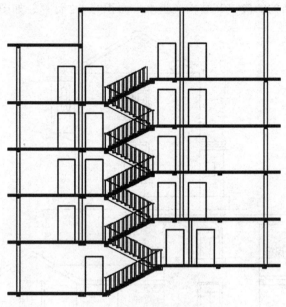

图 5.13　户室错层剖面示意图

（16）雨篷结构的外边线至外墙结构外边线的宽度超过 2.10 m 者，应按雨篷结构板的水平投影面积的 1/2 计算。

雨篷均以其宽度是否超过 2.10 m 或不超过 2.10 m 衡量,超过 2.10 m 者应按雨篷的结构板水平投影面积的 1/2 计算。有柱雨篷和无柱雨篷面积计算是一致的。

（17）有永久性顶盖的室外楼梯，应按建筑物自然层的水平投影面积的 1/2 计算。

室外楼梯，最上层楼梯无永久性顶盖，或不能完全遮盖楼梯的雨篷，上层楼梯不计算面积，可视为下层楼梯的永久性顶盖，但下层楼梯应计算面积。

（18）建筑物的阳台均应按其水平投影面积的 1/2 计算。

建筑物的阳台，不论是凹阳台、挑阳台，还是封闭阳台、不封闭阳台，均按其水平投影面积的 1/2 计算。

（19）有永久性顶盖，无围护结构的车棚、货棚、站台、加油站、收费站等，应按其顶盖水平投影面积的 1/2 计算。

（20）高低联跨的建筑物，应以高跨结构外边线为界分别计算建筑面积；其高低跨内部连通时，其变形缝应计算在低跨面积内。

（21）以幕墙作为围护结构的建筑物时，应按幕墙外边线计算建筑面积。

（22）建筑物外墙外侧有保温隔热层的，应按保温隔热层外边线计算建筑面积。

（23）建筑物内的变形缝，应按其自然层合并在建筑物面积内计算。

以上所指建筑物内的变形缝是与建筑物相连通的变形缝，即暴露在建筑物内，在建筑物内可以看得见的变形缝。

下列项目不应计算面积：

（1）建筑物通道（骑楼、过街楼的底层）。

（2）建筑物内的设备管道夹层。

（3）建筑物内分隔的单层房间，舞台及后台悬挂幕布、布景的天桥、挑台等。

（4）屋顶水箱、花架、凉棚、露台、露天游泳池。

（5）建筑物内的操作平台、上料平台、安装箱和罐体的平台。

（6）勒脚、附墙柱、垛、台阶、墙面抹灰、装饰面、镶贴块料面层、装饰性幕墙、空调机外机搁板（箱）、飘窗、构件、配件、宽度在 2.10 m 及以内的雨篷以及与建筑物内不相连通的装饰性阳台、挑廊。

（7）无永久性顶盖的架空走廊、室外楼梯和用于检修、消防等的室外钢楼梯、爬梯。

（8）自动扶梯、自动人行道。扶梯、自动人行道实际上属于设备，不应该计算建筑面积；

（9）独立烟囱、烟道、地沟、油（水）罐、气柜、水塔、储油（水）池、贮仓、栈桥、地下人防通道、地铁隧道。

5.3 工程量计算原理

5.3.1 工程量的概念

工程量是指以物理计量或自然计量单位所表示的建筑工程各个分项工程或结构构件的实物数量。物理计量单位是指以度量表示的长度、面积、体积和重量等单位；自然计量单位是指以建筑成品在自然状态下的简单点数所表示的个、条、樘、块等单位。

工程量是确定工程量清单、建筑工程直接费、编制施工组织设计、安排施工进度、编制材料供应计划、进行统计工作和实现经济核算的重要依据。

5.3.2 工程量计算的基本要求

无论什么工程，必须在看懂图纸、熟悉图纸内容的前提下进行工程量计算，并且绝不能人为地加大或缩小数据，只能按图纸尺寸计算，这是一个最基本的要求。在计算工程量过程中，必须遵循下列工程量计算的基本要求：

（1）计算口径要一致。

计算工程量时，根据施工图纸列出的分项工程的口径（指分项工程所包括的内容和范围）应与预算定额（或《房屋建筑与装饰工程工程量计算规范》，以下简称《计量规范》）相对应分项工程的口径相一致。在分项工程的列项上，既不允许漏项、也不允许重复，只能与定额（或《计量规范》）规定的口径相一致。如楼地面分部工程的卷材防潮层定额项目中，已包括刷冷底子油一遍和附加卷材层工料的消耗，所以在计算该分项工程量时，不能再列项刷冷底子油项目。

（2）工程量计量单位必须同定额（或《计量规范》）规定计量单位一致。

在计算工程量时，首先要弄清楚的就是定额（或《计量规范》）的计量单位。分项工程工程量计量单位必须与定额（或《计量规范》）相应项目中的计量单位一致。

（3）工程量计算规则要与现行定额（或《计量规范》）要求一致。

工程量计算规则是整个工程量计算的指南，是预算定额编制的重要依据之一，也是预算定额和工程量计算之间联系、沟通与统一的桥梁。只有按工程量计算规则计算出来的工程量，才能从定额中分析出相应的活劳动与物化劳动的消耗量。在清单计价模式下，投标单位报价按施工图纸计算工程量时，所采用的计算规则必须与本地区现行的定额工程量计算规则相一致，这样才能有统一的计算标准，防止错算。

（4）必须与设计图纸的设计规定一致。

工程量计算项目名称与图纸设计规定应保持一致，不得随便修改名称去高套定额。

（5）工程量计算式必须部位清楚，或做简要文字注释，算式应按一定的格式排列。

（6）计算必须准确，不重算、不漏算。

计算工程量时，必须严格按照图示尺寸计算，不得任意加大或缩小。

注意工程量数据的位数：钢材以吨（t）为单位，木材以立方米（m³）为计量单位，均保留三位小数；其余项目一般都保留两位小数，土方汇总时取整数。

5.3.3 工程量的计算顺序

一个单位工程的分项工程很多，稍有疏忽，就会有漏项少算和重复多算的现象发生。因此，对工程量计算方法的研究是一个十分重要的课题。由于全国各省、市、自治区编制的定额和工程量计算规则有一定的差异，加之预算人员的经历和经验不同，工程对象多样化等，因而就全国范围来说，对工程量的计算也没有一个定型的统一计算方法。归纳各地的做法，现简要介绍如下：

1）按定额（或《计量规范》）的编排顺序列项

按定额（或《计量规范》）的编排顺序列项计算的方法是按照定额手册（或《计量规范》）所排列的分部分项顺序列项依次进行计算，如土石方、砖石、脚手架、混凝土及钢筋混凝土等分部分项进行计算。

2）按施工顺序列项计算

按施工顺序列项计算的方法是按施工的先后顺序安排工程量的计算顺序。如基础工程是按平整场地、挖地槽、地坑、基础垫层、砌砖石基础、现浇混凝土基础、基础防潮层、基础回填土，余土外运等列项计算，这种方法打破了定额（或《计量规范》）按分部分项列项的方法进行计算，

3）按顺时针方向列项计算

按顺时针方向列项计算的方法是从平面图的左上角开始，从左到右按顺时针方向环绕一周，再回到左上角为止，如图5.14所示。

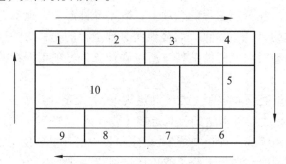

图 5.14　顺时针方向列项示意图

4）按先横后竖、先上后下、先左后右的顺序列项计算

按先横后竖、先上后下、先左后右的顺序列项计算的方法是指在同一平面图上有纵横交错的墙体时，可按照先横后竖的顺序进行计算：计算横墙时先上后下，横墙间断时先左后右；计算竖墙时先左后右，竖墙间断时先上后下。如计算内墙基础、内墙砌筑、内墙墙身防潮等均按上述顺序进行计算。

5）按构件的分类和编号顺序列项计算

按构件的分类与编号顺序列项计算的方法是按照各类不同的构件、配件，如空心板、平板、过梁、单梁、门窗等，就其自身的编号（如柱 Z1、Z2、…，梁 L1、L2、…，门 M1、M2…）分别依次列表计算。这种分类编号列表计算的方法，既方便检查核对，又能简化计算式，因此各类构件和门窗均可采用此方法计算工程量。

以上所述的仅是工程量计算的一般方法。不论采用何种计算方法，都应做到项目不重复计算、不漏项，数据准确可靠，方法科学简便，只有这样才能不断提高工程造价的编制速度和质量。

思考题

1. 简述建筑面积的概念、建筑面积的作用。
2. 单层建筑面积的计算规则是如何计算的？试简述其计算过程及特点。
3. 多层建筑面积的计算规则是如何计算的？
4. 地下室、门厅、走廊、楼梯、雨篷建筑面积的计算规则是如何计算的？
5. 简述工程量计算的基本要求。

习题

试计算第 7 章图 7.11 的建筑面积。

6 土石方与基础工程计量与计价

> **本章概要**
>
> 本章主要介绍平整场地、挖沟槽土方、土方运输与回填、地基与边坡处理等项目的清单分项特点，清单工程量计算规则，并结合工程实例详细讲解了土方和基础工程量清单的编制和工程量清单报价。本章重点要求掌握土方和基础工程的工程量计算方法，工程量清单的编制和相应的清单报价。

6.1 土石方工程

6.1.1 土石方工程概述

《房屋建筑与装饰工程工程量计算规范》（GB 50854—2013）（以下简称《计量规范》），将土石方工程分为三节：土方工程、石方工程和回填。在计算土石方工程之前，需先收集和确定下列资料。

（1）土壤和岩石的分类。

因各个建筑物所处的地理位置不同，其土壤及岩石的强度、密实性、透水性等物理性质和力学性质差别也比较大，这会直接影响到土石方工程的施工方法。《计量规范》中土壤的分类如表 6.1 所示，岩石的分类如表 6.2 所示。

表 6.1　土壤分类

土壤分类	土壤名称	开挖方法
一、二类土	粉土、砂土（粉砂、细砂、粗砂、中砂、砾砂）、粉质黏土、弱中盐渍土、软土（淤泥质土、泥炭、泥炭质土）、软塑红黏土、冲填土	用锹，少许用镐、条锄开挖。机械能全部直接铲挖满载者
三类土	黏土、碎石土（圆砾、角砾）混合土、可塑红黏土、硬塑红黏土、强盐渍土、素填土、压实填土	主要用镐、条锄、少许用锹开挖。机械需部分刨松方能铲挖满载者或直接铲挖但不能满载者
四类土	碎石土（卵石、碎石、漂石、块石）、坚硬红黏土、超盐渍土、杂填土	全部用镐、条锄挖掘，少许用撬棍挖掘。机械须普遍刨松方能铲挖满载者

表 6.2　岩石分类

岩石分类		代表性岩石	开挖方法
极软岩		1. 全风化的各种岩石 2. 各种半成岩	部分用手凿工具、部分用爆破法开挖
软质岩	软岩	1. 强风化的坚硬岩或较硬岩 2. 中等风化—强风化的较软岩 3. 未风化—微风化的页岩、泥岩、泥质砂岩等	用风镐和爆破法开挖
软质岩	较软岩	1. 中等风化—强风化的坚硬岩或较硬岩 2. 未风化—微风化的凝灰岩、泥灰岩、砂质泥岩等	用爆破法开挖
硬质岩	较硬岩	1. 微风化的坚硬岩 2. 未风化—微风化的大理岩、板岩、石灰岩、白云岩、钙质砂岩等	用爆破法开挖
硬质岩	坚硬岩	未风化—微风化的花岗岩、闪长岩、辉绿岩、玄武岩、安山岩、片麻岩、石英石、石英砂岩、硅质砾岩、硅质石灰岩等	用爆破法开挖

（2）土石方体积应按挖掘前的天然密实体积计算。如需按天然密实体积折算，应按表6.3和表6.4所示系数折算。

表 6.3　土方体积折算系数

天然密实度体积	虚方体积	夯实后体积	松填体积
0.77	1.00	0.67	0.83
1.00	1.30	0.87	1.08
1.15	1.50	1.00	1.25
0.92	1.20	0.80	1.00

注：虚方指未经碾压、堆积时间不大于1年的土壤。

表 6.4　石方体积折算系数

石方类别	天然密实度体积	虚方体积	松填体积	码方
石方	1.0	1.54	1.31	
块方	1.0	1.75	1.43	1.67
砂夹石	1.0	1.07	0.94	

（3）土石方、沟槽、基础挖填的起止标高、施工方法及运距。

挖土方、挖石平均厚度应按自然地面测量标高至设计地坪标高间的平均厚度确定。基础土方、石方开挖深度应按基础垫层底表面标高至交付施工场地标高确定；无交付施工场地标高时，应按自然地面标高确定。

6.1.2　土方工程清单分项

土方工程包括平整场地、挖一般土方、挖沟槽土方、挖基坑土方、冻土开挖、挖淤泥流砂和管沟土方 7 个子目，其工程量清单项目及工程量计算规则如表 6.5 所示。回填工程有两个子目，如表 6.6 所示。

表 6.5 土方工程（编号：010101）

项目编码	项目名称	项目特征	计量单位	工程量计算规则	工程内容
010101001	平整场地	1. 土壤类别； 2. 弃土运距； 3. 取土运距	m²	按设计图示尺寸以建筑物首层面积计算	1. 土方挖填； 2. 场地找平； 3. 运输
010101002	挖一般土方	1. 土壤类别； 2. 挖土深度； 3. 弃土运距	m³	按设计图示尺寸以体积计算	1. 排地表水； 2. 土方开挖； 3. 围护（挡土板）及拆除； 4. 钎探； 5. 运输
010101003	挖沟槽土方			按设计图示尺寸以基础垫层底面积乘以挖土深度计算	
010101004	挖基坑土方				
010101005	冻土开挖	1. 冻土厚度； 2. 弃土运距		按设计图示尺寸开挖面积乘以厚度以体积计算	1. 爆破； 2. 开挖； 3. 清理； 4. 运输

表 6.6 回填工程（编号：010103）

项目编码	项目名称	项目特征	计量单位	工程量计算工作	工程内容
010103001	回填方	1. 密实度要求； 2. 填方材料品种； 3. 填方粒径要求； 4. 填方来源、运距	m³	按设计图示尺寸以体积计算。 1. 场地回填：回填面积乘平均回填厚度； 2. 室内回填：主墙间净空面积乘回填厚度，不扣除间隔墙； 3. 基础回填：按挖方清单项目工程量减去自然地坪以下埋设的基础体积（包括基础垫层及其他构筑物）	1. 运输； 2. 回填； 3. 压实
010103002	余方弃置	1. 废弃料品种； 2. 运距		按挖方清单项目工程量减利用回填方体积（正数）计算	余方点装料运输至弃置点

6.1.3 土方工程计量

6.1.3.1 挖基坑土（石）方、挖沟槽土（石）方、挖一般土（石）方、平整场地的区分

在土（石）方工程计量时，挖基坑土（石）方、挖沟槽土（石）方、挖一般土（石）方、平整场地分别对应不同的清单项目，《计量规范》对其区分如表 6.7 所示。

表 6.7 挖基坑土（石）方、挖沟槽土（石）方、挖一般土（石）方、平整场地的区分表

项　目	坑底面积/m²	槽底宽度/m
挖基坑土（石）方	底面积不大于 150 m² 且底长不大于 3 倍底宽	—
挖沟槽土（石）方	—	底宽不大于 7 m，且底长大于 3 倍底宽
挖一般土（石）方	底面积大于 150 m²	底宽大于 7 m
	建筑物场地厚度大于±300 mm 的竖向布置挖土（石）或山坡切土（凿石）	
平整场地	建筑物场地厚度不大于±300 mm 的挖、填、运、找平	

6.1.3.2　放坡系数和工作面宽度

对于土方工程的计量，《计量规范》对挖沟槽、基坑、一般土方有两种计算方式：一种是按基础垫层底面积乘以挖土深度计算挖沟槽和基坑项目，按设计图示尺寸以体积计算挖一般土方项目，均不考虑放坡和加宽工作面；另外一种是挖沟槽、基坑、一般土方项目工程量的计算考虑放坡和加宽工作面。放坡，是在建筑工程的土方施工中为了确保施工安全，防止侧壁塌方，按照一定的坡度造成的边坡。放坡的系数和起点深度，应根据施工组织设计的规定确定，若无规定时，则应按《计量规范》的规定（表 6.8）确定。沟槽、基坑加宽工作面的确定：工作面，是指在基础土方开挖时，应考虑增加的工作空间，为此增加的挖土量计入基础土方开挖的清单工程中。工作面的宽度应按施工组织设计规定计算，若无规定时，则应按"计量规范"的规定来确定（表 6.9）。管沟施工所需工作面宽度如表 6.10 所示。

表 6.8　放坡系数表（k）

土壤类别	放坡起点/m	人工挖土	机械挖土		
			在坑内作业	在坑上作业	顺沟槽在坑上作业
一、二类土	1.20	1：0.50	1：0.33	1：0.75	1：0.50
三类土	1.50	1：0.33	1：0.25	1：0.67	1：0.33
四类土	2.00	1：0.25	1：0.10	1：0.33	1：0.25

注：①沟槽、基坑中图类别不同时，分别按其放坡起点、放坡系数，依不同土类别厚度加权平均计算。

②计算放坡时，在交接处的重复工程量不予扣除，原槽、坑做基础垫层时放坡自垫层上表面开始计算。

表 6.9　基础施工所需工作面宽度计算表

基础材料	每边各增加工作面宽度/mm
砖基础	200
浆砌毛石、条石基础	150
混凝土基础垫层支模板	300
混凝土基础支模板	300
基础垂直面做防水层	1 000（防水面层）

表 6.10　管沟施工每侧所需工作面宽度计算表

管沟材料 ＼ 管道结构宽/cm	≤50	≤100	≤250	>250
混凝土及钢筋混凝土管道/cm	40	50	60	70
其他材质管道/cm	30	40	50	60

注：对于管道结构宽，有管座的按基础外缘，无管座的按管道外径。

6.1.3.2　土方工程量计算

1. 平整场地

在土方开挖前，为便于建筑物或构筑物施工的测量、放线、定位，对工程现场高低不平的部位进行的厚度在±30 cm 以内的就地挖、填、运土及场地找平等工作称为平整场地。

平整场地定额计算工程量是考虑实际施工条件，在首层建筑面积基础上沿外墙外边线外扩 2 m 计算工程量。

平整场地清单工程量 $S_{平整} = S_{首}$

平整场地定额工程量 $S_{平整} = S_{首} + 2L_{外} + 16$　　　　（6.1）

式中　$S_{首}$——首层建筑面积；

$L_{外}$——外墙外边线。

2. 挖一般土方

挖一般土方是指设计室外地坪标高以下的挖土，并包括指定范围内的土方运输。"指定范围内的运输"是指招标人指定的弃土地点的运距。若招标文件规定由投标人确定弃土地点时，则此条件不必在工程量清单中进行描述。

挖一般土方的清单工程量计算是按设计图示尺寸以体积计算。土方体积应按挖掘前的天然密实体积计算（如需体积折算时，应按表 6.3 所给的折算系数计算）。挖土方平均厚度应按自然地面测量标高至设计地坪高间的平均厚度确定。建筑场地厚度在 30 cm 以外的竖向布置挖土或山坡切土，应按挖一般土方项目编码和列项来计算。

3. 挖沟槽土方

挖沟槽土方清单工程量计算有两种方式，其中一种是按设计图示尺寸以基础垫层底面积乘以挖土深度计算。计算公式如下：

挖沟槽土方工程量 V ＝垫层底面积×挖土深度

＝沟槽计算长度×垫层宽度×挖土深度

＝沟槽计算长度×沟槽断面面积　　　　（6.2）

计算公式之中的数据说明：

（1）沟槽长度：挖外墙基沟槽按图示中心线长度计算，内墙基沟槽按图示沟槽（无垫层时按基础底面）之间的净长度计算。内外墙突出部分（如墙垛附墙烟囱等）体积并入沟槽工程量内。

（2）沟槽宽度：有垫层时按垫层宽度计算，无垫层时按基础宽度计算。

（3）挖土深度：以自然地坪到槽底的垂直深度计算，当自然地坪标高不明确时，可采用室外设计地坪标高计算；当沟槽深度不同时，应分别计算。

挖沟槽土方清单工程量计算的另一种方式（同定额计算规则同）是考虑放坡和加宽工作面，把因工作面和放坡增加的工程量，并入各土方工程量中。建筑物原槽做基础垫层时，放坡和加宽工作面自垫层上表面开始计算（图 6.1）。

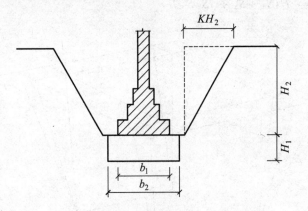

图 6.1　挖沟槽加宽工作面、放坡示意图

图 6.1 中挖沟槽土方的清单工程量为：

$$V=b_2H_1L_1+(b_1+2C+kH_2)H_2L_2 \tag{6.3}$$

式中　b_1——基础底宽；

　　　b_2——垫层宽度；

　　　k——放坡系数，如表 6.8 所示；

　　　C——放坡工作面，如表 6.9 所示；

　　　H_1——挖土深度，从垫层上表面到设计室外地坪计算；

　　　H_2——垫层高度；

　　　L_1，L_2——挖垫层、挖沟槽的长度，外墙按中心线长度计算，内墙按净长线长度计算。

4. 挖基坑土方

挖基坑土方清单工程量计算有两种方式，一种是按设计图示尺寸以基础垫层底面积乘以挖土深度计算，不考虑放坡和加宽工作面，其计算公式为：

（1）方形基坑土方工程量

$$V=BLH \tag{6.4}$$

（2）圆形基坑土方工程量

$$V=\pi HR^2 \tag{6.5}$$

式中　B，L——方形基坑长、宽；

　　　R——圆形基坑半径；

　　　H——挖土深度。

挖基坑土方清单工程量计算的另一种方式（同定额计算规则同）是考虑放坡和加宽工作面，把因加宽工作面和放坡增加的工程量，并入各土方工程量中。建筑物基坑工作面及放坡自垫层下表面开始（图 6.2）。若建筑物原坑作基础垫层始，放坡和加宽工作面自垫层上表面开始计算。

图 6.2 所示基坑土方量计算公式为：

$$V = \frac{1}{3}H(S_{下} + S_{上} + \sqrt{S_{上}S_{下}})$$ （6.6）

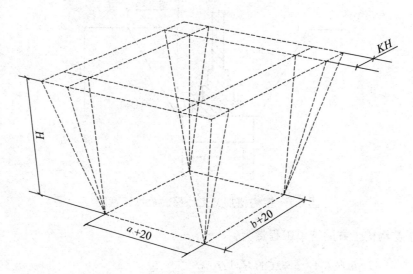

图 6.2 挖基坑加宽工作面、放坡示意图

式中　$S_{下} = (a+2c)(b+2c)$

　　　　$S_{上} = (a+2c+2kH)(b+2c+2kH)$

其中　$S_{下}$——基坑下底面积；

　　　$S_{上}$——基坑上底面积；

　　　a——基础底宽；

　　　b——基础底长；

　　　k——放坡系数，如表 6.8 所示。

　C——加宽工作面，如表 6.9 所示。

圆形基坑考虑加宽工作面和放坡的土方工程量计算公式为：

$$V = \frac{1}{3}\pi(R_1^2 + R_2^2 + R_1R_2)H$$ （6.7）

式中　R_1，R_2——圆形基坑的下底半径和上口半径。

5. 回填方

回填方工程量计算按设计图示尺寸以体积计算，包括场地回填、室内回填和基础回填，计算公式如下：

场地回填工程量（V）=回填面积×平均回填厚度　　　　　　　（6.8）

室内回填工程量（V）=室内主墙间面积×回填土厚度　　　　　（6.9）

基础回填工程量（V）=挖土体积-设计室外地坪以下埋设的基础体积（6.10）

式中

室内回填土厚度=室内外标高差-垫层与面层厚度之和

6. 余方弃置

余方弃置工程量=挖方体积-回填方体积 （6.11）

若余方弃置工程量计算结果为负数，则表示需土方回填。

6.1.4 土方工程计价

土方工程清单计价应根据工程量清单中描述的项目特征和工作内容，结合施工图纸、现场情况确定计价的范围。

（1）"平整场地"项目如出现±30 cm以内全部是挖方或全部是填方，需外运土或借土回填时，综合单价的计算应考虑这部分的运输。平整场地工程量"按建筑物首层建筑面积计算"，如招标文件规定超面积平整场地，则综合单价和总价应包括这些超出部分。

（2）挖一般土方、挖沟槽土方和挖基坑土方中，根据施工方案规定的放坡、支挡土板、操作工程机械挖土进出施工工作面的坡道等增加的施工量，应包括在一般土方、挖沟槽土方和挖基坑土方综合单价内，施工增量的弃土运输也应包括在综合单价内和总价内。

（3）管沟土方项目中管沟开挖加宽工作面、放坡和接口处加宽工作面、管沟回填，应包括在综合单价内和总价内。

（4）回填方项目适用于场地回填、室内回填和基础回填，并包括指定范围内的运输以及取土回填的土方开挖。

【例6.1】某单层建筑物外墙轴线尺寸如图6.3所示，轴线居中，墙厚为240（单位：mm），试编制该工程人工平整场地的工程量清单，并对该工程量清单进行报价。

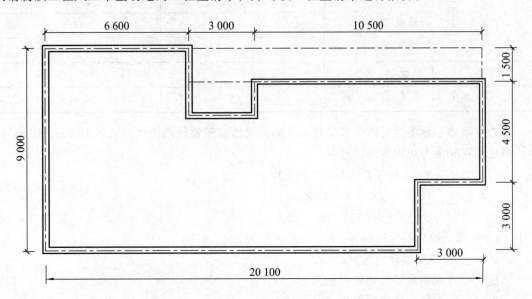

图6.3 某单层建筑物

解：（1）平整场地的清单工程量：

$$S_场=S_首=20.34×9.24 - 3×3 - 13.5×1.5 - 2.76×1.5=154.55（m^2）$$

编制平整场地分部分项工程量清单，如表6.11所示。

表 6.11　分部分项工程量清单与计价表

工程名称：　　　　　　标段：　　　　　　　　　　　　第　页　共　页

序号	项目编码	项目名称	项目特征描述	计量单位	工程量	金额/元		
						综合单价	合价	其中：暂估价
001	010101001001	平整场地	1. 土壤类别：三类土； 2. 弃土运距：15 m	m²	154.55			

（2）对该平整场地工程量清单报价。

① 计算计价工程量（定额工程量）。

根据《计量规范》中平整场地的项目特征和工作内容可知，其组件内容有平整场地和土方运输两个定额子目，分别对应 2013 年宁夏回族自治区建筑工程预算定额的 1-1-1 子目和 1-1-55 子目。两个定额子目表内容如表 6.12 所示。

表 6.12　平整场地组价定额子目表

定额编号			1-1-55（单位：100 m³）	1-1-1（单位：100 m²）
项　　目			人工运土方	平整场地
			运距 50 m 以内	
基价/元			1 900.8	270.6
其中	人工费/元		1 900.8	270.6
	材料费/元		—	—
	机械费/元		—	—
名称	单位	单价/元	数　　量	
人工　普工	工日	60.00	31.68	4.51

经查定额知平整场地定额工程量计算规则，是按建筑物外墙边线每边各加 2 m，以 m² 计算。当建筑物底面为规则的四边形时：

$$S_{平整场地} = (L+4) \times (B+4)$$
$$= LB + 4 \times (L+B) + 16$$
$$= S_{底} + 2L_{外} + 16 \qquad (6.12)$$

式中　L——建筑物外墙外边线长；

B——建筑物外墙外边线宽；

$L_{外}$——建筑物外墙外边线总长为 $2(L+B)$；

$S_{底}$——建筑物底层建筑面积。

这个平整场地的定额工程量计算公式对不规则的建筑物底面同样适用，故：

$$S_{平整场地} = S_{底} + 2L_{外} + 16$$
$$= 154.55 + 2 \times (20.34 \times 2 + 9.24 \times 2 + 1.5 \times 2) + 16$$
$$= 294.87 \ (m^2)$$

即平整场地的定额工程量（计价工程量）为 294.87 m²。经计算人工运土方的工程量为 25 m³

（给定）。

②计算综合单价。

依据定额子目 1-1-1 可知完成 100 m² 平整场地的人工费是 270.6 元,材料费和机械费是 0;依据定额子目 1-1-55 可知人工运输 100 m³ 的土方人工费是 1 900.8 元。材料费和机械费是 0。

依据 2013 年宁夏回族自治区建筑安装工程费用定额,土石方工程管理费和利润的计费基数均为人工费和机械费之和,费率分别是 17.02% 和 8.94%。

③计算平整场地人工费、材料费和机械费:

人工费=294.87/100×270.6+25/100×1 900.8=1 273.12（元）

材料费=0

机械费=0

人工费+机械费=1 273.12（元）

管理费和利润合计为:

1 273.12×（17.02%+8.94%）=330.5（元）

平整场地清单项目综合单价分析表见表 6.13。

表 6.13　工程量清单综合单价分析表

工程名称:　　　　　标段:　　　　　　　　　　　　　　　　第　页　共　页

项目编码	010101001001		项目名称		平整场地	计量单位		m²
清单综合单价组成明细								
定额编号	定额名称	定额单位	数量	单　　价				合　　价			
				人工费	材料费	机械费	管理费和利润	人工费	材料费	机械费	管理费和利润
1-1-1	平整场地	100 m²	0.019	270.6	—	—	70.25	5.14	—	—	1.34
1-1-55	人工运土方	100 m²	0.00162	1900.8	—	—	493.45	3.08	—	—	0.8
小　　计								8.22	—	—	2.14
清单项目综合单价								10.36			

【例 6.2】某基础工程施工图如图 6.4 所示。基础垫层支模板浇筑,砖基础使用普通页岩标准砖,M5 水泥砂浆砌筑。基础土方施工方案考虑人工开挖,施工时无须排地表水,需要完成基底钎探,考虑放坡和加宽工作面来完成土方的开挖,不考虑支挡土板施工。开挖的基础土方,考虑按挖方量的 60% 进行现场运输、堆放,采用人力车运输,距离为 40 m,其余部分土在开挖位置 5 m 内堆放。弃土外运为 8 km,基础回填和室内回填均为夯填。土壤类别为三类土,均属天然密实土,现场内土壤堆放时间为 3 个月。试编制基础工程挖沟槽土方、挖基坑土方、回填方和余方弃置项目的分部分项工程量清单,并对该工程量清单项目挖沟槽土方和余方弃置进行报价。

解:（1）计算清单工程量。

依题意,挖沟槽和挖基坑土方清单工程量计算考虑放坡和加宽工作面,加宽工作面。查表 6.9 知,基础垫层支模板两边各加宽 0.3 m,清单工程量计算如表 6.14 所示。

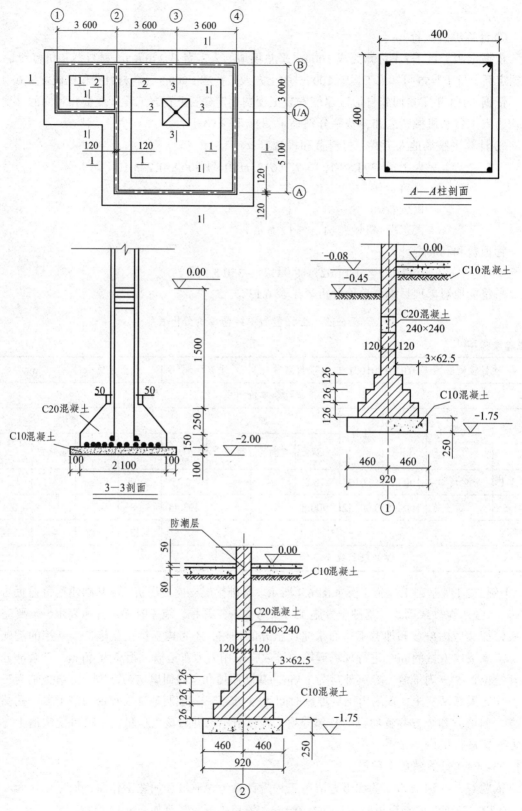

图 6.4　基础施工图

表 6.14　工程量清单计算表

序号	清单项目编码	清单项目名称	计量单位	工程量	计算式
1	010101003001	挖沟槽土方	m³	77.62	挖土深度 H=1.75-0.45=1.30。由表 6.8 知，三类土不需放坡。 挖土宽度=0.92+0.3×2=1.52 外墙中心线长度 $L_{外}$=（10.8+8.1）×2=37.8 内墙净长线长度 $L_{内}$=3.00-1.52=1.48 V=（37.8+1.48）×1.52×1.3=77.62
2	010101004001	挖基坑土方	m³	18.15	$S_{下}$=（2.3+0.3×2）²=2.9²=8.41 $S_{上}$=（2.3+0.3×2+2×0.33×1.55）²=15.36 $$V=\frac{1}{3}H(S_{下}+S_{上}+\sqrt{S_{上}S_{下}})$$ =1/3×1.55×（8.41+15.36+2.9×3.92）=18.15
3	010103001001	回填方	m³	91.13	① 垫层：V=（37.8+3.0-0.92）×0.92×0.250+2.3×2.3×0.1=9.70 ② 室外地坪下的砖基础（含圈梁）：V=（37.8+3.0-0.24）×（0.24×1.05+0.0625×0.126×12）=14.05 ③ 室外地坪下的混凝土基础及柱：V=1.05×0.4×0.4+1/3×0.25×（0.5²+2.1²+0.5×2.1）+2.1×2.1×0.15=1.31 基础回填（-0.45 以下）：V=77.62+18.15-9.70-14.05-1.31=70.71 室内回填（房心回填）：V=（3.36×2.76+6.96×7.86-0.4×0.4）×（0.45-0.13）=20.42 回填方：V=70.71+20.42=91.13
4	010103002001	余方弃置	m³	4.64	V=77.62+18.15-91.13=4.64

编制分部分项工程量清单，如表 6.15 所示。

表 6.15　分部分项工程量清单与计价表

序号	项目编码	项目名称	项目特征描述	计量单位	工程量	金额/元 综合单价	合价
1	010101003001	挖沟槽土方	1. 土壤类别：三类土； 2. 挖土深度：1.30 m； 3. 弃土运距：40 m	m³	77.62		
2	010101004001	挖基坑土方	1. 土壤类别：三类土； 2. 挖土深度：1.55 m； 3. 弃土运距：40 m	m³	18.15		

序号	项目编码	项目名称	项目特征描述	计量单位	工程量	金额/元	
						综合单价	合价
3	010103001001	回填方	1. 密实度要求：满足规范及设计； 2. 径粒要求：满足规范及设计； 3. 填方来源、运距：原土、40 m； 4. 夯填	m³	91.13		
4	010103002001	余方弃置	1. 废弃料品种：三类土； 2. 运距：8 km	m³	4.64		

（2）对工程量清单报价。

①计算计价工程量（定额工程量）。

根据"计量规范"中挖沟槽土方的项目特征和工作内容可知，其组价内容有人工挖沟槽、运土方定额子目，分别对应1-1-26子目、1-1-56子目和1-1-55子目。定额子目表内容如表6.16所示。挖基坑土方组价内容有人工挖基坑，运土方，人工运土200 m以内每增加20 m三个定额子目，分别对应2013年宁夏回族自治区建筑工程预算定额的1-1-26子目、1-1-56子目和1-1-55子目。定额子目1-1-38、1-1-163见表6.17，1-1-107、1-1-112和1-1-115见表6.18。

表6.16　挖沟槽土方组价定额子目表（摘自2013年宁夏回族自治区建筑工程预算定额）

定额编号			1-1-26 （单位100 m³）	1-1-56 （单位100 m³）	1-1-55 （单位100 m³）
项　目			人工挖沟槽	人工运土200 m以 内每增加20 m	人工运土
			三类土深1.5 m以内		运距50 m以内
基价/元			3 484.2	273.6	1 900.8
其中	人工费/元		3 484.2	273.6	1 900.8
	材料费/元		—	—	—
	机械费/元		—	—	—
名　称	单位	单价/元	数　量		
人工　普工	工日	60.00	58.07	4.56	31.68

表6.17　1-1-38、1-1-163定额子目表（摘录2013年宁夏回族自治区建筑工程预算定额）

定额编号			1-1-38（单位：100 m³）	1-1-163（单位：100 m³）
项　目			人工挖基坑	填土夯实
			三类土深1.5 m以内	槽、坑
基价/元			3 972	1 970.6
其中	人工费/元		3 972	828.00
	材料费/元		—	—
	机械费/元		—	206.6
名　称	单位	单价/元	数　量	
人工　普工	工日	60.00	66.2	29.4
机械　电动夯实机	台班	28.70	—	7.980

表 6.18　余方弃置组价定额子目表（摘录 2013 年宁夏回族自治区建筑工程预算定额）

定额编号			1-1-107	1-1-112	1-1-115
项　目			单位：1 000 m³		
			装载机 装松散土	自卸汽车运土方 （载重 8 t 以内）	
			斗容量 1.0 m³	运距	30 km 以内
				1 km 以内	每增加 1 km
基价/元			2 591.47	9 105.74	1 796
其中	人工费/元		360.00	360	—
	材料费/元		—	—	—
	机械费/元		2231.47	8745.74	1796
名　称	单位	单价/元	数　量		
人工	普工	工日	60.00	6.000	6.000	—
材料	水	m³	3.15	—	12.000	
机械	轮胎式装载机 1 m³	台班	619.70	2.7		
	自卸汽车 8 t	台班	666.25	—	11.20	2.30
	洒水汽车 4 000 L	台班	515.76			

根据定额的有关规定，人工挖沟槽（1-1-26 子目）的定额工程量计算规则的同清单工程量计算规则相一致，即人工挖沟槽的定额工程量为 77.62 m³。

人力车运输土方量按挖方量的 60% 计算：

$$V=77.62×60\%=46.57（m^3）$$

② 计算挖沟槽土方综合单价。

根据定额子目 1-1-26 可知完成 100 m³ 人工挖沟槽的人工费是 3 484.2 元，材料费是 0，机械费是 0 元；依据定额子目 1-1-55 可知人力车运土方运距 50 m 以内运输 100 m³ 的人工费为 1 900.8 元；材料费和机械费为 0。

依据 2013 年宁夏回族自治区建筑安装工程费用定额，土石方工程管理费和利润的计费基础均为人工费和机械费之和，费率分别是 17.02% 和 8.94%。

计算挖沟槽土方人工费、材料费和机械费：

人工费=77.62/100×3 484.2+46.57/100×1 900.8=3 589.64（元）

材料费=0

机械费=0

人工费+机械费=3 589.64+0=3 589.64（元）

管理费和利润合计为：

3 589.64×（17.02%+8.94%）=931.87（元）

挖沟槽土方综合单价为：

（3 690.24+957.93）÷77.62（清单工程量）=4 521.51÷77.62=58.25（元/m³）

挖沟槽土方清单项目综合单价分析表如表 6.19 所示。

表 6.19　工程量综合单价分析表

项目编码		010101003001		挖沟槽土方				计量单位			m³
清单综合单价组成明细											
定额编号	定额名称	定额单位	数量	单　价				合　价			
				人工费	材料费	机械费	管理费和利润	人工费	材料费	机械费	管理费和利润
1-1-26	人工挖沟槽	100 m³	0.01	3 484.2	0	0	904.50	34.84	0	0	9.05
1-1-55	人工运土50 m 以内	100 m³	0.0060	1 900.8	0	0	296.07	11.41	0	0	2.96
小　计								46.25	0	0	12.00
清单项目综合价								58.25			

同理计算余方弃置的综合单价，余方弃置的清单工程量为 4.64 m³，装载机装松散土的定额工程量考虑土的可松性系数，查表 6.3 得折算系数 1.30，则松散体为 4.64×1.30=6.03 m³，自卸汽车运土方工程也为 6.03 m³。

余方弃置的人工费=6.03/1 000×360.00×2=4.34（元）

材料费=0

机械费=6.03/1 000×（2 237.47+8 745.74）=66.19（元）

人工费+机械费=4.34+66.19=70.53（元）

管理费和利润合计为：

70.53×（17.02%+8.94%）=18.31（元）

余方弃置的综合单价为：

（4.34+0+66.19+18.31）÷4.64（清单工程费）=88.9÷4.64=19.16（元/m³）

余方弃置清单项目的综合单价分析表如表 6.20 所示。

表 6.20　综合单价分析表

项目编码		01010103002001		余方弃置				计量单位			m³
清单综合单价组成明细											
定额编号	定额名称	定额单位	数量	单　价				合　价			
				人工费	材料费	机械费	管理费和利润	人工费	材料费	机械费	管理费和利润
1-1-107	装载机装松散土	1 000 m³	0.0013	360.00	—	2 231.47	672.74	0.47	—	2.90	0.88
1-1-112	自卸汽车运土方（载重 8 t 以内1 km 以内）	1 000 m³	0.0013	360.00	—	8 745.74	2 363.85	0.47	—	11.37	3.07
小　计								0.94		14.27	3.95
清单项目综合价								19.16			

③ 编制分部分项工程量清单与计价表。

表 6.21　分部分项工程量清单与计价表

序号	项目编码	项目名称	项目特征描述	计量单位	工程数量	金额/元	
						综合单价	合价
1	010101003001	挖沟槽土方	1. 土壤类别：三类土； 2. 挖土深度：1.30 m； 3. 弃土运距：40 m	m³	77.62	43.10	3 345.56
4	010103002001	余方弃置	1. 废弃料品种：三类土； 2. 运距：8 km	m³	4.64	19.16	88.90

6.2　地基处理与边坡支护工程

6.2.1　地基处理与边坡支护工程清单分项

《房屋建筑与装饰工程工程量计算规范》（GB 50854—2013），将地基处理与边坡支护工程分为地基处理基坑边坡支护两个方面的内容共 28 个项目。

6.2.1.1　地基处理清单项目

地基处理清单项目的项目特征中，对地层情况的描述按土壤分类表（表 6.1）和岩石分类表（表 6.2）规定，并根据岩土工程勘察报告按单位工程各地层所占比例（包括范围值）进行描述。对无法准确描述的地层情况，可注明由投标人根据岩土工程勘察报告自行决定报价。

项目特征中的桩长应包括桩尖，空桩长度等于孔深减去桩长，孔深为自然地面至设计桩底的深度。为避免"空桩长度、桩长"的描述引起重新组价，可采用以下两种方法处理：第一种方法是描述空桩长度、桩长的范围值，或描述空桩长度、桩长所占比例及范围值；第二个方法是空桩部分单独项。

高压喷射注浆类型包括旋喷、摆喷、定喷，高压喷射注浆方法包括单管法、双重管法、三重管法。

对于成孔，如采用泥浆护壁成孔，工作内容包括土方、废泥浆外用，如采用沉管灌注成孔，工作内容包括桩尖制作、安装。

对于"预压地基"、强夯地基和振冲密实（不填材料）项目，其工程量按设计图示处理范围以面积计算，即根据每个点位所代表的范围乘以点数计算。

地基处理清单项目设置及工程量计算规则见表 6.22。

表 6.22　地基处理（编号：010201）

项目编码	项目名称	项目特征	计量单位	工程量计算规则	工作内容
010201001	换填垫层	1. 材料种类及配比； 2. 压实系数； 3. 掺加剂品种	m³	按设计图示尺寸以体积计算	1.分层铺填； 2.碾压、振密或夯实； 3.材料运输

项目编码	项目名称	项目特征	计量单位	工程量计算规则	工作内容
010201002	铺设土工合成材料	1.部位； 2.品种； 3.规格	m²	按设计图示尺寸以面积计算	1.挖填锚固沟； 2.铺设； 3.固定； 4.运输
010201003	预压地基	1.排水竖井种类、断面尺寸、排列方式、间距、深度； 2.预压方法； 3.预压荷载、时间； 4.砂垫层厚度	m²	按设计图示处理范围以面积计算	1.设置排水竖井、盲沟、滤水管； 2.铺设砂垫层、密封膜； 3.堆载、卸载或抽气设备安拆、抽真空； 4.材料运输
010201004	强夯地基	1.夯击能量； 2.夯击边数； 3.夯击点布置形式、间距			1.铺设夯填材料； 2.强夯； 3.航天材料运输
010201005	振冲密实（不填料）	1.地层情况； 2.振密深度； 3.孔距			1.振冲加密； 2.泥浆运输
010201006	振冲桩（填料）	1.地层情况； 2.空桩长度、桩长； 3.桩径； 4.填充材料种类	1.m 2.m³	1.以 m 计量，按设计图示尺寸以桩长计算； 2.以 m³ 计量，按设计桩截面乘以桩长以体积计算	1.振冲成孔、填料、振实； 2.材料运输； 3.泥浆运输
010201007	砂石桩	1.地层情况； 2.空桩长度、桩长； 3.桩径； 4.成孔的方法； 5.材料种类、级配		1.以 m 计量，按设计图示尺寸以桩长（包括桩尖）计算； 2.以 m³ 计量，按设计桩截面乘以桩长（包括桩尖）以体积计算	1.成孔； 2.填充、振实； 3.材料运输
010201008	水泥粉煤灰碎石桩	1.地层情况； 2.空桩长度、桩长； 3.桩径； 4.成孔的方法； 5.混合料强度等级	m	按设计图示尺寸以桩长（包括桩尖）计算	1.成孔； 2.混合料制作、灌注、养护； 3.材料运输
010201009	深层搅拌桩	1.地层情况； 2.空桩长度、桩长； 3.桩截面尺寸； 4.水泥强度等级、掺量		按设计图示尺寸以桩长计算	1.预搅下钻、水泥浆制作、喷浆搅拌提升成桩； 2.材料运输

表 6.23　基坑与边坡支护（编号：010202）

项目编码	项目名称	项目特征	计量单位	工程量计算规则	工作内容
010202001	地下连续墙	1.地层情况； 2.导墙类型、截面； 3.墙体厚度； 4.成槽深度； 5.混凝土种类、强度等级； 6.接头形式	m³	按设计图示墙中心线长乘以厚度乘以槽深以体积计算	1.导墙挖填、制作、安装、拆除； 2.挖土成槽、固壁、清底置换； 3.混凝土制作、运输、灌注、养护； 4.接头处理； 5.土方、废泥浆外运； 6.打桩场地硬化及泥浆池、泥浆沟
010202002	咬合灌注桩	1.地层情况； 2.桩长； 3.桩径； 4.混凝土种类、强度等级； 5.部位	m 或 根	1.以 m 计量，按设计图示尺寸以桩长计算； 2.以根计量，按设计图示数量计算	1.成孔、固壁； 2.混凝土制作、运输、灌注、养护； 3.套管压拔； 4.土方、废泥浆外运； 5.打桩场地硬化及泥浆池、泥浆沟
010202003	圆木桩	1.地层情况； 2.桩长； 3.材质； 4.尾径； 5.桩倾斜度		1.按设计图示尺寸以桩长（包括桩尖）计算； 2.以根计量，按设计图示数量计算	1.工作平台搭拆； 2.桩机移位； 3.桩靴安装； 4.沉桩
010202004	预制钢筋混凝土板桩	1.地层情况； 2.送桩深度、长度； 3.桩截面； 4.沉桩方法； 5.连接方法； 6.混凝土强度等级			1.工作平台搭拆； 2.桩机移位； 3.沉桩； 4.接桩
010202005	型钢桩	1.地层情况或部位； 2.送桩深度、桩长； 3.规格型号； 4.桩倾斜度； 5.防护材料种类； 6.是否接出	t 或 根	1.以 t 计量，按设计图示尺寸以质量计算； 2.以根计量，按设计图示数量计算	1.工作平台搭拆； 2.桩机移位； 3.打（接）桩； 4.接桩； 5.刷防护材料

项目编码	项目名称	项目特征	计量单位	工程量计算规则	工作内容
010202006	钢板桩	1.地层情况; 2.桩长; 3.板桩厚度	t 或 m²	1.以 t 计量,按设计图示尺寸以质量计算; 2.以 m² 计量,按设计图示墙中心线长度乘以桩长以面积计算	1.工作平台搭拆; 2.桩机移位; 3.打拔钢板桩
010202007	锚杆 (锚索)	1.地层情况; 2.锚杆类型、部位; 3.钻孔深度; 4.钻孔直径; 5.杆体材料品种、规格、数量; 6.预应力; 7.浆液种类、强度等级	t 或根	1.以 t 计量按设计图示尺寸以钻孔深度计算; 2.以根计量,按设计图示数量计算	1.钻孔、浆液制作、运输、压浆; 2.锚杆(锚索)制作、安装; 3.张拉锚固; 4.锚杆(锚索)施工平台搭设、拆除
010202008	土钉	1.地层情况; 2.钻孔深度; 3.钻孔直径; 4.置入方法; 5.杆体材料品种、规格、数量; 6.浆液种类、强度等级			1.钻孔、浆液制作、运输、压浆; 2.土钉制作、安装; 3.土钉施工平台搭设、拆除
010202009	喷射混凝土、水泥砂浆	1.部位; 2.厚度; 3.材料种类; 4.混凝土(砂浆)类别、强度等级	m²	按设计图示尺寸以面积计算	1.修整边坡; 2.混凝土(砂浆)制作、运输、喷射、养护; 3.钻排水管、安装排水管; 4.喷射施工平台搭设、拆除
010202010	钢筋混凝土支撑	1.部位; 2.混凝土种类; 3.混凝土强度等级	m³	按设计图示尺寸以体积计算	1.模板(支架或支撑)制作、安装、拆除、堆放、运输及清理模内杂物、刷隔离剂等; 2.混凝土制作、运输、浇筑、振捣、养护
010202011	钢支撑	1.部位; 2.钢材品种、规格; 3.探伤要求	t	按设计图示尺寸以质量计算。不扣除孔眼质量,焊条、铆钉、螺栓等不另加质量	1.支撑、铁件制作; 2.支撑、铁件安装; 3.探伤; 4.刷漆; 5.拆除; 6.运输

6.2.1.2 基坑与边坡支护清单项目

基坑与边坡支护清单项目的项目特征中，对地层情况的描述按土壤分类表（表6.1）和岩石分类表（表6.2）规定，并根据岩土工程勘察报告按单位工程各地层所占比例（包括范围值）进行描述。

项目特征中的土钉置入方法包括钻孔置入、打入或射入等。混凝土种类指清水混凝土、彩色混凝土等。如在同一地区即使用预拌（商品）混凝土，又允许现场搅拌混凝土时，也应注明。

地下连续墙和喷射混凝土（砂浆）的钢筋网、咬合灌注桩的钢筋笼及钢筋混凝土支撑的钢筋制作、安装，按《计量规范》附录E（混凝土及钢筋混凝土工程）中相关项目列项；此节未列基坑与边坡支护的排桩按《计量规范》附录C（桩基工程）中相关项目列项；水泥土墙、坑内加固按附录B（地基处理与边坡支护工程）的地基处理中相关项目列项；基坑与边护支护清单项目设置及工程量清单计算规则如表6.23所示。

【例6.3】背景资料，某栋别墅工程基底为可塑黏土，不能满足设计承载力要求，采用水泥粉煤灰碎石桩进行地基处理，桩径为400 mm，桩体强度等级为C20，桩数为52根，设计桩长为10 m，桩端进入硬塑黏土层不少于1.5 m，桩顶在地面以下1.5~2 m，水泥粉煤灰碎石桩采用振动沉管灌注桩施工，桩顶采用200 mm厚人工级配砂石（砂：碎石=3：7，最大粒径30 mm）作为褥垫层，如图6.5、图6.6所示。试列出该工程地基处理分部分项工程量清单。

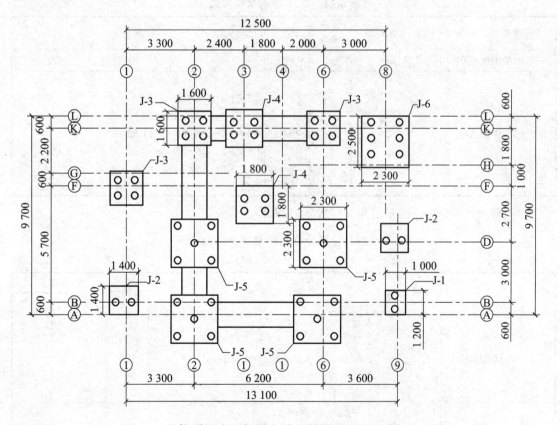

图6.5　某栋别墅水泥粉煤灰碎石桩平面图（单位：mm）

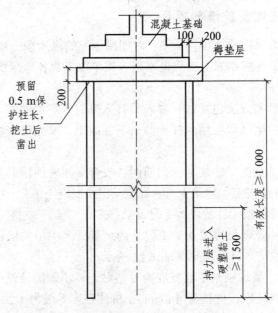

混凝土基础

100 200

褥垫层

预留0.5 m保护桩长，挖土后凿出

200

有效长度≥1 000

持力层进入硬塑黏土≥1 500

图6.6 水泥粉煤灰碎石桩详图（单位：mm）

解：（1）计算清单工程量如表6.24所示。

表6.24 工程量清单计算表

序号	清单项目编码	清单项目名称	计量单位	工程量	计算式
1	010201008001	水泥粉煤灰碎石桩	m	520	$L=52×10=520$
2	010201017001	褥垫层	m²	79.55	（1）J-1：1.8×1.6×1=2.88 （2）J-2：2.0×2.0×2=8.00 （3）J-3：2.2×2.2×3=14.52 （4）J-4：2.4×2.4×2=11.52 （5）J-5：2.9×2.9×4=33.64 （6）J-6：2.9×3.1×1=8.99 S=2.88+8.00+14.52+11.52+33.64+8.99=79.55

（2）编制分部分项工程量清单，如表6.25所示。

表6.25 分部分项工程量清单与计价表

工程名称：　　　　　标段：　　　　　　　　　　　　　　第　页共　页

序号	项目编码	项目名称	项目特征描述	计量单位	工程量	金额	
						综合单价	合价
1	010201008001	水泥粉煤灰碎石桩	1.地层情况：3类土； 2.空桩长度：1.5～2 m； 3.桩径，桩长：400 mm，10 m； 4.成孔方法：振动沉管； 5.混合料强度等级：C20	m	520		
2	010201017001	褥垫层	1.厚度：200 mm； 2.材料品种及比例：人工级配砂石（最大粒径30 mm），砂：石=3：7	m²	79.55		

6.2.2 地基处理与边坡支护工程计价

（1）地下连续墙中现浇混凝土导墙模板的制作、安拆按措施项目有关规定执行。地下连续墙钢筋网制作、安装、不包括在清单项目工作内容中，因此也不在清单项目的综合单价内。

（2）模板的费用包括在钢筋混凝土支撑项目的综合单价内。

（3）工作平台搭拆包含在打桩、锚杆（锚索）、土钉和喷射项目的综合单价中。

6.3 桩基工程

6.3.1 桩基工程清单分项

《房屋建筑与装饰工程工程量计算规范》（GB 508544—2013，简称《计量规范》）将桩基工程分为打桩和灌注桩两个方面的内容共 11 项。

打桩清单项目的项目特征中，对地层情况的描述按土壤分类表（表 6.1）和岩石分类表（表 6.2）规定，并根据岩土工程勘察报告按单位工程各地层所占比例（包括范围值）进行描述。项目特征中的柱截面、混凝土强度等级、桩类型等可直接用标准图代号或设计桩型进行描述。预制钢筋混凝土方桩、预制钢筋混凝土管桩项目以成品桩编制，应包括成品桩购置费，如果在现场预制，应包括现场预制桩的所有费用。

打试验桩和打斜桩应按相应项目单独列项，并应在项目特征中注明试验桩或斜桩（斜率）。截（凿）桩头项目是用于《计量规范》附录 B（地基处理与边坡支护工程）附录 C（桩基工程）所列桩的桩头截（凿）。

打桩清单项目设置及工程量计算规则如图 6.26 所示。

表 6.26　打桩（编号：010301）

项目编码	项目名称	项目特征	计量单位	工程量计算规则	工作内容
010301001	预制钢筋混凝土方柱	1.地层情况； 2.送桩深度，桩长； 3.桩截面； 4.桩倾斜度； 5.沉桩方法； 6.接桩方式； 7.混凝土强度等级	1.m； 2.m²； 3.根	1.以 m 计量，按设计图示尺寸以桩长（包括桩尖）计算； 2.以 m 计量，按设计图示截面积乘以桩长（包括桩尖）以实体积计算； 3.以根计量，按设计图示数量计算	1.工作平台搭拆； 2.桩机竖拆、移位； 3.沉桩； 4.接桩； 5.送桩
010301002	预制钢筋混凝土管桩	1.地层情况； 2.送桩深度，桩长； 3.桩外径、壁厚； 4.桩倾斜度； 5.沉桩装方法； 6.桩尖类型； 7.混凝土强度等级； 8.填充材料种类； 9.防护材料种类			1.工作平台搭拆； 2.桩机竖拆、移位； 4.沉桩； 5.接桩； 6.送桩； 7.桩尖制作安装； 8.填充材料、刷防护材料

【例 6.5】某工程采用排桩进行基坑支护，排桩采用旋挖钻孔灌注桩进行施工。场地地面标高为 495.50 ~ 496.10 m，旋挖桩桩径为 1 000 mm，桩长为 20 m，采用水下商品混凝土 C30，桩顶标高为 493.50 m，桩数为 206 根，超灌高度不少于 1 m。根据地质情况，采用 5 mm 厚钢护筒，护筒长度不少于 3 m。根据地质情况和设计情况，一、二类土约占 25%，三类土约占 20%，四类土约占 55%。试列出该排桩分部分项工程量清单。

解：（1）计算清单工程量，如表 6.27 所示。

表 6.27　清单工程量计算表

序号	清单项目编码	清单项目名称	计量单位	工程量	计算式
1	010302001001	泥浆护壁成孔灌注桩（旋挖桩）	根	206	n=206 根
2	010301004001	截（凿）桩头	m³	161.79	$\pi \times 0.5^2 \times 1 \times 206$=161.79

思考题

1. 平整场地的清单工程量和定额工程量是如何计算的？

2. 挖沟槽土方、挖基坑土方的清单工程量和定额工程量是如何计算的？试简述其工程量清单的报价过程及特点。

3. 基础回填土、室内回填土工程量计算时应注意什么？

4. 什么是空桩长度？什么是桩长？

5. 打试验桩和打工程桩为何要单独列清单项目？其计价有何特点？

习题

1. 预制单根方桩尺寸如图 6.7 所示，共有 108 根，试计算预制桩的清单工程量。若土壤类别为三类，打垂直桩，桩的混凝土强度等级 C40，试编制该项目的工程量清单并报价。

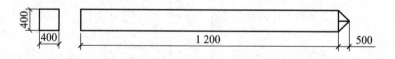

图 6.7　预制方桩示意图（单位：mm）

2. 如图 6.8 所示为某建筑基础平面图和剖面图，轴线居中，土质为三类土，弃土外运 3 km。试计算该条形基础挖基础土方、基础回填土的清单工程量，编制分部分项工程量清单，并对其进行报价。

3. 试依据当地定额和取费标准对例 6.3 和例 6.5 进行清单报价。

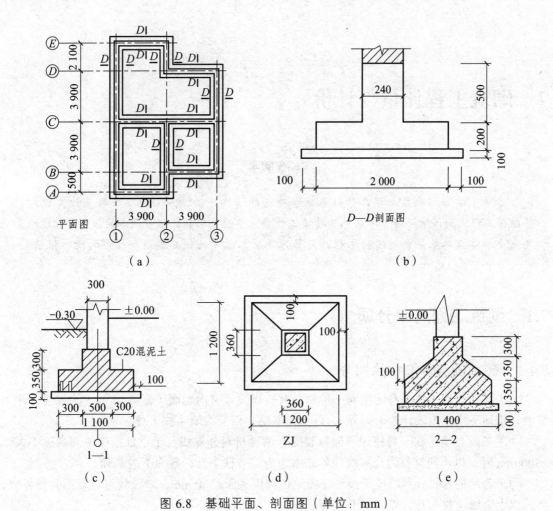

7 砌筑工程计量与计价

本章概要

本章主要介绍砌筑工程部分砖基础和砖墙的清单分项特点，清单工程量计算规则，并结合工程实例详细讲解了砖基础和砖墙工程量清单的编制和工程量清单的报价。本章的重要点要求掌握砖基础和砖墙的工程的计算方法，工程量的计算编制和相应的清单报价。

7.1 砌筑工程清单分项

7.1.1 砖基础与砖墙柱的划分

（1）基础与墙（柱）身使用同一种材料时，以设计室内地面（标高±0.00）为界（有地下室者，按地下室室内设计地面为界），以下为基础，以上为墙（柱）身。

（2）基础与墙（柱）身使用不同材料时，两种材料分界线位于设计室内地面高度不大于±300 mm 时，以不同材料为分界线，界线以上为墙（柱）身，界面下为基础。

（3）若两种材料分界线位于设计室内地面高度大于±300 mm，以设计室内地面为分界线，界线以上为墙（柱）身，界线以下基础。

（4）砖围墙已设计室外地坪为界，以下为基础，以上为墙身。

7.1.2 砌体的计算厚度的确定

标准砖尺寸的 240 mm×115 mm×53 mm 为准，其砌体计算厚度按表 7.1 规定。

表 7.1　标准砖砌体计算厚度

砖数（厚度）	1/4	1/2	3/4	1	1.5	2	2.5	3
计算厚度/mm	53	115	180	240	365	490	615	740

使用非标准砖时其砌体厚度应按砖实际规格和设计厚度计算。

7.1.3 砌筑工程清单项目

《房屋建筑与装饰工程工程量计算规范》（GB 50854—2013，简称《计量规范》），将砌筑工程分为砖砌体、砌块砌体、石砌体和垫层 4 个方面的内容共 27 个项目，其中砖砌体、砌块砌体和垫层工程量清单项目设置及工程量计算规则如表 7.2、表 7.3 和表 7.4 所示。

表7.2 砖砌体（编号：010401）

项目编号	项目名称	项目特征	计量单位	工程量计算规则	工程内容
010401001	砖基础	1.砖品种、规格、强度等级；2.基础类型；3.砂浆强度等级；4.防潮层材料种类	m³	按设计图示尺寸以体积计算。包括附墙垛基础宽出部分体积，扣除地（梁）圈、构造柱所占体积，不扣除基础大放脚T型接头处的重叠部分及嵌入基础内的钢筋、铁件、管道、基础砂浆防潮层和单个面积不大于0.3m²孔洞所占的体积，靠墙暖气沟的挑檐不增加。基础长度：外墙按中心线，内墙按内墙净长线计算	1.砂浆制作、运输；2.砌砖；3.防潮层铺设；4.材料运输
010401002	砌筑瓷孔桩护壁	1.砖品种、规格、强度等级；2.砂浆强度等级	m³	按设计图示尺寸以立方米计算	1.砂浆制作、运输；2.砌砖；3.材料运输
010401003	实心砖墙	1.砖品种、规格、强度等级；2.墙体类型；3.砂浆强度等级、配合比	m³	按设计图示尺寸以体积计算。扣除门窗、洞口、嵌入墙内的钢筋混凝土柱、梁、圈梁、挑梁、过梁及凹进墙内的壁龛、管槽、暖气槽、消火栓箱所占体积，不扣除梁头、板头、檩头、垫木、木楞头、沿缘木、木砖、门窗走头、砖墙内加固钢筋、木筋、铁件、钢管及单个面积不大于0.3m²的孔洞所占的体积。凸出墙面的腰线、挑檐、压顶、窗台线、虎头砖、门窗套的体积亦不增加。凸出墙面的砖垛并入墙体积内计算。门窗洞口侧壁及顶面不增加。墙长度：外墙按中心线、内墙按净长计算。墙高计算规则参见后文7.2.2	1.砂浆制作、运输；2.砌砖；3.刮缝；4.砖压顶砌筑；5.材料运输
010401004	多孔砖墙				
010401005	空心砖墙				
010401006	空斗墙	1.砖品种、规格、强度等级；2.墙体类型；3.砂浆强度等级、配合比	m³	按设计图示尺寸以空斗墙外形体积计算。墙角、内外墙交接处，门窗洞口立边、窗台砖、屋檐处的实砌部分体积并入空斗墙体积内	

续表

项目编号	项目名称	项目特征	计量单位	工程量计算规则	工程内容
010401007	空花墙		m^3	按设计图示尺寸以空花部分外形体积计算不扣除空洞部分体积	
010401008	填充墙	1.砖品种、规格、强度等级； 2.墙体类型； 3.填充材料种类及厚度； 4.砂浆强度等级、配合比	m^3	按设计图示尺寸以填充墙外形体积计算	
010401009	实心砖柱	1.砖品种、规格、强度等级； 2.柱类型； 3.砂浆强度等级、配合比	m^3	按设计图示尺寸以体积计算。扣除混凝土及钢筋混凝土梁垫、梁头、板头所占体积	1.砂浆制作、运输； 2.砌砖； 3.刮缝； 4.材料运输
010401010	多孔砖柱		m^3	按设计图示尺寸以体积计算。扣除混凝土及钢筋混凝土梁垫、梁头、板头所占体积	1.砂浆制作、运输； 2.砌砖； 3.刮缝； 4.材料运输
010401011	砖检查井	1.井截面、深度； 2.砖品种、规格、强度等级； 3.垫层材料种类、厚度； 4.底板厚度； 5.井盖安装； 6.混凝土强度等级； 7.砂浆强度等级； 8.防潮层材料种类	座	按设计图示数量计算	1.砂浆制作、运输； 2.铺设垫层； 3.底板混凝土制作、运输、浇筑、振捣、养护； 4.砌砖； 5.刮缝； 6.井池底、壁抹灰； 7.抹防潮层； 8.材料运输
010401012	零星砌砖	1.零星砌砖名称、部位； 2.砖品种、规格、强度等级； 3.砂浆强度等级、配合比	1. m^3； 2. m^2； 3. m； 4. 个	1.以立方米计量，按设计图示尺寸截面积乘以长度计算； 2.以平方米计量，按设计图示尺寸水平投影面积计算； 3.以米计量，按设计图示尺寸长度计算； 4.以个计量，按设计图示数量计算	1.砂浆制作、运输； 2.砌砖； 3.刮缝； 4.材料运输

项目编号	项目名称	项目特征	计量单位	工程量计算规则	工程内容
010401013	砖散水、地坪	1.砖品种、规格、强度等级; 2.垫层材料种类、厚度; 3.散水、地坪厚度; 4.面层种类、厚度; 5.砂浆强度等级	m²	按设计图示尺寸面积计算	1.土方挖、运、填; 2.地基找平、夯实; 3.铺设垫层; 4.砌筑散水、地坪; 5.抹砂浆面层
010401014	砖地沟、明沟	1.砖品种、规格、强度等级; 2.沟截面尺寸; 3.垫层材料种类、厚度; 4.混凝土强度等级; 5.砂浆强度等级	m	以米计量,按设计图示以中心线长度计算	1.土方挖、运、填; 2.铺设垫层; 3.底板混凝土制作、运输、浇筑、振捣、养护; 4.砌砖; 5.刮缝、抹灰; 6.材料运输

表7.3　砌块砌体（编号：010402）

项目编码	项目名称	项目特征	计量单位	工程量计算规则	工作内容
010402001	砌块墙	1.砌块的品种、规格、强度等级; 2.墙体类型; 3.砂浆强度等级	m³	按设计图示尺寸以体积计算。扣除门窗、洞口、嵌入墙内的钢筋混凝土柱、梁、圈梁、挑梁、过梁及凹进墙内的壁龛、管槽、暖气槽、消火栓箱所占体积,不扣除梁头、板头、檩头、垫木、木楞头、沿缘木、木砖、门窗走头、石墙内加固钢筋、木筋、铁件、钢管及单个面积≤0.3㎡的孔洞所占的体积。凸出墙面的腰线、挑檐、压顶、窗台线、虎头砖、门窗套的体积亦不增加。凸出墙面的砖垛并入墙体体积内计算。墙长度:外墙按中心线、内墙按净长计算。墙高度计算规则参照后文7.2.2	1.砂浆制作、运输; 2.砌砖; 3.防潮层铺设; 4.材料运输
010402002	砌块柱			按设计图示尺寸以体积计算。扣除混凝土及钢筋混凝土梁垫、梁头、板头所占体积。	

表 7.4　垫层（编号：010404）

页目编码	项目名称	项目特征	计量单位	工程量计算规则	工作内容
010404001	垫层	垫层材料种类、配合比、厚度	m³	按图示尺寸以 m³ 计算	1.垫层的拌制；2.垫层的铺设；3.材料运输

注：除混凝土垫层应按混凝土工程相关项目编码外，没有包括垫层要求的清单项目应按本垫层项目编码列项。例如：灰土垫层、楼地面等（非混凝土）垫层按本项目编码列项。

7.2　砌体工程计量

7.2.1　砖基础计量

砖基础常见的类型有条形基础和独立基础，一般用于墙下基础、柱下基础、管道基础、烟囱基础等。条形基础的工程量，按施工图示尺寸以体积计算，即：

$$V=\sum LA + \sum V_{联基} - \sum 嵌入基础的混凝土构件体积 -$$
$$\sum 大于 0.3 \text{ m}^2 孔洞面积 \times 基础墙厚 \qquad (7.1)$$

式中　V——基础体积；

　　　L——基础长度；外墙按中心线长度，内墙按净长线长度计算；

　　　A——基础断面积；等于基础墙的面积与大放脚面积之和。

（1）大放脚的形式有等高式和不等高式两种，如图 7.1 所示。

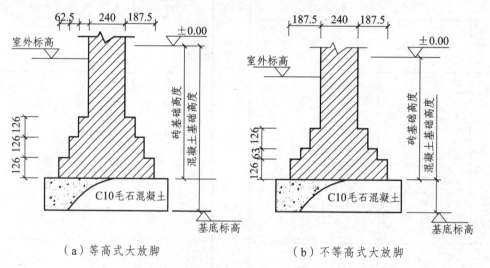

（a）等高式大放脚　　　　　　　（b）不等高式大放脚

图 7.1　砖基础大放脚示意图（单位 mm）

带大放脚的砖基础断面面积 A 可利用平面几何知识按以下公式直接计算：

等高式砖基础断面面积：

$$A=BH + n(n+1) \times 0.062\ 5 \times 0.126 \qquad (7.2)$$

不等高式砖基础断面面积：

$$A=bH +0.062\,5n[n/2\,(\,0.126+0.062\,5\,)+0.126]\tag{7.3}$$

式中　H——砖基础高度（m）；

　　　b——基础墙厚度（m）；

　　　n——大放脚层数。

也可以根据大放脚的层数，所附基础墙的厚度及是否等高放阶等因素，查表 7.5 来获得大放脚的折加高度 h 或大放脚的增加断面面积 s，按下式计算：

基础段面面积 $A=b\,(\,H+h\,)$ 　或　基础段面面积 $A=bH+s$ （7.4）

大放脚的折加高度=大放脚增加断面面积/砖基础墙的厚度 （7.5）

现将不同墙厚、不同层数大放脚的折加高度和增加的断面面积列于表 7.5 中，供计算砖基础工程量时直接查用。

表 7.5　标准砖大放脚的折加高度和大放脚增加断面面积

放脚层数（n）	折加高度/m								增加断面面积/m²	
	1/2 砖		1 砖		1.5 砖		2 砖			
	等高	不等高	等高	不等高	等高	不等高	等高	不等高	等高	不等高
1			0.066	0.066	0.043	0.043	0.032	0.032	0.015 75	0.015 75
2			0.197	0.164	0.129	0.108	0.096	0.08	0.047 25	0.039 38
3			0.394	0.328	0.259	0.216	0.193	0.161	0.094 5	0.078 75
4	0.137	0.137	0.656	0.525	0.432	0.345	0.321	0.257	0.157 5	0.126
5	0.411	0.342	0.984	0.788	0.647	0.518	0.482	0.386	0.236 3	0.189
6			1.378	1.083	0.906	0.712	0.672	0.53	0.330 8	0.259
7			1.838	1.444	1.208	0.949	0.90	0.707	0.441	0.346 5
8			2.363	1.838	1.553	1.208	1.157	0.900	0.567	0.441 1

（2）垛基是大放脚突出部分的基础，如图 7.2 所示。

$V\,(\,\text{垛基}\,)=\text{垛基正身体积}+\text{放脚部分体积}$ （7.6）

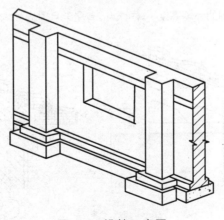

图 7.2　垛基示意图

7.2.2 砖墙计量

砖墙包括实心砖墙、多孔砖墙和空心砖墙等，工程量按实体体积以 m³ 计算，计算公式：

$$V=（墙长×墙高-\sum 嵌入墙身的门窗洞口面积）×墙厚-$$
$$\sum 嵌入墙身的混凝土构件体积+\sum 应并入墙身的体积 \tag{7.7}$$

式中：

（1）墙长。

外墙按中心线总长度计算，内墙按净长线总长度计算。

（2）墙高。

① 外墙高度：斜（坡）屋面无檐口天棚者，其高度算至屋面板底，如图 7.3 所示，有屋架且室内外均有天棚者，其高度算至屋架下弦底另加 200 mm，如图 7.4 所示；有屋架无天棚者，其高度算至屋架下弦底另加 300 mm，出檐宽度超过 600 mm 时按实砌高度计算，如图 7.5 所示；与钢筋混凝土楼板隔层者算至板顶，平屋顶算至钢筋混凝土板底，如图 7.6 所示。

② 内墙高度：位于屋架下弦者，其高度算至屋架下弦底，如图 7.7 所示；无屋架者算至天棚底另加 100 mm，如图 7.8 所示；有钢筋混凝土楼板隔层者算至楼板顶，如图 7.9 所示；有框架梁时，其高度算至梁底。

③ 女儿墙高度：从屋面板上表面算至女儿墙顶面（如有混凝土压顶时算至压顶下表面）。

④ 内、外山墙高度：按山墙处的平均高度计算。

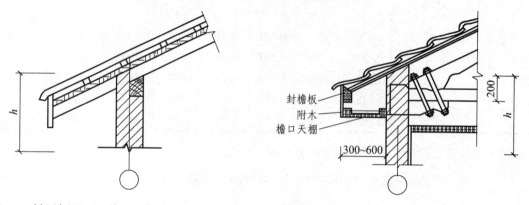

图 7.3 斜（坡）屋面无檐口天棚的外墙高度　　图 7.4 有屋架且室内外均有天棚的外墙高度（单位：mm）

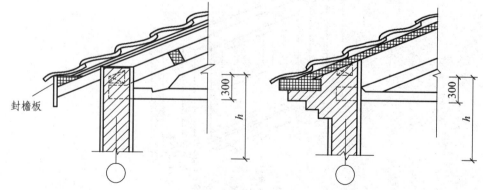

图 7.5 有屋架无天棚的外墙高度（单位：mm）

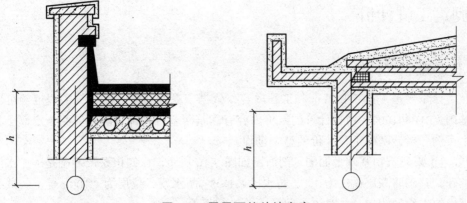

图 7.6　平屋面的外墙高度

⑤围墙高度：高度算至压顶上表面（如有混凝土压顶时算至压顶下表面），围墙柱并入围墙体积内。

⑥框架间墙：不分内外墙，按墙体净尺寸以体积计算。

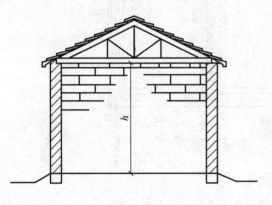

图 7.7　位于屋架下的内墙高

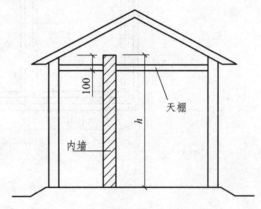

图 7.8　无屋架内墙高

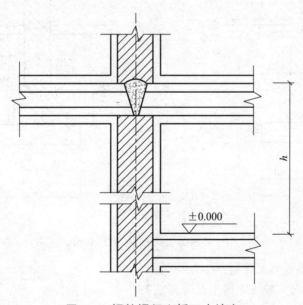

图 7.9　钢筋混凝土板下内墙高

7.3 砌筑工程计价

7.3.1 砖基础工程计价

对照《计量规范》的项目特征和工程内容，依据宁夏回族自治区建筑工程定额可以看出清单砖基础（010401001）项目计价的组价内容有砌筑砖基础和铺设防潮层两个定额子目。下面以一个实例分析砖基础工程计价的整个过程。

【例 6.11】某建筑物基础平面图、剖面图如图 7.10 所示。已知该条形基础是 M5 水泥砂浆砌筑标准砖，基础防潮层做法为 1：2 防水砂浆掺 5%防水粉，垫层为 C10 混凝土。试编制该砖基础工程的工程量清单，并对该工程量清单进行报价。

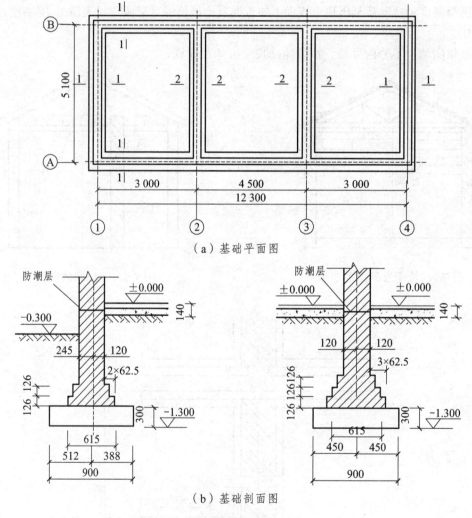

图 7.10　某基础工程示意图（mm）

解：（1）计算清单基础工程量：

外墙条形基础长度：（轴线不居中，需调整）

（0.512−0.388）/2=0.062（m）

$$L_{中}=（12.3+5.1+0.062\times4）\times2=35.3（m）$$

内墙条形基础长度：

$$L_{内}=（5.1-0.24）\times2=9.72（m）$$

基础断面面积 $A=b（H+h）$，其中折加高度 h 查表 7.5 知外内墙分别为 0.129 m 和 0.394 m，则砖基础体积为：

$$V_{砖基础}=0.365\times（1+0.129）\times35.3+0.24\times（1+0.394）\times9.72=17.80（m^3）$$

编制砖基础分部分项工程量清单，如表 7.6 所示。

表 7.6　分部分项工程量清单与计价表

工程名称　　　　　　　　标段　　　　　　　　　　　　　　　　　　　　第　页 共　页

序号	项目编码	项目名称	项目特征描述	计量单位	工程量	金额	
						综合单价	合价
1	010301001001	砖基础	1. 砖品种、规格、强度等级：机制标准砖； 2. 基础类型：条形基础； 3. 基础深度：1 m； 4. 砂浆强度等级：M5 水泥砂浆	m³	17.8		

（2）对该砖基础工程量清单报价。

① 计算定额工程量。

砖基础的组价内容有砌筑砖基础和铺设防潮层两个定额子目，分别对应 2013 年宁夏回族自治区建筑工程预算定额的 1-4-1 子目和 A1-8-198 子目。两个定额子目表内容如表 7.7 所示。

表 7.7　定额子目表（摘录 2013 年宁夏回族自治区建筑工程预算定额）

定额编号			1-4-1（单位：10 m³）		1-8-198（单位：100 m²）	
			砖砌体砖基础		防水砂浆防潮	
			水泥砂浆 M5		平面	
基价/元			3 089.07		1 255.42	
			786		553.2	
			2 221.4		664.43	
			43.34		37.79	
	名称		单价	单价/元	数量	
人工	普工		工日	60.00	5.480	3.690
	技工		工日	92.00	6.700	5.530
	水泥砂浆 M5.0		m³	212.00	2.360	—
	混凝土实心砖 240×115×53		千块	230.00	5.236	—
	水		m³	3.15	1.050	3.800
	水泥砂浆 1：2		m³	370.86	—	2.040
	防水粉		kg	1.26	—	55.00
	灰浆搅拌机 200 L		台班	110.40	0.390	0.340

经查定额知砖基础定额工程量计算规则同清单规则，即定额工程量也为 17.80 m³。防潮层的工程量计算规则是：建筑物墙基防潮层，外墙长度按中心线计算，内墙按净长计算，乘以宽度以 m² 计算。

$$S_{防潮层}=35.3×0.365+9.72×0.24=15.22（m^2）$$

② 计算综合单价。

依据定额子目 1-4-1 可知 M5 水泥砂浆砖基础人工费是 78.6 元，材料费是 222.14 元，机械费是 4.334 元。依据定额子目 1-8-198 可知完成每平方米墙基防潮人工费是 5.53 元，材料费是 6.64 元，机械费是 0.38 元。

依据 2013 年宁夏回族自治区建筑安装工程费用定额，房屋建筑管理费和利润的计费基数均为人工费和机械费之和，费率分别是 17.02% 和 8.94%。

计算砖基础人工费、材料费和机械费：

人工费=17.8×78.6 + 15.22×5.53=1 483.25（元）

材料费=17.8×222.14 + 15.22×6.64=4 055.15（元）

机械费=17.8×4.33 + 15.22×0.38 =82.86（元）

人工费 + 机械费=1 566.11 元

管理费和利润合计为：

1 566.11×（17.02% + 8.94%）=406.56 元

砖基础综合单价为：

（1 483.25 + 4 055.15 + 82.86 + 406.56）÷17.80（清单工程量）=338.64 元

该砖基础清单项目综合单价分析表如表 7.8 所示。

表 7.8　工程量清单综合分析表

工程名称：　　　　　　　　　　标段：　　　　　　　　　　　　第　页　共　页

项目编码	010301001001		项目名称		砖基础		计量单位		m³
清单综合单价组成明细									
定额编号	定额名称	定额单位	数量	单价				合价	
				人工费	材料费	机械费	管理费和利润	人工费	材料费	机械费	管理费和利润
1-4-1	M5 水泥砂浆砖基础	10 m³	0.1	786	2221.4	43.34	215.29	78.6	222.14	4.33	21.53
1-8-198	防水砂浆防潮	100 m²	0.008 55	553.2	664.43	37.79	153.42	4.72	5.68	0.32	1.31
小　计								83.33	227.82	4.65	22.84
清单项目综合单价								338.64			

7.3.2　砖墙工程计价

实心砖墙（010401003）项目适用于各种类型实心砖墙，可分为外墙、内墙、围墙、清水墙、混水墙、直形墙、弧形墙等。对照《计量规范》的项目特征和工作内容，依据 2013 年宁夏回族自治区建筑工程预算定额可以看出，实心砖墙（010401003）项目计价的组价内容依据上述墙的类型不同一般对应一个定额子目，若是清水砖墙有勾缝要求，则需要增加一个勾缝的定额子目。下面以一个实例分析实心砖墙计价的整个过程。

【例 7.2】某单层建筑物如图 7.11 所示，内外墙均为 M5 混合砂浆砌筑一砖混水墙，门窗尺寸如表 7.9 所示，圈梁尺寸为 240 mm×300 mm，窗上圈梁带过梁，门上过梁尺寸为 240 mm×120 mm。试编制该砖墙工程的工程量清单，并对该砖墙工程量清单进行报价。

表 7.9　门窗统计表

门窗名称	代号	洞口尺寸/（mm×mm）	数量（樘）	单樘面积/m²	合计面积/m²
双扇铝合金推拉窗	C1	1 500×1 800	6	2.7	16.2
双扇铝合金推拉窗	C2	2 100×1 800	2	3.78	7.56
单扇无亮无砂镶板门	M1	900×2000	4	1.8	7.2

解：（1）计算砖墙清单工程量。

外墙中心线：

$$L_{中}=（15.0+5.1）×2=40.2（m）$$

内墙净长线：

$$L_{内}=（5.1-0.24）×2+3.6-0.24=13.08（m）$$

外墙高：

$$H_{外}=3.6-0.3=3.3（m）$$

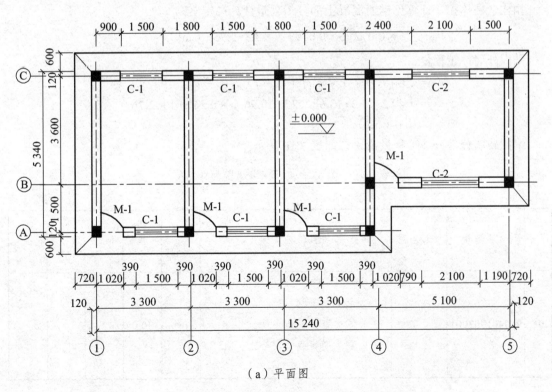

（a）平面图

131

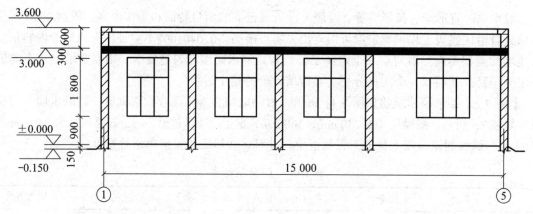

（b）剖面图

图 7.11　某单层建筑物示意图

内墙高：

$$H_内=3.0-0.3=2.7（m）$$

扣门窗洞面积，取表 7.9 中数据相加得：

$$F_{门窗}=7.2+16.2+7.56=30.96（m^2）$$

一砖墙厚 D 为 0.24 m，过梁尺寸为 240 mm×120 mm，长度为门洞宽度两端共加 500 mm 计算，本图实际应加 250 mm（见钢筋混凝土部分工程量计算规定），扣门洞过梁体积 V_{GL}：

$$V_{GL}=4×0.24×0.12×（0.9+0.25）=0.132（m^3）$$

扣构造柱体积（计算见钢筋混凝土部分工程量计算规定）：

$$V_{GL}=（5×0.072+6×0.0792）×3.3=2.756（m^3）$$

则内外墙体工程量：

$$\begin{aligned}V_墙&=（L_中×H_外+L_净×H_内-F_{门窗}）×D-V_{GL}-V_{GZ}\\&=（40.2×3.3+13.08×2.7-30.96）×0.24-0.13-2.76\\&=30.0（m^3）\end{aligned}$$

编制砖墙分部分项工程量清单，如表 7.10 所示。

表 7.10　分部分项工程量清单与计价表

工程名称：　　　　　　　　标段：　　　　　　　　　　　　第　页　共　页

序号	项目编号	项目名称	项目特征描述	计量单位	工程量	金额/元		
						综合单价	合价	其中暂估价
01	010401003001	实心砖墙	1.砖品种、规格、强度等级：MU10 蒸压灰沙砖； 2.墙体类型：混水内墙、外墙； 3.砂浆强度等级、配合比：M5 混合砂浆	m³	30.0			

（2）对该实心砖墙工程量清单报价。

① 计算定额工程量。

实心砖墙的组价内容只有一个定额子目，对应的是 2013 年宁夏回族自治区建筑工程预算定额的 1-4-11 子目。定额子目表内容如表 7.11 所示。

经查定额知砖墙定额工程量计算规则同清单规则，即定额工程量也为 30.0 m³。

② 计算综合单价。

依据定额子目 1-4-11 可知完成每立方米 M5 混合砂浆 1 砖混水砖墙人工费是 124.77 元，材料费是 196.52 元，机械费是 4.20 元。

参照 2013 年宁夏回族自治区建筑安装工程费用定额，管理费和利润的计费基础数均为人工费和机械费之和，费率分别是 17.02% 和 8.94%。

计算 M5 混合砂浆 1 砖混水砖墙人工费、材料费和机械费：

人工费=30.0×101.76=3 052.8（元）

材料费=30.0×229.25=6 877.5（元）

机械费=30.0×4.22=126.6（元）

人工费+机械费=3 052.8+126.6=3 179.4（元）

管理费和利润合计为：

3 179.4×（17.02%+8.94%）=825.37（元）

M5 混合砂浆 1 砖混水砖墙综合单价为：

（3 052.8+6 877.5+126.6+825.37）÷30.0（清单工程量）=362.75（元）

表 7.11　混水砖墙定额子目表（单位：10 m³）

定额编号				1-4-10	1-4-11
项　目				混水砖墙	混水砖墙
				3/4 砖	1 砖
				水泥砂浆 M7.5	混合砂浆 M5
基价/元				3 588.3	3 352.35
其中	人工费/元			1 228.2	1 017.6
	材料费/元			2 321.2	2 292.52
	机械费/元			38.9	42.23
名　称		单位	单价/元	数量	
人工	普　工	工日	60.00	8.840	7.240
	技　工	工日	92.00	10.800	8.840
材料	蒸压灰砂 240 mm×115 mm×53 mm	千块	270.0	5.510	5.314
	水泥砂浆 M7.5	m³	221.25	2.130	—
	混合砂浆 M5	m³	223.94	—	2.250
	水	m³	3.15	1.100	1.060
机械	灰浆搅拌机	台班	110.40	0.350	0.3800

该砖墙清单项目综合单价分析表如表 7.12 所示。

表 7.12　工程量清单综合单价分析表

工程名称：　　　　　　　　　标段：　　　　　　　　　　　　　第　页　共　页

项目编码	010401003001		项目名称	实心砖墙	计量单位		m³
定额编号	定额名称	定额单位	数量	单价				合价			
				人工费	材料费	机械费	管理费和利润	人工费	材料费	机械费	管理费和利润
1-4-11	1 砖混砖墙 M5 混合砂浆	10 m³	0.1	1 017.6	2 292.52	42.23	275.13	101.76	229.25	4.22	27.51
小　计								101.76	229.25	4.22	27.51
清单项目综合单价								362.75			

思考题

1. 砖基础与砖墙（柱）是如何界定的？

2. 砖墙的计算厚度怎么确定？

3. 砖基础大放脚有几种方式？其工程量如何计算？

4. 砖墙的工程量计算规则是什么？

5. 砖基础和砖墙的清单计价有什么特点？

习题

1. 某基础如图 7.12 所示，已知砖基础设计砌墙厚度为 1 砖，采用混凝土实心砖，M5 水泥砂浆砌筑，大放脚为等高，地圈梁为 C20 钢筋混凝土，高为 240 mm；垫层为 C10 混凝土；土质为一二类土，施工方案采用人工挖土、填土夯实、人工运土、弃土运距为 20 km。试编制该基础工程量清单，并依据当地取费标准计算基础工程报价。

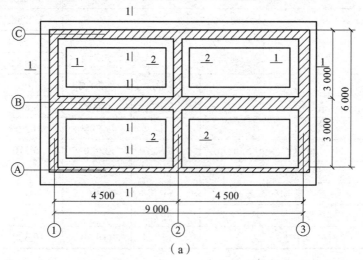

（a）

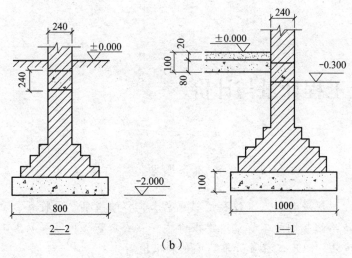

2—2   1—1

（b）

图 7.12　某基础示意图

2. 某房屋工程建筑平面、墙身大样图及楼面结构如图 7.13 所示，设计室内外高差为 0.6 m，外墙 20 mm 厚 1∶2 水泥砂浆，外表面刷外墙涂料，内墙、天棚为水泥砂浆，门窗（C1：1 500×1 300；M1：900×2 300）采用居中安装；混凝土强度等级 C20，板厚 100 mm。试计算该砖墙工程量，编制该砖墙工程量清单，并依据当地取费标准进行砖墙报价。

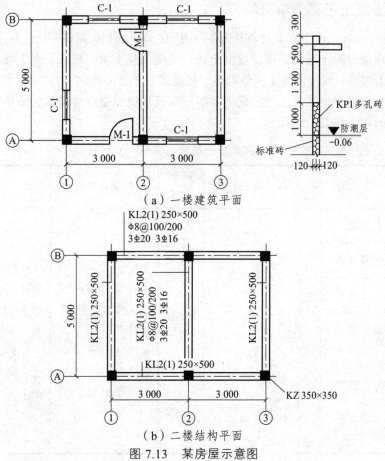

（a）一楼建筑平面

（b）二楼结构平面

图 7.13　某房屋示意图

8 混凝土工程计量与计价

> **本章概要**
>
> 　　本章主要介绍现浇混凝土工程和预制混凝土工程的清单分项特点，清单工程量计算规则，工程量清单的编制和工程量清单报价。重点要求掌握现浇混凝土工程梁、板、柱的工程量计算方法，以及工程量清单的编制和报价。

8.1 现浇混凝土工程

8.1.1 现浇混凝土工程清单分项

　　《房屋建筑与装饰工程工程量计算规范》（GB 50854—2013，简称《计量规范》）将现浇混凝土工程分为现浇混凝土基础、现浇混凝土柱、现浇混凝土梁、现浇混凝土墙、现浇混凝土板、现浇混凝土楼梯、现浇混凝土其他构建、后浇带 8 个方面的内容，共 39 个清单项目。其中现浇混凝土基础、现浇混凝土柱、现浇混凝土梁及现浇混凝土板工程量清单项目设置及工程量计算规则如表 8.1 ~ 表 8.4 所示。

表 8.1　现浇混凝土基础（编号：010501）

项目编码	项目名称	项目特征	计量单位	工程量计算规则	工作内容
010501001	垫层	1.混凝土种类； 2.混凝土强度等级	m³	按设计图示尺寸以体积计算。不扣除深入承台基础的桩头所占体积	1.模板及支撑制作、安装、拆除、堆放、运输及清理模内杂物、刷隔离剂等； 2.混凝土制作、运输、浇筑、振捣、养护
010501002	带形基础				
010501003	独立基础				
010501004	满堂基础				
010501005	桩承台基础	1.混凝土种类； 2.混凝土强度等级；			
010501006	设备基础	3.灌浆材料及其强的等级			

表 8.2　现浇混凝土柱（编号：010502）

项目编码	项目名称	项目特征	计量单位	工程量计算规则	工作内容
010502001	矩形柱	1.混凝土种类；2.混凝土强度等级	m³	按设计图示尺寸以体积计算； 柱高：1.有梁板的柱高，应自基上表面（或楼板上表面）至上一层楼板上边面之间的高度计算； 2.无梁板的柱高，应自桩基上表面（或楼板上表面）至柱帽下表面之间的高度计算； 3.框架柱的柱高，应自柱基上表面至柱顶高度计算； 4.构造柱按全高计算，嵌接墙体部分（马牙槎）并入柱身体积； 5.依附柱上的牛腿和升板的柱帽，并入柱身体积计算	1.模板及支撑制作、安装、拆除、堆放、运输及清理模内杂物、刷隔离剂等； 2.混凝土制作、运输、浇筑、振捣、养护
010502002	构造柱				
010502003	异形柱	1.柱形状；1.混凝土种类；2.混凝土强度等级			

表 8.3　现浇混凝土梁（编号：010503）

项目编码	项目名称	项目特征	计量单位	工程量计算规则	工作内容
010503001	基础梁	1.混凝土种类；2.混凝土强度等级	m³	按设计图示尺寸以体积计算，深入墙内的梁头、梁垫并入梁体积内。 梁长：① 梁与柱连接时，梁长算至柱侧面； ② 主梁与次梁连接时，次梁长算至主梁侧面	1.模板及支撑制作、安装、拆除、堆放、运输及清理模内杂物、刷隔离剂等； 2.混凝土制作、运输、浇筑、振捣、养护
010503002	巨型梁				
010503003	异形梁				
010503004	圈梁				
010503005	过梁				
010503006	弧形、拱形梁				

表 8.4　现浇混凝土板（编号：010505）

项目编码	项目名称	项目特征	计量单位	工程量计算规则	工作内容
010505001	有梁板	1.混凝土强度种类；2.混凝土强度等级	m³	按设计图示尺寸以体积计算。不扣除单个面积不大于 0.3 m² 的柱、垛以及孔洞所占面积；压形钢板混凝土楼板扣除构建内压型钢板所占体积；有梁板（包括主、次梁与板）按梁板体积之和计算，无梁板按板和柱帽体积之和计算，各类板伸入墙内的板头并入板体积内，薄壳板的肋、基梁并入薄壳体积内计算	1.模板及支撑制作、安装、拆除、堆放、运输及清理模内杂物、刷隔离剂等； 2.混凝土制作、运输、浇筑、振捣、养护
010505002	无梁板				
010505003	平板				
010505004	拱板				
010505005	薄壳板				
010505006	栏板				

项目编码	项目名称	项目特征	计量单位	工程量计算规则	工作内容
010505007	天沟（檐沟）、挑檐板			按设计图示尺寸以体积计算	
010505008	雨篷、悬挑板、阳台板			按设计图示尺寸以体积计算。包括伸出墙外的牛腿和雨篷反挑檐的体积	
010505009	空心板			按设计图示尺寸以体积计算。空心板（GBF 高强薄壁蜂巢芯板等）应扣除空心部分体积	
010505010	其他板			按设计图示尺寸以体积计算	

8.1.2 现浇混凝土工程计量

现浇混凝土工程主要包括现浇混凝土基础、柱、梁、板、楼梯、墙及其他构件及项目。清单工程计量时，现浇混凝土和钢筋混凝土构件，不扣除构件内钢筋、螺栓、预埋铁件、张拉孔道所占体积，但应扣除劲性骨架的型钢所占体积。

8.1.2.1 现浇混凝土基础

现浇混凝土基础主要包括混凝土垫层、带形基础、独立基础、满堂基础、桩承台基础、设备基础等，工程量计量均按设计图示尺寸以体积计算，不扣除构件内钢筋、预埋铁件和伸入承台基础的桩头所占体积。

1）带形基础

带形基础也叫条形基础，其外形呈长条状，断面形状一般有梯形、阶梯形、矩形等，一般用于上部荷载比较大、地基承载能力比较差的混合结构房屋墙下基础，如图 8.1 所示。

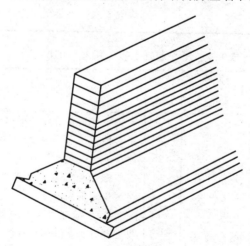

图 8.1 带形基础示意图

有肋带形混凝土基础，如图 8.2 所示。其肋高与肋宽之比在 4∶1 以内的按有肋带形混凝土基础计算；超过 4∶1 时，其底板按板式基础计算，以上部分按墙计算。

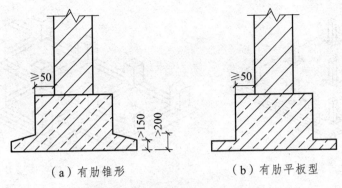

|（a）有肋锥形|（b）有肋平板型|

图 8.2　有肋带形混凝土基础

各种带形基础工程量均须按图示基础长度乘以基础的断面面积，以立方米（m³）计算工程量。计算公式为：

$$V=LS \qquad (8.1)$$

式中　V——带形基础体积；

L——带形基础长度，外墙基础按外墙基础中心线长度计算，内墙基础长度按内墙基础净长线长度计算；

S——带形基础的断面面积，断面面积须以图示尺寸按实际计算，基础的高度应算至基础的扩大面上表面。

2）独立基础

独立基础一般用作柱基础或设备基础，常用的独立基础有阶梯式、锥台式等几种，如图 8.3 所示。工程量计算公式为：

阶梯式独立基础：

$$V=\sum V_{\text{基础各阶梯}} \qquad (8.2)$$

截锥式独立基础：

$$V=V_{\text{基底矩形}}+V_{\text{棱台}} \qquad (8.3)$$

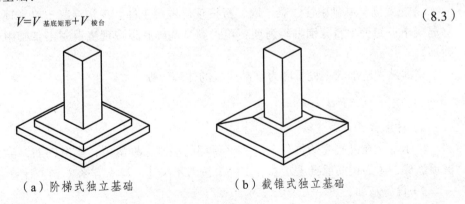

|（a）阶梯式独立基础|（b）截锥式独立基础|

图 8.3　独立基础示意图

3）满堂基础

当独立基础、带形基础不满足设计要求时，在设计上将基础连成一个整体，称为满堂基础（又称筏片基础），这种基础适用于设有地下室或软弱地基及有特殊要求的建筑。满堂基础主要包括无梁式满堂基础、有梁式满堂基础及箱式满堂基础等，如图 8.4 所示。

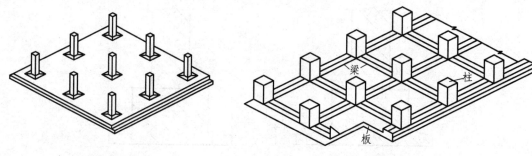

（a）无梁式满堂基础　　　　　　　（b）有梁式满堂基础

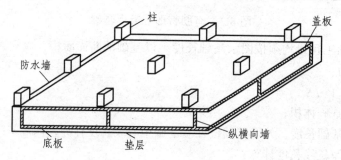

（c）箱式满堂基础

图 8.4　满堂基础示意图

工程量计算均应按相应的计算规则和图示实体积，以立方米（m³）计算工程量。

① 无梁式满堂基础的工程量应为基础底板体积与柱墩体积之和，即：

$$V = V_{基础底板} + V_{柱帽} \qquad\qquad (8.4)$$

② 有梁式满堂基础的工程量应为基础底板体积与基础梁体积之和，即：

$$V = V_{基础底板} + V_{基础梁} \qquad\qquad (8.5)$$

③ 箱式满堂基础中柱、梁、墙、板按现浇混凝土柱、现浇混凝土梁、现浇混凝土墙、现浇混凝土板相关项目分别编码列项；箱式满堂基础底板按现浇混凝土基础中的满堂基础项目列项。

箱式满堂基础的工程量应为基础底板的体积，即：

$$V = V_{基础底板体积} \qquad\qquad (8.6)$$

4）柱承台

柱承台是在已打完的桩顶上，将桩顶部的混凝土剔凿掉，露出钢筋，浇筑混凝土使之与桩顶连成一体的钢筋混凝土基础。工程量按图示尺寸，以立方米（m³）计算。

5）设备基础

为安装锅炉、机械或设备等所做的基础称为设备基础。工程量计算按图示尺寸，以立方米（m³）计算，不扣除螺栓套孔洞所占的体积。设备螺栓套预留孔洞以"个"为单位，按长度大小分别列项计算。框架式设备基础中柱、梁、墙、板分别按现浇混凝土柱、现浇混凝土梁、现浇混凝土墙、现浇混凝土板相关项目分别编码列项；基础部分按现浇混凝土基础相关项目编码列项。

【例 8.1】某现浇钢筋混凝土带形基础的尺寸如图 8.5 所示，现浇钢筋混凝土独立基础的尺寸如图 8.6 所示，共 3 个。计算现浇钢筋混凝土带形基础、独立基础工程量。

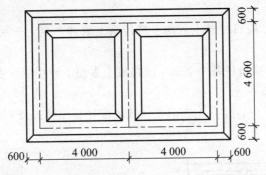

图 8.5 带形基础（单位：mm）

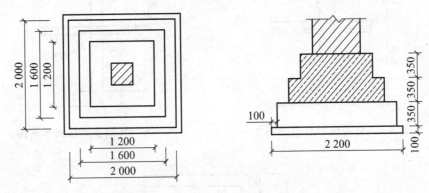

图 8.6 独立基础（单位：mm）

解：（1）基础工程量=外墙中心线长度×断面面积+内墙基础长度×断面面积

现浇钢筋混凝土带形基础工程量=［（8.00+4.60）×2+4.60－1.20］×

［1.2×0.15+（0.6+1.2）×0.1/2］

=7.72（m³）

（2）独立基础工程量=设计图示体积

现浇钢筋混凝土独立基础工程量=（2.00×2.00+1.60×1.60+1.20×1.20）×0.35×3

=8.4（m³）

8.1.2.2 现浇混凝土柱

现浇混凝土柱分为矩形柱、异形柱、圆形柱和构造柱四大类。

异形柱是指柱面有凹凸或竖向线角的柱、五至七边形柱，七边以上的多边形柱可视为圆柱。构造柱是在多层砌体房屋墙体的规定部位，按构造配筋，并按先砌墙后浇灌混凝土柱的施工顺序制成的混凝土柱，通常称为混凝土构造柱，简称构造柱。

现浇混凝土柱工程量按图示尺寸，以立方米（m³）计算，不扣除构件内钢筋、预埋铁件所占体积。依附于柱上的牛腿，并入柱身体积内计算。现浇混凝土柱的计算公式为：

$$V=Sh+牛腿所占体积 \tag{8.7}$$

式中 V——现浇混凝土柱体积；

S——柱的断面面积（断面面积须以图示尺寸按实计算）；

h——柱高。

柱高的确定方法如下：

（1）有梁板的柱高，应自柱基上表面（或楼板上表面）至上一层楼板上表面之间的高度计算，如图 8.7 所示。

（2）无梁板的柱高，应自柱基上表面（或楼板上表面）至柱帽下表面之间的高度计算（柱被无梁板隔断），如图 8.8 所示。

（3）框架柱的柱高，应自柱基上表面至柱顶高度计算（柱连续不断，穿通梁和板），如图 8.9 所示。

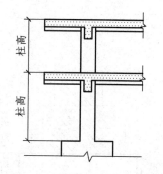 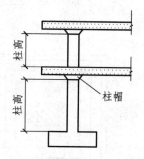

图 8.7　有梁板的柱高示意图　　　　图 8.8　有梁板的柱高示意图

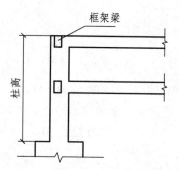

图 8.9　框架柱的柱高示意图

（4）构造柱按全高（从地圈梁顶面算起）计算，嵌入墙体部分（马牙槎）的体积并入柱身体积计算。构造柱横截面面积可按基本截面宽度两边各加 30 mm 计算。构造柱横截面面积 S 计算方法，如图 8.10 所示。

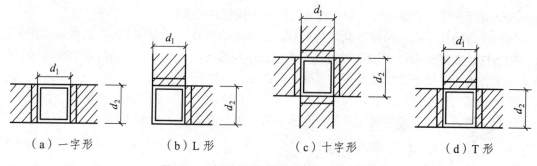

（a）一字形　　　　（b）L 形　　　　（c）十字形　　　　（d）T 形

图 8.10　构造柱横截面面积计算示意图

一字形：

$$S=（d_1+0.06）\times d_2$$

L形：

$$S=d_1\times d_2+d_1\times 0.03+d_2\times 0.03$$

十字形：

$$S=d_1\times d_2+d_1\times 0.03\times 2+d_2\times 0.03\times 2$$

T形：

$$S=d_1\times d_2+d_1\times 0.03+d_2\times 0.03\times 2$$

式中　d_1——构造柱界面长度；

　　　d_2——构造柱界面宽度。

8.1.2.3　现浇混凝土梁

现浇混凝土梁分为基础梁、矩形梁、异形梁、圈梁、过梁、弧形梁、拱梁等项目，需区分具体项目，按图示尺寸，以立方米（m³）计算工程量，不扣除构件内钢筋，预埋铁件所占体积，伸入墙内的梁头，梁垫并入梁体积内。计算公式为：

$$V=LS \qquad\qquad（8.8）$$

式中　V——现浇混凝土梁的体积；

　　　S——梁的断面面积（按图示尺寸确定）；

　　　L——梁的长度。

梁的长度确定方法如下：

（1）梁与柱连接时，梁长算到柱侧面；主梁与次梁连接时，次梁长算至主梁侧面，如图8.11所示。

（2）圈梁，过梁的梁长计取：外墙上的圈梁长，按外墙中心线的长度计取；内墙上的圈梁长，按内墙净长线的长度计取；圈梁代过梁用时，其长度须从圈梁长度中扣除。过梁长度一般应按图示尺寸计取；圈梁代过梁用，且无图示尺寸时，其长度应按洞口的外围宽度加上50 cm确定。

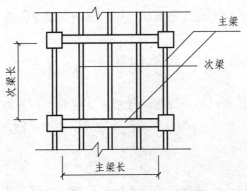

图 8.11　主梁，次梁与柱相交

8.1.2.4 现浇混凝土墙

现浇混凝土墙,主要有直形墙,弧形墙,短肢剪力墙,挡土墙等项目。《高层建筑混凝土结构技术规程》短肢剪力墙是指横截面厚度不大于 300 mm,各肢截面高度与厚度之比大于 4 但不大于 8 的剪力墙;各肢截面高度与厚度之比的最大值不大于 4 的剪力墙按柱项目编码列项。现浇混凝土墙均须分别具体项目,按图示尺寸,以立方米(m³)计算工程量。计算公式为:

$$V=Ldh \tag{8.9}$$

式中 V——现浇混凝土墙的体积;

L——墙的长度,一般按中心线长计算;

d——墙的厚度,应按图示尺寸计算;

h——墙的高度,需按实浇高度计算。

在计算现浇混凝土墙的工程量时,须遵循如下规则:

(1)现浇混凝土墙与板连接时,墙高应取至板顶面;

(2)现浇混凝土墙中门窗洞口及大于 0.3 m² 孔洞所占的体积必须扣除;

(3)现浇混凝土附墙垛及突出墙面部分的体积应并入现浇混凝土墙的工程量中。

8.1.2.5 现浇混凝土板

现浇混凝土板主要包括有梁板,无梁板,平板,拱板,薄壳板,栏板,天沟(檐沟)挑檐板,雨棚阳台板,空心板等项目。现浇混凝土板工程量均不扣除小于等于 0.3 m² 的柱、垛以及孔洞所占体积,各类板伸入墙内的板头并入板体积内计算。压型钢板混凝土楼板扣除构件内压型钢板所占体积。

1. 有梁板

有梁板是指梁(包括主梁,次梁,圈梁除外)与板构成一体的现浇钢筋混凝土楼板。其工程量包括主次梁与板,按梁,板体积之和计算。

2. 无梁板

无梁板是指不带梁(圈梁除外),而是用柱为直接支撑的钢筋混凝土楼板,其工程量按板与柱帽体积之和计算。

3. 平板

平板指无梁(圈梁除外),无柱直接由墙支撑的钢筋混凝土楼板,其工程量按板体积计算。

4. 薄壳板,栏板

薄壳板,栏板工程量按图示尺寸以体积计算。

5. 天沟,挑檐板

现浇挑檐,天沟板与板(包括屋面板,楼板)连接时,以外墙外边线为分界线;与圈梁(包括其他梁)连接时,以梁外边线为分界线。外边线以外为挑檐,天沟,如图 8.12 所示。工程量按图示尺寸以体积计算。

6. 雨棚,阳台板

雨棚,阳台板工程量按设计图示尺寸以外墙外边线以外部分体积计算,包括伸入的牛腿和雨棚反挑檐的体积。

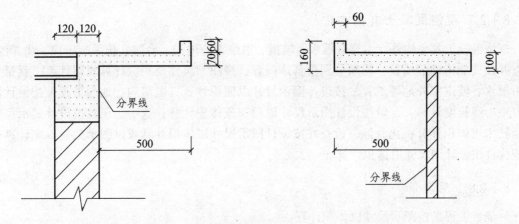

图 8.12　现浇天沟板分界（单位：mm）

8.1.2.6　现浇混凝土楼梯

现浇混凝土楼梯分为现直形楼梯和弧形楼梯，其工程量计算有两种方式：一是以平方米（m²）计量，按设计图示尺寸以水平投影面积计算。不扣除宽度不大于 500 mm 的楼梯井，伸入墙内部分不计算。整体楼梯（包括直形楼梯、弧形楼梯）水平投影面积包括休息平台、平台梁、斜梁和楼梯的连接梁。当整体楼梯与现浇楼板无梯梁连接时，以楼梯的最后一个踏步边缘加 300 mm 为界，二是以立方米（m³）计量，按设计图示尺寸以体积计算。

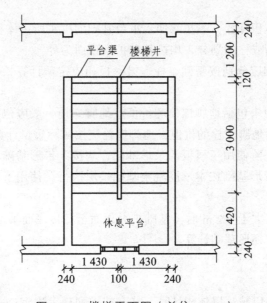

图 8.13　楼梯平面图（单位：mm）

【例 8.2】某七层住宅楼为不上人屋面，楼梯平面如图 8.13 所示，试计算整体楼梯混凝土工程量。

解：$S = （1.43×2+0.1）×（1.42+3.0+0.2）×6$

$= 2.96×4.62×6$

$= 82.05（m^2）$

8.1.2.7 现浇混凝土其他构件

现浇混凝土其他构件，主要有散水、坡道、电缆沟、地沟、台阶、扶手、压顶、化粪池、检查井及其他构件等项目，均须分别按具体内容，按图示尺寸及相应计算规则计算工程量。其中散水、坡道室外地坪工程量按设计图示尺寸以面积计算；电缆沟、地沟工程量按设计图示以中心线长度计算；台阶按设计图示尺寸以面积或体积计算；扶手、压顶按设计图示尺寸以延长米或体积计算；化粪池、检查井按设计图示尺寸以体积计算或以图示数量以座计算；其他构件按设计图尺寸以体积计算。

8.1.2.8 后浇带

后浇带工程量按图示尺寸以体积计算。

8.1.3 现浇混凝土工程计价

《宁夏回族自治区建筑工程预算定额》对现浇混凝土工程的工程量计算规则做了如下规定：

8.1.3.1 概述

现浇混凝土工程量除另有规定者外，均按图示尺寸以体积计算，不扣除构建内钢筋、预埋铁件及墙、板中 0.3 m² 以内的孔洞所占体积。

8.1.3.2 基础

基础按图示尺寸以体积计算，不扣除伸入承台基础的桩头所占体积。

（1）混凝土基础与墙或柱的划分，均按基础扩大顶面为界。

（2）框架式设备基础应分别按基础、柱、梁、板相应定额计算，楼层上的设备基础按有梁板定额项目计算。

（3）设备基础定额中未包括地脚螺栓的价值。地脚螺栓一般应包括在成套设备价值内，如成套设备价值中未包括地脚螺栓的价值，地脚螺栓应按实际重量计算。

（4）同一横截面有一阶使用了模板的条形基础，均按条带形基础相应定额项目执行；未使用模板而沿槽浇灌的带形基础按本章混凝土基础垫层执行；使用了模板的混凝土垫层按本章相应定额执行。

（5）杯型基础的颈高大于 1.2 m 时（基础扩大顶面至杯口底面），按柱的相应定额执行，其杯口部分和基础合并按杯形基础计算。

8.1.3.3 柱

柱按图示断面尺寸乘以柱高以体积计算。柱高按下列规定确定：

（1）有梁板的柱高，应自柱基上表面（或楼板上表面）至楼板上表面计算。

（2）无梁板的柱高，应自柱基上表面（或楼板上表面）至柱帽下表面计算。

（3）框架柱的柱高应自柱基上表面（或楼板上表面）至柱顶高度计算。

（4）构造柱按全高计算，与砖墙嵌接部分的体积并入柱身体积内计算。

（5）突出墙面的构造柱全部体积以捣制矩形柱定额执行。

（6）依附柱上的牛腿的体积，并入柱身体积内计算；依附柱上的悬臂梁，按单梁有关规定计算。

8.1.3.4 梁

梁按图示断面尺寸乘以梁长以体积计算。梁长按下列规定确定：

（1）主、次梁与柱连接时，梁长算至柱侧面；次梁与柱子或主梁连接时，次梁长度算至柱侧面或主梁侧面；伸入墙内的梁头应计算在梁长度内；梁头由捣制梁垫者，其体积并入量内计算。

（2）圈梁与过梁连接时，分别套用圈梁与过梁定额，其过梁长度按门窗洞口外围宽度两端共加 50 cm 计算。

（3）悬臂梁与柱或圈梁连接时，按悬挑部分计算工程量，独立的悬臂梁按整个体积计算工程量。

8.1.3.5 墙

墙按图示中心线长度乘以墙高及厚度以体积计算，应扣除门窗洞口及单个面积 0.3 m 以外孔洞所占的体积。

（1）剪力墙带明柱（一侧或两侧突出的柱子）或暗柱一次浇捣成型时，当墙净长不大于 4 倍墙厚时，套柱子目；当墙净长大于 4 倍墙厚时，按其形状套用墙子目。

（2）后浇墙带、后浇板带（包括主、次梁）混凝土按设计图示尺寸以体积计算。

（3）依附于梁（包括阳台梁、圈梁、过梁）墙上的混凝土线条（包括弧形条）按延长米计算（梁宽算至线条内侧）。

8.1.3.6 板

板按图示面积乘以板厚以体积计算，应扣除单个面积 0.3 m 以外孔洞所占的体积。其中：

（1）有梁板是指梁（包括主、次梁）与板构成一体，其工程量应按梁、板体积总和计算，与柱头重合部分体积应扣除。

（2）无梁板是指不带梁直接用柱头支承的板，气体机按板与柱帽体积之和计算。

（3）平板是指无柱、梁，直接用墙支承的板。

（4）有多种板连接时，以墙的中心线为界，伸入墙内的板头并入板内计算。

（5）挑檐天沟按图示尺寸以体积计算，捣制挑檐天沟与屋面板连接时，按外墙皮为分界线，与圈梁连接时，按圈梁外皮为分界线，分界线以外为挑檐天沟。挑檐板不能套用挑檐天沟的定额。挑檐板按挑出的水平投影面积计算，套用遮阳板子目。

（6）现浇框架梁和现浇板连接在一起时，按有梁板计算。

（7）石膏模盒现浇混凝土密肋复合楼板，按石膏模盒数量以块计算。在计算钢筋混凝土板工程量时，应扣除石膏模盒所占体积。

（8）阳台、雨棚、遮阳板均按伸出墙外的体积计算，伸出墙外的悬壁梁已包括在定额内，不另计算，但嵌入墙内的梁按相应定额另行计算。雨棚翻边突出板面高度在 200 mm 以内时，并入雨棚内计算；翻边突出板面在 600 mm 以内时，翻边按天沟计算；翻边突出板面在 1 200 mm 以内时，翻边按栏板计算；翻边突出板面高度超过 1 200 mm 时，翻边按墙计算。

（9）栏板按图示尺寸以体积计算，扶手以延长米计算，均包括深入墙内部分。楼梯的栏板和扶手长度，如图集无规定时，按水平长度乘以 1.15 系数计算。栏板（含扶手）及翻沿净高按 1.2 m 以内考虑，超过时套用墙相应定额。

（10）当预制混凝土板需补缝时，板缝宽度（指下口宽度）在 150 mm 以内者不计算工程量；板缝宽度超过 150 mm 者，按平板相应定额执行。

8.1.3.7　楼梯

整体楼梯包括休息平台、平台梁、斜梁和楼梯的连接梁，按水平投影面积计算，楼梯踏步、踏步板、平台梁等侧面模板不另计算，伸入墙内部分也不增加。当楼梯与现浇楼板有梯梁连接时，楼梯应算至梯口梁外侧；当无梯梁连接时，以楼梯最后一个踏步边缘加 300 mm 计算。整体楼梯不扣除宽度小于 500 mm 的梯井。

8.1.3.8　其他构件

（1）现浇池、槽按实际体积计算。

（2）台阶按水平投影面积计算。如台阶与平台连接时，其分界线应以最上层踏步外沿加 300 mm 计算。架空式现浇室外台阶按整体楼梯计算。

对照《计量规范》的项目特征和工程内容，依据 2013 年《宁夏回族自治区建筑工程预算定额》，下面以一个具体实例分析现浇混凝土计价的整个过程。

【例 8.3】某四层钢筋混凝土现浇框架、预制板办公楼，其平面结构示意图和独立柱基础断面图如图 8.14 所示，轴线即为梁、柱的中心线。已知楼层高均为 3.6 m；C20 柱；柱顶标高为 14.4 m，柱截面尺寸为 400 mm×400 mm；C20 梁；L_1，300 mm×600 mm；L_2，300 mm×400 mm。施工采用商品混凝土，试编制主体结构柱、梁分项工程工程量清单，并对该工程量清单进行报价。

解：（1）编制工程量清单。

① 现浇混凝土矩形柱 010502001001。

清单工程量为 $V=0.4×0.4×（14.4+2-0.3-0.3）×9=22.75（m^3）$

② 现浇混凝土矩形梁 010503002001。

L_1 梁：

清单工程量为 $V=[（9-0.2×2）×（0.3×0.6）×（2×3）]×4=37.15\ m^3$

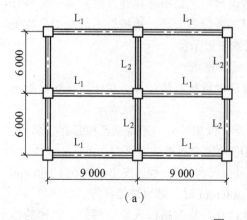

（a）

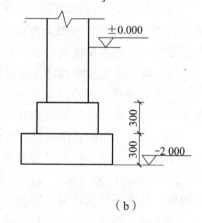

（b）

图 8.14　框架梁示意图

L_2梁：

清单工程量为 $V=[（6-0.2×2）×（0.3×0.4）×（2×3）]×4=16.13（m^3）$

现浇混凝土矩形梁清单工程量为 53.28 m³，如表 8.5 所示。

表 8.5　分部分项工程量清单与计价表

工程名称：　　　　　　　　　标段：　　　　　　　　第　页　共　页

序号	项目编码	项目名称	项目特征描述	计量单位	工程数量	金额（元）	
						综合单价	合价
1	010502001001	现浇混凝土矩形柱	（1）混凝土种类；商品混凝土； （2）混凝土强度等级：C20	m³	22.75		
2	010503002001	现浇混凝土矩形梁	（1）混凝土种类；商品混凝土； （2）混凝土强度等级：C20	m³	53.28		

（2）工程量清单报价。

①各清单项目对应的定额项目。

清单项目 010502001001 "现浇混凝土矩形柱"对应 2013 年《宁夏回族自治区建筑工程预算定额》（结构·屋面）的项目为：A2-17 商品混凝土构件，矩形柱，C20。

清单项目 010503002001 "现浇混凝土矩形梁"对应的定额项目为：1-5-24 商品混凝土构件，单梁，C20。

②计算计价项目的定额工程量。

该项目的定额工程量，现场搅拌混凝土构件，矩形柱，C20 工程量为 22.75 m³；现场搅拌混凝土构件，单梁，C20 工程量为 53.28 m³。

③计算综合单价。

人材机消耗量定额确定；参照 2013 年宁夏回族自治区建筑安装工程费用定额，管理费和利润的计费基数均为人工费与机械费之和，费率分别是 17.02%和 8.94%。

综合单价计算过程如表 8.6、表 8.7 所示。

a.010502001001 现浇混凝土矩形梁。

表 8.6　工程量清单综合单价分析表

工程名称：　　　　　　　　标段：　　　　　　　　第　页　共　页

项目编码	010502001001		项目名称		现浇矩形混凝土柱		计量单位	m³	数量	22.75
清单综合单价组成明细										
定额编号	定额项目名称	定额单位	数量	单价				合价		
				人工费	材料费	机械费	管理费和利润	人工费	材料费	机械费	管理费和利润
1-5-24	矩形柱商品混凝土	10 m³	0.1	792	3 030.36	19.75	210.73	79.2	303.04	1.98	21.08
小　计								79.2	303.04	1.98	21.08
清单项目综合单价/（元/m²）								405.28			

b.010503002001 现浇混凝土矩形梁。

表 8.7　工程量清单综合单价分析表

工程名称：　　　　　　　　　　标段：　　　　　　　　　　　　第　页　共　页

项目编码	010503002001		项目名称		现浇矩形混凝土梁	计量单位	m³	数量	53.28

清单综合单价组成明细

定额编号	定额项目名称	定额单位	数量	单价				合价			
				人工费	材料费	机械费	管理费和利润	人工费	材料费	机械费	管理费和利润
1-5-34	单梁连续梁 C20 商混	10 m³	0.1	505.8	3 069.16	15.42	135.31	50.58	306.92	1.54	13.53
小　计								50.58	306.92	1.54	13.53
清单项目综合单价/（元/m²）								372.57			

④ 编制分部分项清单与计价表，见表 8.8 所示。

表 8.8　分部分项工程量清单与计价表

序号	项目编码	项目名称	项目特征描述	计量单位	工程数量	金额/元	
						综合单价	合价
1	010502001001	现浇混凝土矩形柱	（1）混凝土种类：商品混凝土 （2）混凝土强度等级：C20	m³	22.75	405.28	9 220.12
2	010503002001	现浇混凝土矩形梁	（1）混凝土种类：商品混凝土 （2）混凝土强度等级：C20	m³	53.28	372.57	19 850.53
		小计					29 070.65

8.2　预制混凝土工程

预制混凝土工程主要包括预制柱、梁、屋架、板、楼梯及其他预制构件等项目。预制构件的施工工艺为：构件制造、生产，构建运输，构件安装，接头灌缝等过程。其中，在构件制造、生产过程中，按照其加工生产地点不同，又分为现场预制构件和加工厂预制构件两种。在编制造价时，要分别按照有关规定，列项计算构件的制作、运输、安装、灌缝等内容。

8.2.1　预制混凝土工程清单分项

《计量规范》将预制混凝土工程分为预制混凝土柱、预制混凝土梁、预制混凝土屋架、预制混凝土板、预制混凝土楼梯、其他预制构件共 6 项 24 个子目，工程量清单项目及工程量计算规则见表 8.9 到表 8.14 所示。

表 8.9 预制混凝土柱（编号：010509）

项目编码	项目名称	项目特征	计量单位	工程量计算规则	工作内容
010509001	矩形柱	1.图代号； 2.单件体积； 3.安装高度； 4.混凝土强度等级； 5.砂浆（细石混凝土）强度等级、配合比	1.m³； 2.根	1.以立方米（m³）计量，按设计图示尺寸以体积计算； 2.以根计量按设计图示尺寸以数量计算	1.模板制作、安装、拆除、堆放、运输及清理模内杂物、刷隔离剂等； 2.混凝土制作、运输、浇筑、振捣、养护； 3.构件运输、安装； 4.砂浆制作、运输； 5.接头灌缝、养护
010509002	异形柱				

表 8.10 预制混凝土梁（编号：010510）

项目编码	项目名称	项目特征	计量单位	工程量计算规则	工作内容
01051001	矩形梁	1.图代号； 2.单件体积； 3.安装高度； 4.混凝土强度等级； 5.砂浆(细石混凝土)强度等级、配合比	1.m³； 2.根	1.以立方米（m³）计量，按设计图示尺寸以体积计算； 2.以根计量按设计图示尺寸以数量计算	1.模板制作、安装、拆除、堆放、运输及清理模内杂物、刷隔离剂等； 2.混凝土制作、运输、浇筑、振捣、养护； 3.构件运输、安装； 4.砂浆制作、运输； 5.接头灌缝、养护
01051002	异形梁				
01051003	过梁				
01051004	拱形梁				
01051005	鱼腹式吊车梁				
01051006	其他梁				

表 8.11 预制混凝土屋架（编号：010511）

项目编码	项目名称	项目特征	计量单位	工程量计算规则	工作内容
010511001	折线型	1.图代号； 2.单件体积； 3.安装高度； 4.混凝土强度等级； 5.砂浆（细石混凝土）强度等级、配合比	1.m²； 2.榀	1.以立方米（m³）计量，按设计图示尺寸以体积计算； 2.以榀计量，按设计图示尺寸以数量计算	1.模板制作、安装、拆除、堆放、运输及清理模内杂物、刷隔离剂等； 2.混凝土制作、运输、浇筑、振捣、养护； 3.构件运输、安装； 4.砂浆制作、运输； 5.接头灌缝、养护
010511002	组合				
010511003	薄腹				
010511004	门式钢架				
010511005	天窗架				

表 8.12　预制混凝土版（编号：010512）

项目编码	项目名称	项目特征	计量单位	工程量计算规则	工作内容
010512001	平板	1.图代号； 2.单件体积； 3.安装高度； 4.混凝土强度等级； 5.砂浆（细石混凝土）强度等级、配合比	1.m²； 2.块	1.以立方米计量，按设计图示尺寸以体积计算。不扣除单个面积不于 300 mm×300 mm 的孔洞所占体积，扣除空心板空洞体积； 2.以块计量，按设计图示尺寸以数量计算	1.模板制作、安装、拆除、堆放、运输及清理模内杂物、刷隔离剂等； 2.混凝土制作、运输、浇筑、振捣、养护； 3.构件运输、安装； 4.砂浆制作、运输； 5.接头灌缝、养护
010512002	空心板				
010512003	槽形板				
010512004	网架板				
010512005	折线板				
010512006	带肋板				
010512007	大型板				
010512008	沟盖板、井盖板、井圈	1.单件体积； 2.安装高度； 3.混凝土强度等级； 4.砂浆（细石混凝土）强度等级、配合比	1.m²； 2.块（套）	1.以立方米计量，按设计图示尺寸以体积计算； 2.以块计量，按设计图示尺寸以数量计算	

表 8.13　预制混凝土楼梯（编号：010513）

项目编码	项目名称	项目特征	计量单位	工程量计算规则	工作内容
010513001	楼梯	1.楼梯类型； 2.单件体积； 3.混凝土强度等级； 4.砂浆（细石混凝土）强度等级	1.m²； 2.段	1.以立方米计量，按设计图示尺寸以体积计算。扣除空心踏步板空洞体积； 2.以段计量，按设计图示数量计算	1.模板制作、安装、拆除、堆放、运输及清理模内杂物、刷隔离剂等； 2.混凝土制作、运输、浇筑、振捣、养护； 3.构件运输、安装； 4.砂浆制作、运输； 5.接头灌缝、养护

表 8.14　其他预制构件（编号：010514）

项目编码	项目名称	项目特征	计量单位	工程量计算规则	工作内容
010514001	垃圾道、通风道、烟道	1.单件体积； 2.混凝土强度等级； 3.砂浆强度等级	1.m³； 2.m²； 3.根（块、套）	1.以立方米（m³）计量，按设计图示尺寸以体积计算。不扣除单个面积不大于 300 mm×300 mm 的孔洞所占体积，扣除烟道、垃圾道、通风道的孔洞所占体积； 2.以平方米（m²）计量，按设计图示尺寸以面积计算。不扣除单个面积不大于 300 mm×300 mm 的孔洞所占面积； 3.以根计量，按设计图示尺寸以数量计算	1.模板制作、安装、拆除、堆放、运输及清理模内杂物、刷隔离剂等； 2.混凝土制作、运输、浇筑、振捣、养护； 3.构件运输、安装； 4.砂浆制作、运输； 5.接头灌缝、养护
010514002	其他构件	1.单件体积； 2.构件类型； 3.混凝土强度等级； 4.砂浆强度等级			

8.2.2 预制混凝土工程计价

（1）工程量计算按设计图纸以体积来计算。按体积计算时，不扣除构件内钢筋。预埋铁件及单个尺寸以内的孔洞所占体积，预制空心板应扣除空洞体积，预制楼梯应扣除空心踏步板空洞体积。定额已包含预制混凝土构件废品损耗率。

（2）预制混凝土构件或预制钢筋混凝土构件，若是按现场制作编制项目，工作内容中包含模板制作、安装、拆除，不再单列，钢筋按预制构件钢筋项目编码列项。

（3）若是购买加工厂预制构件，则以成品价格进入总价，钢筋和模板工程均不再单列，综合单价中包括钢筋和模板的费用。

（4）预制混凝土构件综合单价应包含构件制作、场内外运输、安装、接头、灌缝等工作内容的相应费用。

思考题

1. 现浇混凝土构件中，主次梁长度是如何计算的？
2. 现浇混凝土梁、板、柱的工程量是如何计算？
3. 预制混凝土工程计价应考虑哪些因素？

习题

1. 构造柱如图 8.15 所示，A 型 4 根，B 型 8 根，C 型 10 根，D 型 20 根，总高为 26 m，混凝土强度等级为 C25，试计算构造柱现浇混凝土工程量。

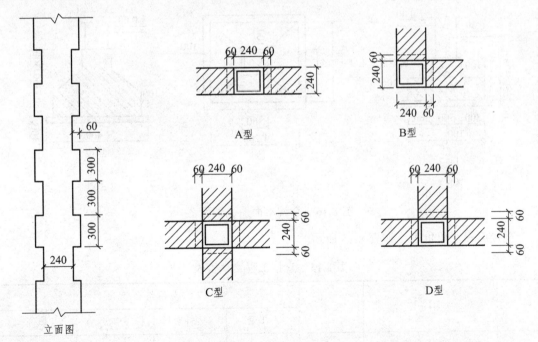

图 8.15　构造柱（单位：mm）

2. 某工程基础平面图如图 8.16 所示，现浇钢筋混凝土带型基础、独立基础的尺寸如图 8.16 所示，混凝土垫层强度等级为 C15，混凝土基础强度等级为 C20，按外购商品混凝土考虑。混凝土垫层支模板浇筑，工作面宽度 300 mm，槽坑底面用电动夯实机夯实，费用计入混凝土垫层和基础中。

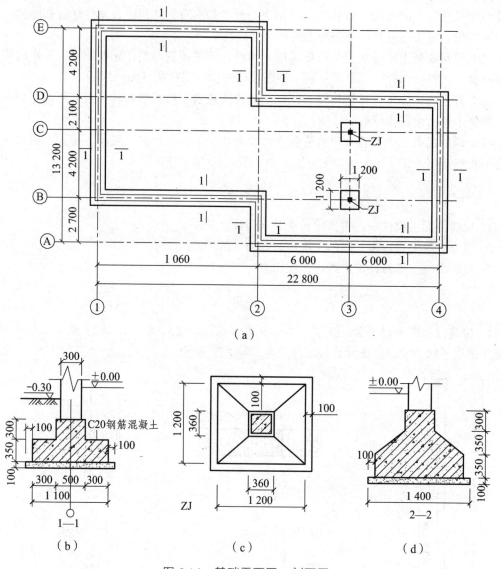

图 8.16 基础平面图、剖面图

直接工程费单价表，如表 8.15 所示。

表 8.15 直接工程费单价表

序号	项目名称	计量单位	费用组合/元			
			人工费	材料费	机械使用费	单价
1	带形基础组合钢模板	m²	8.85	21.53	1.60	31.98
2	独立基础组合钢模板	m²	8.32	19.01	1.39	28.72
3	垫层木模板	m²	3.58	21.64	0.46	25.68

基础定额表如表 8.16 所示。

表 8.16　基础定额表

项目			基础槽底夯实	现浇混凝土基础垫层	现浇混凝土带形基础
名　称	单　位	单价/元	100 m²	10m³	10 m³
综合工日	工　日	52.36	1.42	7.33	9.56
混凝土 C15	m³	252.40		10.15	
混凝土 C20	m³	266.05			10.15
草袋子	m²	2.25		1.36	2.52
水	m³	2.92		8.67	9.19
电动打夯机	台班	31.54	0.56		
混凝土振捣器	台班	23.51		0.61	0.77
翻斗车	台班	154.80		0.62	0.78

依据《建设工程工程量清单计价规范》计算原则，以人工费、材料费和机械使用费之和为基数，取管理费 5%、利润费 4%；以分部分项工程量清单计价合计和模板及支架清单项目费之和为基数，取临时设施费率 1.5%、环境保护费率 0.8%、安全和文明施工费率 1.8%。

问题：

依据《建设工程工程量清单计价规范》（GB 50500—2013）的规定（有特殊注明除外）完成下列计算。

① 计算现浇钢筋混凝土带形基础、独立基础、基础垫层的工程量。

② 编制现浇混凝土带形基础、独立基础的分部分项工程量清单，并说明项目特征。（带形基础的项目编码为 010401001，独立基础的项目编码为 010401002）

③ 依据提供的基础定额数据，计算混凝土带形基础的分部分项工程量清单综合单价，填入"分部分项工程量清单综合单价分析表"，并列出计算过程。

9 钢筋工程计量与计价

> **本章概要**
>
> 本章主要介绍钢筋工程清单分项特点，并结合工程实例详细讲解了梁钢筋、板钢筋、柱钢筋、剪力墙钢筋的清单工程量计算规则和计算方法，并介绍了钢筋工程的计价方法。本章重点要求掌握钢筋工程量的计算方法，钢筋工程量清单的编制和相应的清单报价。

9.1 钢筋工程清单分项

9.1.1 常用混凝土构件的钢筋分类

（1）受力钢筋（主筋）。

在构件中以承受拉应力和压应力为主的钢筋称为受力钢筋。受力钢筋用于梁、板、柱等各种钢筋混凝土构件中，分为直筋和弯起筋，还可分为正筋（拉应力）和负筋（压应力）两种。

（2）箍筋。

承受一部分斜拉应力（剪应力），并为固定受力筋、架立筋的位置所设的钢筋称为箍筋。箍筋一般用于梁和柱中。

（3）架立钢筋。

架立钢筋又叫架立筋，用以固定梁内钢筋的位置，把纵向的受力钢筋和箍筋绑扎成骨架。

（4）分布钢筋。

分布钢筋简称分布筋，用于各种板内。分布筋与板的受力钢筋垂直设置，其作用是将承受的荷载均匀地传递给受力筋，并固定受力筋的位置以及抵抗热胀冷缩所引起的温度变形。

（5）其他钢筋。

除以上常用的四种类型的钢筋外，还会因构造要求或者施工安装需要而配置钢筋，如腰筋、附加吊筋、拉结筋、马凳筋及吊环等。

9.1.2 钢筋混凝土保护层厚度

为了使钢筋在构件中不被锈蚀，加强钢筋与混凝土的黏结力，在各种构件中的钢筋外面，必须要有一定厚度的混凝土，这层混凝土就被称为保护层。保护层的厚度因混凝土构件种类和所处环境类别不同而取不同数值。混凝土结构的环境类别如表9.1所示，混凝土保护层的厚度如表9.2所示。

表9.1　混凝土结构的环境类别

环境类别	条件
一	室内干燥环境； 无侵蚀性静水浸没环境
二（a）	室内潮湿环境； 非严寒和非寒冷地区的露天环境； 非严寒和非寒冷地区与无侵蚀性的水或土壤直接接触的环境； 严寒和寒冷地区的冰冻线以下与无侵蚀性的水或土壤直接接触的环境
二（b）	干湿交替环境； 水位频繁变动环境； 严寒和寒冷地区的露天环境； 严寒和寒冷地区的冰冻线以上与无侵蚀性的水或土壤直接接触的环境
三（a）	严寒和寒冷地区冬季水位变动区环境； 受除冰盐影响的环境； 海风环境
三（b）	盐渍土环境； 受除冰盐作用的环境； 海岸环境
四	海水环境
五	受人为或自然的侵蚀性物质影响的环境

注：① 室内潮湿环境是指构件表面经常处于结露或湿润状态的环境。
　　② 严寒或寒冷地区的划分应符合现行国家标准《民用建筑热工设计规范》（GB 50176—2015）的有关规定。
　　③ 海岸环境和海风环境宜根据当地情况，考虑主导风向及结构所处迎风、背风部位等因素的影响，由调查研究和工程经验确定。
　　④ 受除冰盐影响的环境是指受到除冰盐盐雾影响的环境；受除冰盐作用的环境是指被除冰盐溶液溅射的环境以及使用除冰盐地区的洗车房、停车楼等建筑。
　　⑤ 暴露的环境是指混凝土结构表面所处的环境。

表9.2　混凝土保护层的最小厚度（单位：mm）

环境环境类别	板、墙	梁、柱
一	15	20
二（a）	20	25
二（b）	25	35
三（a）	30	40
三（b）	40	50

注：① 表中混凝土保护层厚度指最外层钢筋外边缘至混凝土表面的距离，适用于设计年限为50年的混凝土结构。
　　② 构件中受力钢筋的保护层厚度不应小于钢筋的公称直径。
　　③ 设计使用年限为100年的混凝土结构，在一类环境中，最外层钢筋的保护层厚度不应小于表中数值的1.4倍；在二类环境中，应采取专门的有效措施。
　　④ 混凝土强度等级不大于C25时，表面保护层厚度数值应增加5 mm。
　　⑤ 基础底面钢筋的保护层厚度，有混凝土垫层时应从垫层顶面算起，且不应小于40 mm。

9.1.3 钢筋的锚固长度

对受拉钢筋的锚固长度来说，新规范《国家建筑标准设计图集》（11G 101-1）平法规则与《国家建筑标准设计图集》（03G 101-1）相比，做了比较大的改动，其具体的锚固长度的规定如图表 9.3～表 9.5 所示。

表 9.3　受拉钢筋基本锚固长度 l_{ab}、l_{abE}

钢筋种类	抗震等级	混凝土强度等级								
		C20	C25	C30	C35	C40	C45	C50	C55	≥C60
HPB300	一、二级（l_{abE}）	45d	39d	35d	32d	29d	28d	26d	25d	24d
	三级（l_{abE}）	41d	36d	32d	29d	26d	25d	24d	23d	22d
	四级（l_{abE}）非抗震（l_{ab}）	39d	34d	30d	28d	25d	24d	23d	22d	21d
HRB335 HRBF335	一、二级（l_{abE}）	44d	38d	33d	31d	29d	26d	25d	24d	24d
	三级（l_{abE}）	40d	35d	31d	28d	26d	24d	23d	22d	22d
	四级（l_{abE}）非抗震（l_{ab}）	38d	33d	29d	27d	25d	23d	22d	21d	21d
HRB400 HRBF400 RRB400	一、二级（l_{abE}）	—	46d	40d	37d	33d	32d	31d	30d	29d
	三级（l_{abE}）	—	42d	37d	34d	30d	29d	28d	27d	26d
	四级（l_{abE}）非抗震（l_{ab}）	—	40d	35d	32d	29d	28d	27d	26d	25d
HRB500 HRBF500	一、二级（l_{abE}）	—	55d	49d	45d	41d	39d	37d	36d	35d
	三级（l_{abE}）	—	50d	45d	41d	38d	36d	34d	33d	32d
	四级（l_{abE}）非抗震（l_{ab}）	—	48d	43d	39d	36d	34d	32d	31d	30d

表 9.4　受拉钢筋锚固长度 l_a 震锚固长度 l_{aE}

非抗震	抗震	注：
$l=\zeta_a l_{ab}$	$l_{aE}=\zeta_{aE} l_a$	1. l_a 不应小于 200 mm； 2. 锚固长度修正系数 ζ_a 按表 9.5 取用，当多于一项时，可按连乘计算，但不应小于 0.6； 3. ζ_{aE} 为抗震锚固长度修正系数，对一、二级抗震等级取 1.15，对三级抗震等级取 1.05，对四级抗震等级取 1.00

表 9.5　受拉钢筋锚固长度修正系数 ζ_a

锚固条件		ζ_a	注：中间时按内插值，d 为锚固钢筋直径
带肋钢筋的公称直径大于 25 mm		1.10	
环氧树脂涂层带肋钢筋		1.25	
施工过程中易受扰动的钢筋		1.10	
锚固区保护层厚	3d	0.8	
	5d	0.7	

注：① HPB300 级钢筋末端应做 180°弯钩，弯后平直段长度不应小于 3d，但做受压钢筋时可不做弯钩。

② 当锚固钢筋的保护层厚度不大于 5d 时，锚固钢筋长度范围内应设置横向构造钢筋，其直径不应小于 $d/4$（d 为锚固钢筋的最大直径），对梁、柱等构件间距不应大于 5d，对板、墙等构件间距不应大于 10d，且均不应大于 100 mm（d 为锚固钢筋的最小直径）。

9.1.4 钢筋的末端弯钩长度

钢筋的末端弯钩有 180°、90°和 135°弯钩有三种。180°弯钩常有用于Ⅰ级光圆钢筋；90°弯钩常用于主力筋的下部、附加钢筋和无抗震要求的箍筋中；135°弯钩常用于Ⅱ、Ⅲ级钢筋和有抗震要求的箍筋中。

当弯弧内直径为 2.5d（Ⅱ、Ⅲ级钢筋为 4d）、平直部分为 3d 时，其弯钩增加长度的计算值为：半圆弯钩为 6.25d、直弯钩为 3.5d、斜弯钩为 4.9d，如图 9.1 所示。若斜弯钩用于抗震要求的箍筋中，平直部分不小于 10d 时，其弯钩增加长度的计算值为 11.9d。

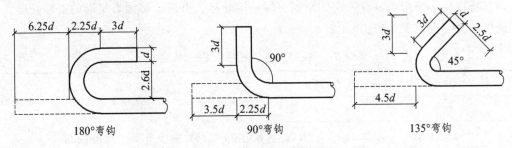

图 9.1 钢筋弯钩计算简图

9.1.5 钢筋的中间弯起增加长度

中间弯起钢筋的弯起角度一般有 30°、45°和 60°三种，如图 9.2 所示。其弯起增加长度是指钢筋斜长与水平投影长度之间的差值（$S-L$）。

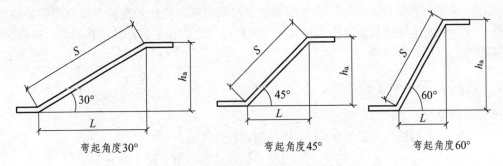

图 9.2 弯起钢筋斜长计算简图

弯起钢筋的增加长度，可按弯起角度、弯起钢筋净高 h_0（构件断面高-两端保护层厚度）计算，其计算值如表 9.6 所示。

表 9.6 弯起钢筋斜长系数表

弯起角度	$\alpha=30°$	$\alpha=45°$	$\alpha=60°$
斜边长度 S	2h_0	1.14h_0	1.15h_0
底边长度 L	1.73h_0	h_0	0.58h_0
弯起增加长度 $S-L$	0.27h_0	0.41h_0	0.57h_0

说明：梁高 h≥800 mm 时用 60°，梁高 h<800 mm 时用 45°，板用 30°。

9.1.6 钢筋的接头

钢筋接头有三种连接办法，即：绑扎搭接接头、焊接接头、机械连接接头。钢筋连接的原则：钢筋接头宜设置在受力较小处，同一根钢筋不宜设置 2 个以上接头，同一构件中的纵向受力钢筋接头宜相互错开。直径大于 12 mm 以上的钢筋，应优先采用焊接街头或机械连接接头。对于轴心受拉构件和小偏心受拉构件的纵向受力钢筋；直径 $d>28$ mm 的受拉钢筋、直径 $d>32$ mm 的受压钢筋不得采用绑扎搭接接头。直接承受动力荷载的构件，纵向受力钢筋不得采用绑扎搭接接头。

绑扎搭接接头使用条件有一定的限制，即搭接处接头可靠，必须有足够的搭接长度。其最小搭接长度应符合表 9.7 的规定。

表 9.7　纵向受拉钢筋绑扎搭接长度

纵向受拉钢筋绑扎搭接长度 l_L，l_{LE}			注：
抗震		非抗震	（1）当直径不同的钢筋筋搭时，l_L、l_{LE} 按直径较小的钢筋计算。
$l_{LE}=\S_L L_{aE}$		$l_L=\S_L L_a$	（2）任何情况下不应小于 300 mm。
纵向受拉钢筋搭接长度修正系数 $\S_L$			（3）式中 $\S_L$ 为纵向受拉钢筋搭接长度修正系数。
纵向钢筋搭接接头面积百分率（%）	≤25	50	100	（4）当纵向钢筋搭接接头百分率为表的中间值时，可按内插取值。
$\S_L$	1.2	1.4	1.6	（5）l_a、l_{aE} 分别为受拉钢筋锚固长度和抗震锚固长度

在计算钢筋工程量时，设计（含标准图集）已规定钢筋搭接长度的，按规定钢筋搭接长度计算，设计未规定搭接长度的已包括在钢筋的损耗率之内，不另计算搭接长度。钢筋焊接、机械连接街头个数计算。

9.1.7 钢筋工程量计算

钢筋工程量按下式计算：

$$钢筋的工程量（kg）=钢筋图示长度（m）\times$$
$$钢筋单位理论质（重）量（kg/m） \tag{9.1}$$

钢筋单位理论质（重）量可按表 9.8 查用，也可按下面简便公示计算：

$$钢筋单位理论质量（kg/m）=0.617\times D^2（cm） \tag{9.2}$$

式中　D——钢筋直径，单位以 cm 计。

表 9.8　钢筋单位理论质量

直径	Φ6	Φ8	Φ10	Φ12	Φ14	Φ16	Φ18	Φ20	Φ22	Φ25	Φ28	Φ30	Φ32
每米质量（kg/m³）	0.222	0.395	0.617	0.888	1.21	1.58	2.00	2.47	2.98	3.85	4.83	5.55	6.31

普通钢筋长度可按下式计算：

$$钢筋图示长度=构件长度-两端保护层+末端弯钩长度+$$
$$中间弯起增加长度+钢筋搭接长度 \tag{9.3}$$

平法标注钢筋的长度可按下式计算：

$$钢筋图示长度 = 净长+末端弯钩长度+中间弯起增加长度+$$
$$钢筋搭接长度+节点锚固长度 \qquad (9.4)$$

箍筋长度的计算是先计算单个箍筋的长度，再计算箍筋的个数。箍筋示意如图9.3所示。若该箍筋有抗震要求，末端作135°弯钩，弯钩平直部分的长度为箍筋直径的10倍，则：

$$箍筋长度 L = (a-2b) \times 2 + (b-2c) \times 2 + 2 \times 11.9d \qquad (9.5)$$

式中 a，b——构件截面宽和高的尺寸；

　　　C——保护层厚度；

　　　d——箍筋直径。

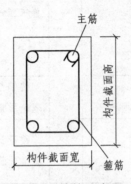

图9.3 箍筋示意图

箍筋的布置通常分为加密区和非加密区，计算个数时分为加密区长度和非加密区长度分别计算，即：

$$箍筋个数 = 加密区长度/加密区间距+非加密区长度/非加密区间距+1 \qquad (9.6)$$

9.1.8 钢筋工程及螺栓、铁件清单项目

《房屋建筑与装饰工程工程量计算规范》（GB 50854—2013）将钢筋工程分为现浇构件钢筋、预制构件钢筋、钢筋网片、钢筋笼、先张法预应力钢筋、后张法预应力钢筋、预应力钢丝、预应力钢绞线、支撑钢筋（铁马）、声测管10个清单项目。将螺栓、铁件分为螺栓、预埋铁件及机械连接3个清单项目。其清单项目设置及工程量计算规则如表9.9及表9.10所示。

表9.9 钢筋工程（编号：010515）

项目编码	项目名称	项目特征	计量单位	工程量计算规则	工程内容
010515001	现浇构件钢筋	1.钢筋种类、规格	t	按设计图示钢筋（网）长度（面积）乘单位理论质量计算	1.钢筋（网、笼）制作、运输；2.钢筋（网、笼）安装；3.焊接（绑扎）
010515002	预制构件钢筋				
010515003	钢筋网片				
010515004	钢筋笼				

项目编码	项目名称	项目特征	计量单位	工程量计算规则	工程内容
010515005	先张法预应力钢筋	1.钢筋种类、规格； 2.锚具种类		按设计图示钢筋长度乘单位理论质量计算	1.钢筋制作、运输； 2.钢筋张拉
010515006	后张法预应力钢筋	1.钢筋种类、规格； 2.钢丝种类、规格； 3.钢绞线种类、规格； 4.锚具种类； 5.砂浆强度等级		按设计图示钢筋（丝束、绞线）长度乘单位理论质量计算	1.钢筋、钢丝、钢绞线制作、运输； 2.钢筋、钢丝、钢绞线安装； 3.预埋管孔道铺设； 4.锚具安装； 5.砂浆制作、运输； 6.孔道压浆、养护
010515007	预应力钢丝				
010515008	预应力钢绞线				
010515009	支撑钢筋（铁马）	1.钢筋种类； 2.规格		按钢筋长度乘单位理论质量计算	钢筋制作、焊接、安装
010515010	声测管	1.材质； 2.规格型号		按设计图示尺寸以质量计算	1.检测管截断、封头； 2.套管制作、焊接； 3.定位、锚定

表9.10 螺栓、铁件（编号：010516）

项目编码	项目名称	项目特征	计量单位	工程量计算规则	工程内容
010516001	螺栓	1.螺栓种类； 2.规格		按图示尺寸以质量计算	1.螺栓、铁件制作、运输； 2.螺栓、铁件安装
010516002	预埋铁件	1.钢材种类； 2.规格； 3.铁件尺寸	t		
010516003	机械连接	1.连接方式； 2.螺纹套筒种类； 3.规格	个	按数量计算	1.钢筋套丝； 2.套筒连接

注：编制工程量清单时，如果设计未明确，其工程数量可为暂估量，实际工程量按现场签证数量计算。

预应力钢筋说明：

（1）低合金钢筋两端均采用螺杆锚具时，钢筋长度按孔道长度减0.35 m计算，螺杆另行计算。

（2）低合金钢筋一段采用镦头插片另一端采用螺杆锚具时，钢筋长度按孔道长度计算，螺杆另行计算。

（3）低合金钢筋一段采用镦头插片另一端采用帮条锚具时，钢筋长度按孔道长度增加0.15 m计算；两端均采用帮条锚具时钢筋长度按孔道长度增加0.3 m计算。

（4）低合金钢筋采用后张混凝土自锚时，钢筋长度按孔道长度增加0.35 m计算。

（5）低合金钢筋（钢绞线）采用 JM、XM、QM 型锚具，孔道长度不大于 20 m 时，钢筋长度按孔道长度增加 1 m 计算；孔道长度大于 20 m 时，钢筋长度按孔道长度增加 1.8 m 计算。

（6）碳素钢丝采用锥形锚具，孔道长度在不大于 20 m 时，钢丝束长度按孔道长度增加 1 m 计算；孔道长在大于 20 m 时，钢丝束长度按孔道长度增加 1.8 m 计算。

（7）碳素钢丝采用镦头锚具时，钢丝束长度按孔道长度增加 0.35 m 计算。

9.2 梁钢筋计算

9.2.1 梁平法施工图表示方法

梁平法施工图是在梁平面布置图上采用平面注写方式或截面注写方式表达钢筋的配筋信息。下面以平面注写方式为例来讲解梁钢筋的识图和计量。

平面注写方式是在梁平面布置图上，分别在不同编号的梁中各选一根梁，在其上注写截面尺寸和配筋具体数值的方式来表达梁平法施工图。平面注写包括集中标注与原位标注，集中标注表达梁的通用数值，原位标注表达梁的特殊数值。当集中标注的某项数值不适用于梁的某部位时，则将该项数值原位标注，施工时，原位标注取值优先，如图 9.4 所示。

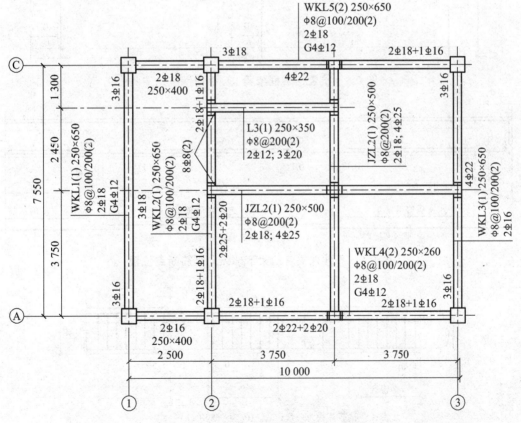

图 9.4　屋面梁平面整体配筋示意图

以图中 WKL4 为例，集中标注表示：第 4 号屋面框架梁，2 跨，梁截面为 250 mm×650 mm；

箍筋为Ⅰ级钢筋，直径为 8 mm，加密区间距为 100 mm，非加密区间距为 200 mm，均为双肢箍；上部通常筋为 2 根直径 18 mm 的二级钢筋；梁侧面纵向构造钢筋为 4 根直径 12 mm 的二级钢筋，每侧 2 根。原位标注表示：梁上部钢筋，支座 2 上部为 2 根直径为 18 mm 和 1 根直径 16 mm 的二级钢筋，其中 2 根直径 18 mm 的二级钢筋为上部通长筋；支座 3 上部钢筋配置同支座 2 上部钢筋；梁下部钢筋，第一跨为 2 根直径 16 mm 的二级钢筋，全部伸入支座，第一跨的梁截面是 250 mm×400 mm；第二跨为 2 根直径 20 mm 的二级钢筋，全部伸入支座。

9.2.2 梁平法钢筋计量

平法标注的现浇混凝土钢筋构造（部分内容）如图 9.5～图 9.9 所示，全部构造内容参见《国家建筑标准设计图集》（11 G101-1）规范梁标注构造详图。其钢筋计算长度公式如表 9.11 所示。

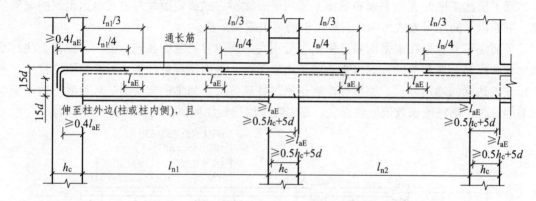

图 9.5 抗震楼层框架梁 KL 纵向钢筋构造

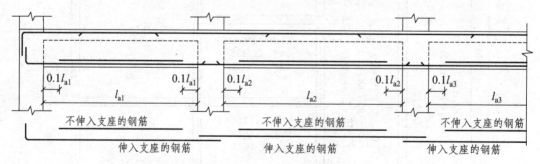

图 9.6 不伸入支座的梁下部纵向钢筋断点位置

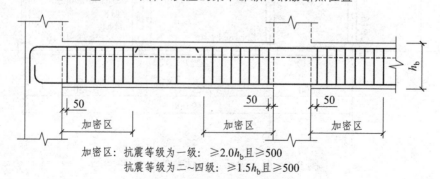

加密区：抗震等级为一级：≥2.0h_b且≥500
抗震等级为二～四级：≥1.5h_b且≥500

图 9.7 抗震框架梁箍筋加密区范围示意图

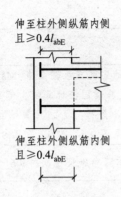

伸至柱外侧纵筋内侧
且≥0.4l_{abE}

伸至柱外侧纵筋内侧
且≥0.4l_{abE}

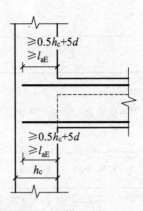

≥0.5h_c+5d
≥l_{aE}

≥0.5h_c+5d
≥l_{aE}

h_c

图 9.8　端支座加锚头（锚板）锚固和直锚

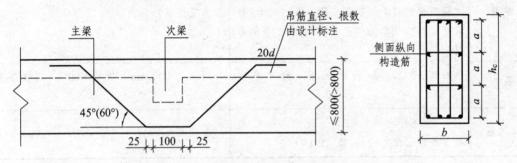

主梁　　次梁　　吊筋直径、根数由设计标注

侧面纵向构造筋

20d

45°(60°)

≤800(>800)

25 100 25

a a a a

h_c

b

图 9.9　附加吊筋和侧面拉筋构造示意图（单位：mm）

表 9.11　平法标注框架梁钢筋计算长度公式

钢筋部位及名称	计算公式	备注
上部通长筋或下部通长筋	长度=通跨净跨长+首尾端支座锚固值	首尾端支座锚固长度的取值判断： 当 h_c-保护层（直锚长度）>l_{aE} 时，取 Max{l_{aE}，0.5h_c+5d}； 当 h_c-保护层（直锚长度）≤l_{aE} 时，必须弯锚，取 Max{l_{aE}，h_c-保护层+15d}； 参见图 9.5 和图 9.8
端支座负筋	第一排钢筋长度=l_n/3+端支座锚固值 第二排钢筋长度=l_n/4+端支座锚固值	l_n 为本跨净跨长，端支座锚固值计算同上部通长筋参见图 9.5 和图 9.8
中间支座负筋	第一排钢筋长度=l_n/3+中间支座值+l_n/3 第二排钢筋长度=l_n/4+中间支座值+l_n/4	当中间跨两端的支座负筋延伸长度之和≥该跨净长时，其钢筋长度： 第一排为该跨净跨长+（l_n/3+前中间支座值）+（l_n/3+后中间支座值）； 第二排为该跨净跨长+（l_n/4+前中间支座值）+（l_n/4+后中间支座值）；参见图 9.5
腰筋	构造筋长度=净跨长+2×15d 抗扭钢筋：算法同下部纵向钢筋	参见图 9.5 和图 9.9
拉筋	拉筋长度=（梁宽-2×保护层）+2×1.9d+2×max（10d，75）（抗震弯钩值） 根数=[布筋长度/布筋间距+1]×排数	参见图 9.9

钢筋部位及名称	计算公式	备注
下部非通长筋伸入支座	长度=净跨长+左右支座锚固值	钢筋的中间支座锚固值=Max{l_{aE}，$0.5H_c+5d$}端支座锚固值计算同上部通长筋；下部钢筋不论分排与否，计算的结果都是一样的。参见图9.5、图9.6和图9.8
下部钢筋不伸入支座	长度=本跨净跨长-2×0.1l_n	l_n为本跨净跨长参见图9.6
箍筋	长度=（梁宽-2×保护层+梁高-2×保护层）×2+2×1.9d+2×max（10d，75）（抗震弯钩值） 箍筋根数=[（加密区长度-0.05）/加密区间距+1]×2+（非加密区长度/非加密区间距-1）	参见图9.7
吊筋	长度=2×20d+2×斜段长度+次梁宽度+2×50	框梁＞800 mm，夹角=60°；框架高度≤800 mm，夹角=45°。参见图9.9
架立筋	长度=本跨净跨长-左侧负筋伸入长度-右侧负筋伸入长度+2×搭接（0.15）	参见图9.5

【例9.1】试计算如图9.10所示的钢筋工程量。已知：该钢筋混凝土构件的环境类别为一类，柱子截面为650 mm×600 mm，抗震等级为二级，混凝土强度等级为C20。

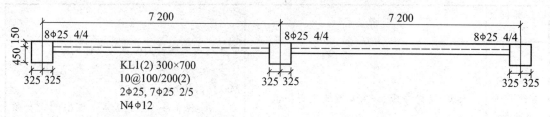

图9.10 某梁配筋示意图

解：查表9.2得保护层厚度为25 mm，即箍筋和拉结筋的保护层厚度为25 mm，则主筋的保护层厚度为35 mm。查表9.3得锚固长度为44d。

（1）上部通长筋：2Φ25。

$$L=7.2×2-0.325×2+2×（0.65-0.035）+2Max\{15×0.025，44×0.025-0.65+0.035\}$$
$$=15.95（m）$$

$$2L=15.95×2=31.9（m）$$

下部通长筋：7Φ25，2/5，计算方法同上部通长筋，则：

$$7L=15.95×7=111.65（m）$$

（2）腰筋：N4Φ12。

$$L=7.2×2-0.325×2+2×（0.65-0.035）+2Max\{15×0.012，44×0.012-0.65+0.035\}$$
$$=15.34（m）$$

$$4L=4\times15.34=61.36（m）$$

拉结筋：$\phi6@400$（参见 11G101-1 P87）

单根长：

$$L=0.3-2\times0.025+2\times1.9\times0.006+2\times Max\{10d,\ 75\}=0.42（m）$$

根数：

$$N=[（7.2-0.65-2\times0.05）\times2/0.4+1]\times2=67$$

总长：

$$总长=l\times n=0.42\times67=28.14（m）$$

（3）左支座处负筋：$8\phi25$，4/4。

上排两根为上部通长筋，另两根为：

$$L=（7.2-0.65）/3+（0.65-0.035）+Max\{15\times0.025,\ 44\times0.025-0.65+0.035\}$$
$$=3.28（m）$$

$$2L=2\times3.28=6.56（m）$$

下排四根：

$$L=（7.2-0.65）/4+（0.65-0.035）+Max\{15\times0.025,\ 44\times0.025-0.65+0.035\}$$
$$=2.74（m）$$

$$4L=4\times2.74=10.96（m）$$

（4）右支座处负筋：$8\phi25$，4/4。

计算方法同左支座处负筋：$8\phi25$，4/4，中间支座处负筋：$8\phi25$，4/4。

上排二根：

$$L=（7.2-0.65）/3\times2+0.65=5.02（m）$$

$$2L=2\times5.02=10.04（m）$$

下排四根：

$$L=（7.2-0.65）/4\times2+0.65=3.93（m）$$

$$4L=4\times3.93=15.72（m）$$

（5）箍筋：

单根长：

$$L=（0.3+0.7）\times2-8\times0.025+2\times11.9\times0.01=2.04（m）$$

根数：

$$n=（7.2-0.65-2\times1.5\times0.7）/0.2+（1.5\times0.7-0.05）/0.1\times2+1=43$$

两跨共 86 根，则：

$$总长=L\times n=2.04\times86=175.44（m）$$

汇总计算：

$\phi25$ 钢筋质量

$$=（31.9+111.65+6.56\times2+10.96\times2+10.04+15.72）\times3.85=786.75（kg）$$

ϕ12 钢筋重量=61.36×0.888=54.49（kg）

ϕ10 钢筋重量=175.44×0.617=108.25（kg）

ϕ6 钢筋重量=28.14×0.222=6.25（kg）

9.3 柱钢筋计量

9.3.1 平法施工图表示方法

柱平法施工图是在柱平面布置图上采用列表注写方式或截面注写方式表达钢筋的配筋信息。下面以截面注写方式为例讲解柱钢筋的识图和计量。

截面注写方式是在柱平面布置图的柱截面上，分别在同一编号的柱中选择一个截面，以直接注写截面尺寸和配筋具体数值的方式来表达柱平法施工图，如图 9.11 所示。

以图中 KZ1 为例，配筋信息如下：1 号框架柱截面尺寸 b×h 为 650 mm×600 mm；柱的角筋为 4 根直径 22 mm 的三级钢筋；b 边有 5 根直径 22 mm 的三级钢筋，对称布置；h 边有 4 根直径 20 mm 的三级钢筋，对称布置；箍筋为 I 级钢筋，直径 10 mm，加密区间距为 100 mm，非加密区间距为 200 mm，箍筋类型为 4×4 肢箍。

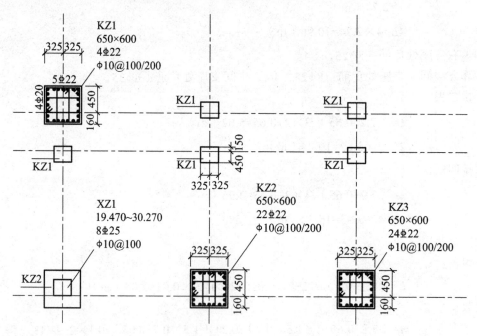

图 9.11 柱的平面整体配筋示意图

9.3.2 平法钢筋计量

平法标注的现浇混凝土框架柱钢筋构造（部分内容）如图 9.12 ~ 图 9.16 所示，全部构造内容参见《国家建筑标准设计图集》（11 G101-1）规范柱标准构造详图及《国家建筑标准设计图集》（11 G101-3）柱插筋在基础中的锚固。其钢筋计算长度公式如表 9.12 所示。

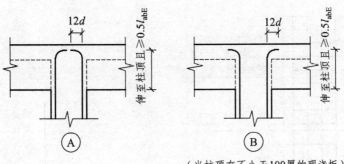

（当柱顶有不小于100厚的现浇板）

图 9.12 抗震框柱 KZ 中柱柱顶纵向钢筋构造

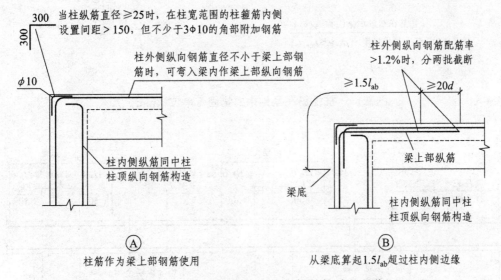

当柱纵筋直径≥25时，在柱宽范围的柱箍筋内侧
设置间距＞150，但不少于3Φ10的角部附加钢筋

柱外侧纵向钢筋直径不小于梁上部钢
筋时，可弯入梁内作梁上部纵向钢筋

柱内侧纵筋同中柱
柱顶纵向钢筋构造

柱外侧纵向钢筋配筋率
＞1.2%时，分两批截断

梁上部纵筋

梁底

柱内侧纵筋同中柱
柱顶纵向钢筋构造

Ⓐ
柱筋作为梁上部钢筋使用

Ⓑ
从梁底算起1.5l_{ab}超过柱内侧边缘

图 9.13 抗震 KZ 边柱和角柱柱顶纵向钢筋构造（单位：mm）

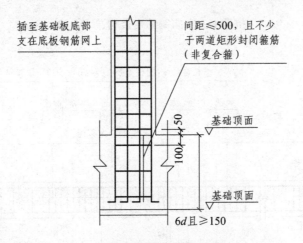

插至基础板底部
支在底板钢筋网上

间距≤500，且不少
于两道矩形封闭箍筋
（非复合箍）

基础顶面

基础顶面

6d且≥150

柱插筋在基础中锚固构造(一)

插筋保护层厚度＞5d；h_j＞l_{aE}(l_a)

（a）

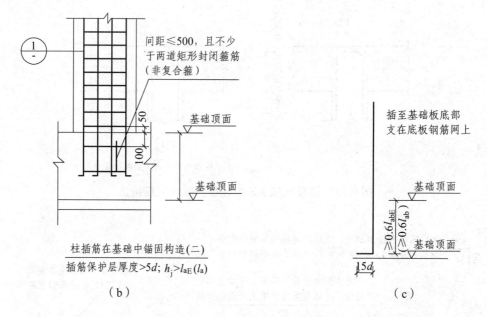

图 9.14 柱插筋在基础中的锚固（单位：mm）

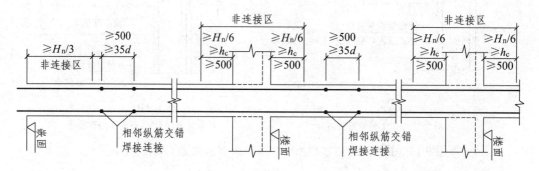

图 9.15 抗震 KZ 纵向钢筋连接构造（单位：mm）

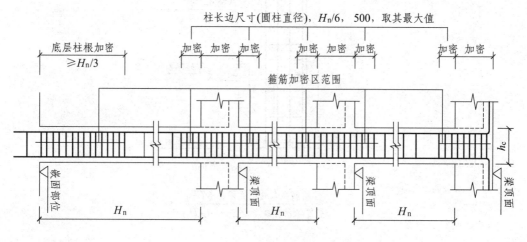

图 9.16 抗震 KZ 箍筋加密区范围（单位：mm）

表 9.12　平法标注框架柱钢筋计算长度公式

钢筋部位及名称	计算公式	备注
柱插筋	长度=伸入上层的钢筋长度+基础高−保护层+末端弯折长度	伸入上层的钢筋长度为 $H_a/3$ 或[$H_a/3$+Max（500，35d）]，其中 H 表示所在楼层的柱净高。末端弯折长度；当基础高>l_{aE}（l_a），为 6d 且≥150；当基础高≤l_{aE}（l_a），为 15d。参见图 9.14 和图 9.15
柱在基础部分的箍筋根数	当保护层厚度>5d，为间距≤500 mm，且不少于两道，当保护层厚度≤5d，为间距≤10d 且≤100	参见图 9.14
中间层柱纵筋	长度=层高−当前层伸出楼面的高度+上一层伸出楼面的高度	当前层伸出楼面的高度和上一层伸出楼面的高度为 Max（$H_n/6$，h_c，500）或[Max（$H_n/6$，h_c，500）+Max（500，35d）]。参见图 9.15
边柱、角柱顶层纵筋	长度=H_n−当前伸出楼面的高度+顶层钢筋锚固值	顶层钢筋锚固值外侧为 Max[1.5l_{abE}，（梁高−保护层+柱宽−保护层）]内侧为弯锚（≤l_{aE}）：梁高−保护层+12d，直锚（≥l_{aE}）：梁高−保护层。参见图 9.12 和图 9.13
中柱顶层纵筋	长度=H_n−当前层伸出楼面的高度+顶层钢筋锚固值层	弯锚（≤l_{aE}）：梁高−保护层+12d 直锚（≥l_{aE}）：梁高−保护层。参见图 9.12
箍　筋	长度=（柱截面宽−2×保护层+柱截面高−2×保护层）×2+2×1.9d+2×Max（10d，75）（抗震弯钩值） 中间层的箍筋根数=N 个加密区/加密区间距+N+非加密区/非加密区间距−1	首层柱箍筋的加密区有三个，分别为：下部的箍筋加密区长度取 $H_n/3$；上部取 Max（500，柱长边尺寸，$H_n/6$）；梁节点范围内加密；如果该柱采用绑扎搭接，那么搭接范围内同时需要加密。 首层以上柱箍筋分别为：上、下部的箍筋加密区长度均取 Max（500，柱长边尺寸，$H_n/6$）；梁节点范围内加密；如果该柱采用绑扎搭接，那么搭接范围内同时需要加密。参见图 9.16

【例 9.2】计算图 9.17 所示的钢筋工程量，已知：KZ1 为边柱，该钢筋混凝土构件的环境类别为一类，C25 混凝土，三级抗震，采用焊接连接，主筋在基础内水平弯折为 200。基础箍筋 2 根，主筋的交错位置、箍筋的加密区位置及长度按《国家建筑标准设计图集》（HG101-1）规范计算。

解：查表 9.2 知保护层厚度为 25 mm，则主筋的保护层厚度为 c=33 mm，查表 9.3 知锚固长度为 35d。

柱纵筋考虑接头错开，计算钢筋量时 12 根纵筋分为两种长度来计算。

（1）基础插筋。

6Φ25：L_1=底部弯折+基础高+基础顶面到上层接头的距离（满足≥$H_n/3$）

$$=0.2+（1-0.1）+\frac{3.2-0.5}{3}$$

$$=2.0（m）$$

6Φ25：L_2=底部弯折+基础高+基础顶面到上层接头的距离+纵筋交错距离

$$=0.2+（1-0.1）+\frac{3.2-0.5}{3}+Max（35d，500）$$

$$=2.875（m）$$

（2）一层柱纵筋。

12Φ25：$L_1=L_2$=层高基础顶面距接头距离+上层楼面距离接头距离

$$=3.2-\frac{H_n}{3}+Max（H_n/6，h_c，500）$$

$$=3.2-0.9+0.55$$

$$=2.85（m）$$

（3）二层柱纵筋。

12Φ25：$L_1=L_2$=层高-本层楼面距接头距离+上层楼面距接头距离

$$=3.2-Max（H_n/6，h_c，500）+Max（H_n/6，h_c，500）$$

$$=3.2-0.55+0.55$$

$$=3.2（m）$$

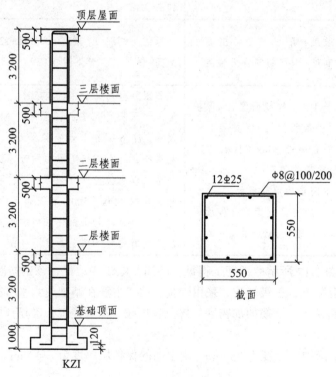

图 9.17　某楼层边柱 KZ1 配筋示意图（单位：mm）

（4）三层柱纵筋。

12Φ25：$L_1=L_2$=层高-本层楼面距接头距离+上层楼面距接头距离

$$=3.2-\text{Max}（H_n/6，h_c，500）+\text{Max}（H_n/6，h_c，500）$$

$$=3.2-0.55+0.55=3.2（\text{m}）$$

（5）顶层柱纵筋。

① 柱外侧纵筋 4Φ25。

2Φ25：$L_1=H_n-$本层楼面距离接头距离$+\text{Max}[1.5l_{abE}，（梁高-保护层+柱宽-保护层）]$

$$=3.2-0.5-\text{Max}（H_n/6，h_c，500）+\text{Max}（1.5\times35d，500-33+550-33）$$

$$=3.2-0.5-0.55+1.31=3.46（\text{m}）$$

2Φ25：$L_2=H_n-（本层楼面距接头距离+本层相邻纵筋交错距离）$

$$+\text{Max}[1.5l_{abE}，（梁高-保护层+柱宽-保护层）]$$

$$=3.2-0.5-[\text{Max}（H_n/6，h_c，500）+（35d，500）]$$

$$+\text{Max}（1.5\times35d，500-33+550-33）$$

$$=3.2-0.5-1.425+1.31=2.59（\text{m}）$$

② 柱内侧纵筋 8Φ25。

4Φ25：$L_1=H_n-$本层楼面距接头距离$+$锚固

$$=3.2-0.5-\text{Max}（H_n/6，h_c，500）+H_b-c+12d$$

$$=3.2-0.5-0.55+0.5-0.033+12\times0.025$$

$$=2.92（\text{m}）$$

4Φ25：$L_2=H_n-（本层楼面距接头距离+本层相邻纵筋交错距离）+$锚固

$$=3.2-0.5-[\text{Max}（H_n/6，h_c，500）+（35d，500）]+H_b-c+12d$$

$$=3.2-0.5-1.425+0.767=2.04（\text{m}）$$

（6）箍筋。

单根箍筋长度：$L=（550-2\times25）\times4+11.9\times8\times2=2.19（\text{m}）$

箍筋根数：

一层：加密区长度$=\dfrac{H_n}{3}+H_b+\text{Max}（柱长边尺寸，H_n/6，500）$

$$=\dfrac{3\,200-500}{3}+500+550=1.95（\text{m}）$$

非加密区长度$=H-$加密区长度$=3200-1950=1.25（\text{m}）$

$$n=\dfrac{1950}{100}+\dfrac{1250}{200}+1=27$$

二层：加密区长度$=2\times\text{Max}（柱长边尺寸，H_n/6，500）+H_b$

$$=2\times550+500=1.6（\text{m}）$$

非加密区长度$=H-$加密区长度$=3200-1600=1.6（\text{m}）$

$$n=\dfrac{1600}{100}+\dfrac{1600}{200}+1=25$$

三、四层同二层，即：

总根数：$n=2+27+25\times3=104$ 根

钢筋汇总计算：Φ25

总质量$=[（2.0+2.875）\times6+2.85\times12+3.2\times24+（3.46+2.59）\times2+（2.92+2.04）\times4]\times3.85$

=662.93（kg）

箍筋 A8：质量=2.19×104×0.395=89.97（kg）

9.4 板钢筋计量

9.4.1 板平法施工图表示方法

板平法施工图包括有梁楼盖平法施工图和无梁楼盖平法施工图及相关构造。下面以有梁楼盖平法施工图为例讲解板钢筋的识图和计量。

有梁楼盖平法施工图是指以梁为支座的楼面板与屋面板平法施工图。它是在楼面板与屋面板布置图上，采用平面注写的表达方式，包括板块集中标注和板支座原位标注，如图 9.18 所示。

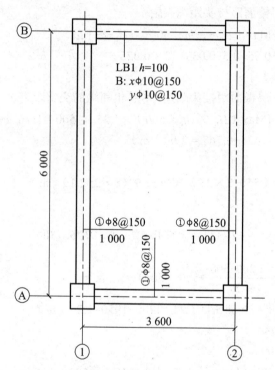

图 9.18　板平法施工图示例（单位：mm）

图 9.18 中，板块集中标注：LB1 表示 1 号楼面板，板厚是 100 mm；板下部配置的贯通纵筋 x 向为直径 10 mm 的一级钢筋，间距为 100 mm，y 向为直径 10 mm 的一级钢筋，间距为 150 mm；板上部未配置贯通纵筋。板支座原位标注：①号支座负筋为直径 8 mm 的一级钢筋，间距是 150 mm，自支座中线向板内的延长长度是 1 000 mm，沿板四周布置。

9.4.2 板平法钢筋计量

平法标注的板钢筋构造（部分内容）如图 9.19～图 9.21 所示，全部构造内容参见《国家建筑标准设计图集》（11G101-1）规范板标准构造详图。

板钢筋构造可根据板筋的功能、部位、具体构造要素不同，分为受力钢筋和附加钢筋两大部分。受力钢筋有板底钢筋（下部贯通筋）、板面钢筋（上部贯通筋）和支座负筋，附加钢筋有分布钢筋、温度钢筋、阴阳角附加钢筋和洞口附加钢筋等。其钢筋（部分）长度计算公式如表 9.13 所示。

表 9.13　板平法钢筋长度计算公式

钢筋部位及名称	计算公式	备注
板底钢筋	长度=伸入左支座长度+净跨长+伸入右支座长度+末端弯钩增长值； 第一根钢筋距支座边为 1/2 板筋间距	伸入梁支座长度：$\geq 5d$ 且至少到梁中线（或 $\geq L_a$）； 伸入砌体墙支座长度：≥ 120 mm 且 $\geq h$（板厚）且 $\geq$ 墙厚/2； 伸入剪力墙支座长度：$\geq 5d$ 且至少到墙中线（$\geq L_a$）
板面钢筋	长度=伸入左支座长度+通跨净长+伸入右支座长度+搭接长度×搭接个数+末端弯钩增长值； 第一根钢筋距支座边为 1/2 板筋间距	伸入梁支座长度=支座宽−保护层+15d； 伸入砌体墙支座长度=0.35L_{ab}+15d； 伸入剪力墙支座长度=0.4L_{ab}+15d。
支座负筋	端支座：长度=伸入支座长度+伸入跨内长度+弯折长度； 中间支座：长度=伸入左跨内长度+中间支座宽度+伸入右跨内长度+弯折长度×2； 第一根钢筋距支座边为 1/2 板筋间距	伸入支座长度同板面钢筋； 弯折长度=板厚−保护层×2
负筋分布筋	x 向负筋的分布长度=y 向向板跨净长$-y$ 向负筋在跨内长度+搭接长度（2×150 mm）； 分布筋根数计算的范围是 x 向负筋的长度； y 向负筋的分布筋长度计算同理	

【例 9.3】已知：某现浇楼板配筋图如图 9.22 所示，梁截面为 300 mm×300 mm，板厚120 mm，分布筋 ϕ6@250，保护层 15 mm，试计算板中钢筋的工程量。

解：（1）板底钢筋：$x\phi$8@150

　　　　L=伸入左支座长度 + 净跨长 + 伸入右支座长度 + 末端弯钩增长值

　　　　=Max（5d，300/2）+ 3.6 − 0.03 + Max（5d，300/2）+6.25d×2

　　　　=0.15 + 3.3 + 0.15 + 0.1=3.7（m）

根数：$n=\dfrac{6\,000-300-150}{150}+1=38$（根）

质量：3.7×38×0.395=55.537（kg）

（2）板底钢筋：$y\phi$10@150

　　　　L=伸入左支座长度+净跨长+伸入右支座长度+末端弯钩增长值

　　　　=Max（5d，300/2）+6.0-0.3+Max（5d，300/2）+6.25d×2

　　　　=0.15+5.7+0.15+0.125=6.125（m）

根数：$n=\dfrac{3600-300-150}{150}+1=22$（根）

质量：$6.125\times22\times0.617=83.141$（kg）

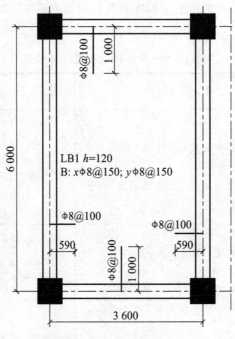

图 9.22　楼板配筋图

（3）支座负筋 $\phi8@100$：

$\qquad L_1=$ 伸入支座长度+伸入跨内长度+弯折长度

$\qquad\quad=$（支座宽-保护层+15d）+0.59-0.15+（板厚-保护层×2）

$\qquad\quad=$（0.3-0.025+15×0.008）+0.59-0.15+（0.12-0.015×2）

$\qquad\quad=0.925$（m）

根数：$n=\dfrac{6000-300-150}{100}+1=57$（根）

$\qquad L_2=$ 伸入支座长度+伸入跨内长度+弯折长度+（板厚-保护层×2）

$\qquad\quad=$（支座宽-保护层+15d）+1.0-0.15+（0.12-0.015×2）

$\qquad\quad=1.335$（m）

根数：$n=\dfrac{3600-300-150}{100}+1=33$（根）

质量：（0.925×57+1.335×33）×2×0.395 $=76.456$（kg）

（4）负筋分布筋 $\phi6@250$：

$\qquad L_1=y$ 向板跨净长-y 向负筋在跨内长度+搭接长度（2×0.15）

$\qquad\quad=6.0-0.3-$（1.0-0.15）×2+2×0.15=4.3（m）

根数：$N=$（590-150）/250=2（根）

$\qquad L_2=x$ 向板跨净长-x 向负筋在跨内长度+搭接长度（2×0.15）

$\qquad\quad=3.6-0.3-$（0.59-0.15）×2+2×0.15=2.72（m）

根数：N=（1000-150）/250=3（根）

质量：（4.3×2+2.72×3）×2×0.222=7.441（kg）

钢筋质量汇总：φ6：7.441 kg

φ8：76.456+55.537=131.993 kg

φ10：83.141 kg

9.5 剪力墙钢筋计算

在钢筋工程量计算中剪力墙是最难计算的构件，具体体现在：剪力墙包括墙身、墙梁、墙柱、洞口，必须要整考虑它们的关系；剪力墙在平面上有直角、丁字角、十字角、斜交角等各种转角形式；剪力墙在立面上有各种洞口；墙身钢筋可能有单排、双排、多排，且可能每排钢筋不同；墙柱有各种箍筋组合；连梁要区分顶层与中间层，依据洞口的位置不同还有不同的计算方法。

9.5.1 剪力墙平法施工图表示方法

剪力墙平法施工图是在剪力墙平面布置图上采用列表注写方式或截面注写方式表达钢筋的配筋信息。为表达清楚，剪力墙分为剪力墙柱、剪力墙墙身和剪力墙梁三类构件。截面注写如图 9.23 所示。

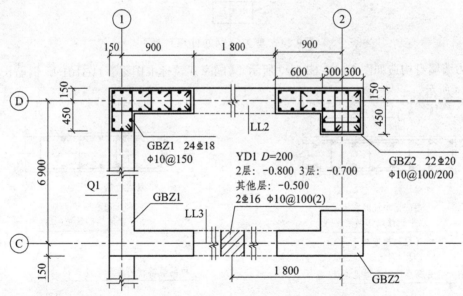

图 9.23　剪力墙平法配筋示意图

以图中 GBZ1 为例，表示 1 号构造边缘角柱，截面为 L 形：1050 mm×300 mm+300 mm×300 mm；纵筋为 24 根直径 18 mm 的三级钢筋；箍筋为直径 10 mm 的一级钢筋，间距 150 mm。

9.5.2 剪力墙平法钢筋计算

剪力墙钢筋构成如图 9.24 所示。

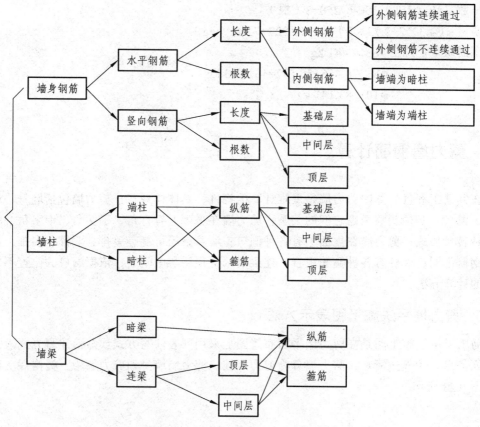

图 9.24　剪力墙钢筋计算种类

剪力墙墙身构造如图 9.25 ~ 图 9.27 所示(《国家建筑标准图集》11G101),钢筋长度计算如表 9.14 所示。

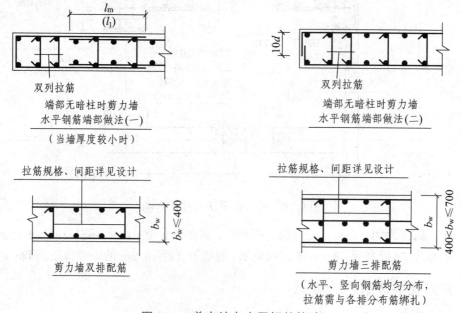

图 9.25　剪力墙身水平钢筋构造

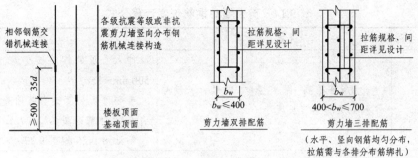

剪力墙双排配筋　　剪力墙三排配筋

（水平、竖向钢筋均匀分布，
拉筋需与各排分布筋绑扎）

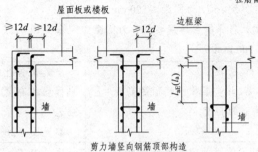

剪力墙竖向钢筋顶部构造

图 9.26　剪力墙身竖向钢筋构造

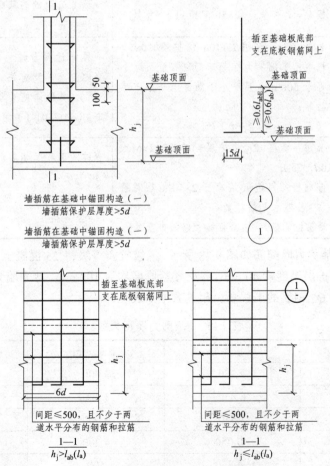

墙插筋在基础中锚固构造（一）
墙插筋保护层厚度>5d

墙插筋在基础中锚固构造（一）
墙插筋保护层厚度>5d

$$\frac{1-1}{h_j>l_{ab}(l_a)}$$

$$\frac{1-1}{h_j\leq l_{ab}(l_a)}$$

图 9.27　墙插筋在基础中锚固构造

表 9.14 剪力墙身钢筋长度计算公式

钢筋部位及名称	计算公式	备注
墙插筋	长度=基础高−保护层+末端弯折长度+伸入上层的钢筋长度	伸入上层的钢筋长度为 500 mm 或 500 mm+35d； 末端弯折长度，当基础高>l_{aE}（l_a），为 6d；当基础高≤l_{aE}（l_a），为 15d。 参见图 9.26 和图 9.27
墙在基础部分的水平分布筋与拉筋根数	当保护层厚度>5d，为间距≤500 mm 且不少于两道；当保护层厚度≤5d，为间距≤10d 且≤100 mm	参见图 9.27
中间层墙身竖向钢筋	长度=层高−当前层伸出楼面的高度+上一层伸出楼面的高度	当前层伸出楼面的高度和上一层伸出楼面的高度为 500 mm 或 500 mm+35d。 参见图 9.26
顶层墙身竖向钢筋	长度=H_n−当前层伸出楼面的高度+顶层钢筋锚固值	顶层钢筋锚固值：（屋面板或楼板厚−保护层+12d）或 l_{aE}（l_a）。参见图 9.26
墙身竖向钢筋根数	根数=（墙净长−2×50/间距+1）×排数	墙身竖向钢筋从暗柱、端柱边 50 mm 开始布置
墙身水平钢筋	长度=墙长−保护层+10d−保护层+10d； 根数：基础层为在基础部位布置间距小于等于 500 mm 且不小于两道水平分布筋与拉筋； 楼层：（层高−2×50）/间距+1	具体计算与墙的末端形状和钢筋在墙内测与外侧有关，本公式参见图 9.25（二），其他详见《国家建筑标准设计图集》（11G101-1）第 68～69 页
拉筋	长度=墙厚−2×保护层+1.9d×2+2×Max（10d，75）； 基础拉筋根数=(墙净长−2×50/拉筋间距+1）×基础水平筋排数； 楼层拉筋根数=墙净面积/拉筋的布置面积	墙净面积是指要扣除暗（端）柱、暗（端）梁； 拉筋的布置面积是指其水平方向间距×竖向间距

【例 9.4】已知某剪力墙配筋如图 9.28 所示，三级抗震等级，C25 混凝土，保护层为 15 mm，基础底面钢筋的保护层厚度取 40 mm，各层楼板厚度均为 100 mm，剪力墙竖向钢筋机械连接。试计算图中剪力墙 Q2 钢筋的工程量。相关数据如表 9.15 所示。

表 9.15 某剪力墙相关数据

楼层	顶标高/m	层高/mm	板厚/mm
3（顶层）	9.850	3 000	100
2	6.850	3 300	100
1	3.550	3 600	100
−1	−0.050	4 200	100
基础	−4.250	500	—

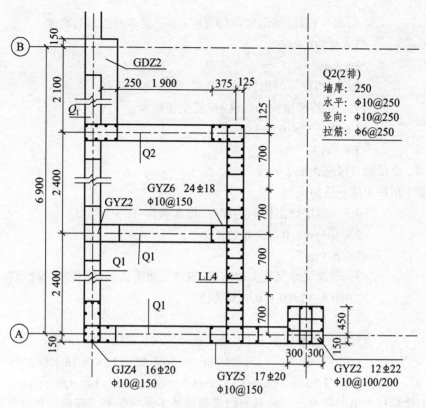

图 9.28　剪力墙配筋图

解：剪力墙 Q2 钢筋计算：

（1）剪力墙竖向钢筋。

墙插筋：查表 9.3 知钢筋锚固长度为 $36d$，h_j=500 mm>l_{aE}=36×10 mm，所以末端弯折长度为 $6d$。考虑接头错开，长度有两种。

l_1=基础高-保护层+末端弯折长度+伸入上层的钢筋长度

=0.5-0.04+6d+0.5

=1.02（m）

l_2=基础高-保护层+末端弯折长度+伸入上层的钢筋长度+纵筋交错距离

=0.5-0.04+6d+0.5+35d

=1.37（m）

① -1 层墙身竖向钢筋。

l_1=层高-当前层伸出楼面的高度+上一层伸出楼面的高度

=（4.2-0.5）-0.5+0.5

=3.7（m）

l_2=层高-当前层伸出楼面的高度-纵筋交错距离+

上一层伸出楼面的高度+纵筋交错距离

=（4.2-0.5）-0.5-35d+0.5+35d

=3.7 m

② 1 层墙身竖向钢筋。

l_1=层高-当前层伸出楼面的高度+上一层伸出楼面的高度

  =3.6-0.5+0.5

  =3.6（m）

l_2=层高-当前层伸出楼面的高度-纵筋交错距离+

  上一层伸出楼面的高度+纵筋交错距离

  =3.6-0.5-35d+0.5+35d

  =3.6（m）

③ 同理，2 层墙身竖向钢筋 l_1=3.3（m），l_2=3.3（m）。

④ 3 层（顶层）墙身竖向钢筋。

  l_1=h_n-当前层伸出楼面的高度+屋面板厚-保护层+12d

   =2.9-0.5+0.1-0.015+0.12

   =2.605（m）

  l_2=h_n-当前层伸出楼面的高度-纵筋交错距离+屋面板厚-保护层+12d

   =2.9-0.5-35d+0.1-0.015+0.12

   =2.255（m）

  墙身竖向钢筋根数 n=[（墙净长-2×50）/间距+1]×排数

       =[（1900-2×50）/250+1]×2=16（根）

  质量：（1.02+3.7+3.6+3.3+2.605）×16×0.617=140.429（kg）

从以上计算可看出，剪力墙竖向钢筋的接头位置不影响钢筋工程量，故计算时可不考虑接头位置。

（2）剪力墙水平钢筋。

  墙身水平钢筋外侧 l=墙长+左端暗柱-保护层+10d+右端转角处搭接长度

       =1.9+0.5-0.015+0.1+1.4×35d

       =2.975（m）

  墙身水平钢筋内侧 l=墙长+左端暗柱-保护层+10d+右端暗柱-保护层+15d

       =1.9+0.5-0.015+0.1+0.5-0.015+0.15

       =3.12（m）

根数：

基础层：在基础部位布置间距小于等于 500 mm 且不小于两道水平分布筋。

  楼层：n=（层高-2×50）/间距+1

  -1 层 n=[（3 700-2×50）]/250+1 =15（根）

  1 层 n=[（3 600-2×50）]/250+1 =15（根）

  2 层 n=[（3 300-2×50）]/250+1 =14（根）

  3 层 n=[（3 000-2×50）]/250+1 =13（根）

  质量：（2.975+3.12）×（2+15+15+14+13）×0.617=221.876（kg）

（3）剪力墙厚拉筋。

墙身拉筋：l=墙厚-2×保护层 + 1.9d×2 + 2×Max（10d，75）

   =0.25-2×0.015 + 11.9×0.01×2=0.458（m）

根数：

$$基础拉筋根数=\left(\frac{墙净长-2\times50}{拉筋间距}+1\right)\times基础水平筋排数$$

$$=\left(\frac{1900-2\times50}{250}+1\right)\times2=16（根）$$

$$-1层根数\ n=\frac{墙净面积}{拉筋的布置面积}$$

$$=\frac{1900\times3700}{250\times250}$$

$$=112（根）$$

$$1\sim3层根数\ n=\frac{墙净面积}{拉筋的布置面积}$$

$$=\frac{1900\times3600+1900\times3300+1900\times3000}{250\times250}$$

$$=302（根）$$

质量：$0.458\times（16+112+302）\times0.617=121.512（kg）$

汇总计算：

$\Phi10$ 钢筋质量$=140.429+221.876+121.512=483.817（kg）$

9.6 钢筋工程计价

钢筋工程的工程量清单根据钢筋的种类、直径和级别来编制，对照清单的项目特征和工作内容，依据《宁夏回族自治区建筑工程预算定额》可以看出，现浇构件钢筋（010515001）项目计价的组价内容也是根据钢筋的种类、直径和级别来选取定额子目的。下面以第 3 节例9.2 柱钢筋为例编制工程量清单并报价。钢筋采用焊接连接。

（1）编制钢筋工程分部分项工程量清单如表 9.16 所示。

表 9.16 分部分项工程量清单与计价表

序号	项目编码	项目名称	项目特征描述	计量单位	工程量	金额		
						综合单价	合价	其中：暂估价
01	010515001	现浇构件钢筋	钢筋种类、规格：圆钢筋 HPB300Φ8	t	0.09			
02	010515001	现浇构件钢筋	钢筋种类、规格：螺纹钢 HPB335Φ25	t	0.66			

（2）对该钢筋工程工程量清单报价。

① 计算定额工程量。

钢筋工程 010515001001 的组价内容应对《宁夏回族自治区建筑工程预算定额》（2013 年）的 1-5-231 子目，钢筋工程 010515001002 的组价内容对应《宁夏回族自治区建筑工程预算定额》（2013 年）的 1-5-240 子目表内容如表 9.17 所示。

表 9.17　钢筋定额子目表

工作内容：钢筋制作、绑扎、安装。　　　　　　　　　　　　　　　　　　　　（单位：t）

定额编号				1-5-231	1-5-240
项　目				现浇构件圆钢	现浇构件圆钢
				Φ8	Φ25
基价/元				4 582.69	4 259.65
其中	人工费/元			769.8	311.4
	材料费/元			3 788.04	3 870.31
	机械费/元			24.85	77.94
名　称		单位	单价/元	数量	
人工	普工	工日	60.00	12.83	5.19
材料	圆钢 Φ8	t	3 670.09	1.02	—
	螺纹钢 Φ25	t	3 699.28	—	1.035
	电焊条	kg	5.8	—	6
	水	m³	3.98	—	0.04
	镀锌铁丝 22#	kg	6.17	7.22	1.070
机械	电动卷扬机单筒慢速 50 kN	台班	37.82	0.31	—
	钢筋切断机 40 mm	台班	43.25	0.11	0.090
	钢筋弯曲机 40 mm	台班	24.61	0.34	0.180
	对焊机 75 kV·A	台班	257.49	—	0.060
	直流弧焊机 30 kW	台班	235.53	—	0.23

② 计算综合单价。

依据定额子目 1-5-231 可知现浇构件圆钢筋的定额人工费是 769.8 元/t，定额材料费是 3 788.04 元/t，定额机械费是 24.85 元/t，参照 2013 年宁夏回族自治区建筑安装工程费用定额，管理费和利润的计费基数均为人工费和机械费之和，费率分别为 17.02% 和 8.94%。

计算钢筋工程 010515001001 人工费、材料费和机械费。

　　　　人工费=769.8（元）

　　　　材料费=3 788.04（元）

　　　　机械费=24.85（元）

　　　　人工费 + 机械费=769.8 + 24.85=794.65（元）

管理费和利润为：

　　　　794.65×（17.02% + 8.94%）=206.29（元）

钢筋工程 010515001001 综合单价为：

　　　　769.8 + 3 788.04 + 24.85 + 209.29=4 518.53（元/t）

该钢筋工程清单项目综合单价分析表如表 9.18 所示。

表 9.18　工程量清单综合单价分析表

工程名称：　　　　　　　　　　　　　标段：　　　　　　　　　　　　　　第　页　共　页

项目编码	010515001001		项目名称		现浇构件钢筋 φ8			计量单位		t	
清单综合单价组成明细											
定额编号	定额名称	定额单位	数量	单价/元				合价/元			
				人工费	材料费	机械费	管理费和利润	人工费	材料费	机械费	管理费和利润
1-5-231	现浇构件钢筋 φ8	t	1	769.8	3788.04	24.85	479.74	769.8	3788.04	24.85	479.74
小计								769.8	3788.04	24.85	479.74
清单综合单价								4518.53			

思考题

1. 常用混凝土构件的钢筋分类有哪些？
2. 钢筋的保护层厚度和锚固长度是如何确定的？
3. 梁和板有哪些钢筋？其工程量的计算有何特点？
4. 柱钢筋和剪力墙钢筋工程量计算的特点是什么？
5. 钢筋工程如何计价？

习题

1. 梁配筋如图 9.29 所示，已知柱截面 600 mm×650 mm，抗震等级二级，混凝土标号 C30，钢筋直径>22 mm 时为焊接；直径≤22 mm 时为搭接，直径≤12 mm 时 12 m 一个搭接，直径>12 mm 时 8 m 一个搭接，试计算梁钢筋工程量并编制分部分项工程量清单。

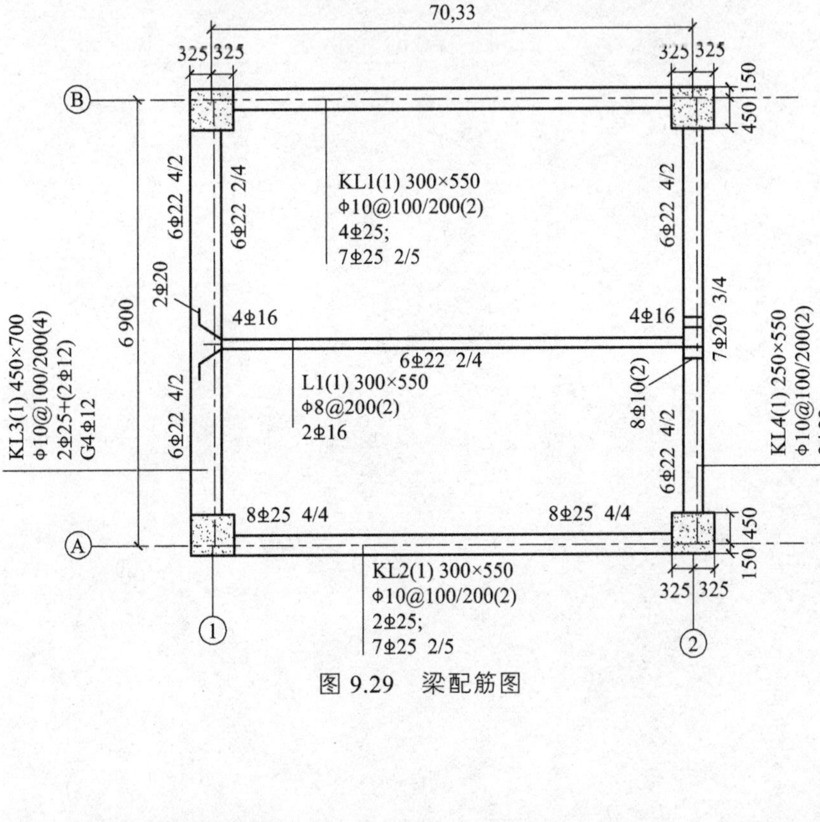

图 9.29　梁配筋图

2. 板配筋如图 9.30 所示，已知梁截面 450 mm×700 mm，板厚 120 mm，分布筋 Φ8@250，保护层 15 mm，混凝土标号 C30，试计算板钢筋工程量并编制分部分项工程量清单。

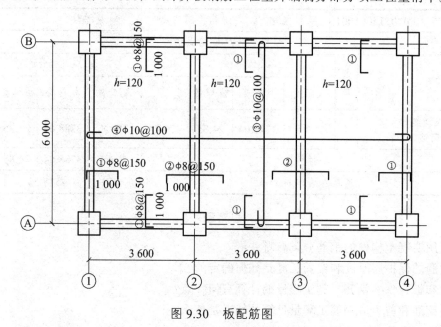

图 9.30 板配筋图

3. 已知图 9.28 中剪力墙 Q1 配筋同剪力墙 Q2 配筋，试计算剪力墙 Q1 钢筋工程量。

10 屋面防水及保温工程计量与计价

本章概要

本章主要介绍屋面及防水工程，保温、隔热、防腐工程的清单分项特点，清单工程量计算规则，并结合工程实例详细讲解了屋面防水和保温工程的清单工程量计算规则和计算方法。本章重点要求掌握屋面防水及保温工程工程量的计算方法，工程量清单的编制和相应的清单报价。

10.1 屋面及防水工程

10.1.1 屋面及防水工程清单分项

根据屋面坡度大小，有平屋面（坡度 $i \leqslant 10\%$）和坡屋面（坡度 $i > 10\%$）；按坡屋面所用材料不同，有刚性防水屋面和柔性防水屋面；根据使用功能不同，可分为上人屋面和不上人屋面。

屋面工程主要包括瓦屋面、型材屋面、卷材屋面、涂料屋面（指板缝采用嵌缝材料防水，板面采用）、铁皮（金属压型板）屋面、屋面排水等。防水工程适用于楼地面、墙基、墙身、构筑物、水池、水塔及室内厕所、浴室的防水以及建筑物±0.00 以下的防水，防潮工程按防水相应项目计算。变形缝项目指的是建筑物和构筑物变形缝的填缝、盖缝和止水等，按变形缝部位和材料分项，变形缝项目包括基础、墙体、屋面等部位的抗震缝、伸缩缝、沉降缝等。

屋面及防水工程清单项目分为：瓦、型材及其他屋面（编号 010901）；屋面防水及其他（编号 010902）；墙面防水防潮（010903）；楼面防水防潮（编号 010904）。

10.1.1.1 瓦、型材及其他屋面清单分项

清单列项时，对于瓦屋面，若是在木基层上铺瓦，项目特征不必描述粘接层砂浆的配合比，瓦屋面防水层按屋面防水及其他相关项目编码列项。型材屋面、阳光板屋面、玻璃钢屋面的柱、梁、屋架，按《房屋建筑与装饰工程工程量计算规范》（简称《计量规范》）附录 F（金属结构工程）、附录 G（木结构工程）中相关编码列项。其中瓦屋面及型材屋面清单分项如表 10.1 所示。

10.1.1.2 屋面防水及其他项目清单

清单列项时，若屋面刚性层无钢筋，其钢筋项目特征不必描述，屋面找平层按《计量规范》附录 L（楼地面装饰工程）"平面砂浆找平层"项目编码列项，屋面防水搭接及附加层用量不另行计算，在综合单价中考虑。屋面保温找坡层按《计量规范》附录 K（保温、隔热、

防腐工程）"保温隔热屋面"项目编码列项。屋面防水及其他项目清单项目应按表10.2的规定执行。

表10.1　瓦、型材屋面清单（编码：010901）

项目编码	项目名称	项目特征	计量单位	工程量计算规则	工作内容
010901001	瓦屋面	1.瓦品种、规格； 2.黏结层砂浆的配合比	m²	按设计图示尺寸以斜面积计算。 不扣除房上烟囱、风帽底座、风道、小气窗、斜沟等所占面积。小气窗的出檐部分不增加面积	1.砂浆制作、运输、摊铺、养护； 2.安瓦、作瓦脊
010901002	型材屋面	1.型材品种、规格； 2.金属檩条材料品种、规格； 3.接缝、嵌缝材料种类			1.檩条制作、运输、安装； 2.屋面型材安装； 3.接缝、嵌缝

表10.2　屋面防水及其他（编码：010902）

项目编码	项目名称	项目特征	计量单位	工程量计算规则	工作内容
010902001	屋面卷材防水	1.卷材品种、规格、厚度； 2.防水层数； 3.防水层做法	m²	按设计图示尺寸以面积计算。 1.斜屋顶（不包括平屋顶找坡）按斜面积计算，平屋顶按水平投影面积计算； 2.不扣除房上烟囱、风帽底座、风道、屋面小气窗和斜沟所占面积； 3.屋面的女儿墙、伸缩缝和天窗等处的弯起部分，并入屋面工程量内	1.基层处理； 2.刷底油； 3.铺油毡卷材、接缝
010902002	屋面涂膜防水	1.防水膜品种； 2.涂膜厚度、遍数； 3.增强材料种类			1.基层处理； 2.刷基层处理剂； 3.铺布、喷涂防水层
010902003	屋面刚性层	1.刚性层厚度； 2.混凝土强度等级； 3.嵌缝材料种类； 4.钢筋规格、型号		按设计图示尺寸以面积计算。 不扣除房上烟囱、风帽底座、风道等所占面积	1.基层处理； 2.混凝土制作、运输、铺筑、养护； 3.钢筋制安
010902004	屋面排水管	1.排水管品种、规格； 2.雨水斗、山墙出水口品种、规格； 3.接缝、嵌缝材料种类； 4.油漆品种、刷漆遍数	m	按设计图示尺寸以长度计算。 如设计未标注尺寸，以檐口至设计室外散水上表面垂直距离计算	1.排水管及配件安装、固定； 2.雨水斗、山墙出水口、雨水箅子安装； 3.接缝、嵌缝； 4.刷漆

10.1.1.3 墙面防水、防潮清单分项

清单列项时，屋面防水搭接及附加层用量不另行计算，在综合单价中考虑。墙面变形缝若做双层，工程量应乘系数 2，屋面找平层按《计量规范》附录 M（墙、柱面装饰与隔断、幕墙工程）"立面砂浆找平层"项目编码列项。墙面防水、防潮清单项目设置如表 10.3 所示。

表 10.3　墙面防水及其他（编码：010903）

项目编码	项目名称	项目特征	计量单位	工程量计算规则	工作内容
010903001	屋面卷材防水	1.卷材品种、规格、厚度； 2.防水层数； 3.防水层做法	m²	按图示尺寸以面积计算	1.基层处理； 2.刷粘结剂； 3.铺防水卷材； 4.接缝、嵌缝
010903002	墙面涂膜防水	1.防水膜品种； 2.防水膜厚度、遍数； 3.增强材料种类			1.基层处理； 2.刷基层处理剂； 3.铺布、喷涂防水层
010903003	墙面砂浆防水（防潮）	1.防水层做法； 2.砂浆厚度、配合比； 3.钢丝网规格			1.基层处理； 2.挂钢丝网片； 3.设置分隔网； 4.砂浆制作、运输、摊铺、养护
010903004	墙面变形缝	1.嵌缝材料种类； 2.止水带材料种类； 3.盖缝材料； 4.防护材料种类	m	按图示尺寸以长度计算	1.清缝； 2.填塞防水卷材； 3.止水带安装； 4.盖缝制作、安装； 5.刷防护材料

10.1.1.4 楼（地）面防水、防潮清单分项

清单列项时，楼（地）面防水找平层按《计量规范》附录 L（路地面装饰工程）"平面砂浆找平层"项目编码列项，楼（地）面防水搭接及附加层计量不另行计算，在综合单价中考虑。楼（地）面防水、防潮清单列项设置如表 10.4 所示。

表 10.4　楼（地）面防水、防潮（编号：010904）

项目编码	项目名称	项目特征	计量单位	工程量计算规则	工作内容
010904001	楼（地）面防水卷材	1.卷材品种、规格、厚度； 2.防水层数； 3.防水层做法； 4.反边高度	m²	按设计尺寸以面积计算。 1.楼（地）面防水：按主墙间净空面积计算，扣除凸出地面的建筑物、设备基础等所占面积，不扣除间壁墙及单个面积不大于 0.3 m²柱、垛、烟囱和孔洞所占面积；	1.基层处理； 2.刷黏结剂； 3.铺防水卷材； 4.接缝、嵌缝
010904002	楼（地）面涂膜防水	1.防水膜品种； 2.涂膜厚度、遍数； 3.增强材料种类； 4.反边高度			1.基层处理； 2.刷基层处理剂； 3.铺布、喷涂防水层

项目编码	项目名称	项目特征	计量单位	工程量计算规则	工作内容
010904003	楼（地）面防水砂浆（防潮）	1.防水层做法； 2.砂浆厚度、配合比； 3.反边高度		2.楼（地）面防水反边高度不大于 300 mm 算作地面防水，反边高度大于 300 mm 的算作墙面防水	1.基层处理； 2.砂浆制作、运输、摊铺、养护
010904004	楼（地）面变形缝	1.嵌缝材料种类； 2.止水带材料种类； 3.盖缝材料； 4.防护材料种类	m	按设计图示以长度计算	1.清缝； 2.填塞防水材料； 3.止水带安装； 4.盖缝制作、安装

10.1.2 屋面及防水工程计量

10.1.2.1 瓦、型材及其他屋面计量

（1）瓦屋面、型材屋面：按设计图示尺寸以斜面积计算。不扣除房上烟囱、风帽底座、风道、小气窗、斜沟等所占面积，小气窗的出檐部分不增加面积。

瓦屋面、型材屋面斜面积按屋面水平投影面积乘以表 10.5 中屋面坡度系数以 m² 计算。

（2）阳光板、玻璃钢屋面：按设计图示尺寸以斜面积计算。不扣除屋面面积不大于 0.3 m² 的孔洞所占面积。

（3）膜结构屋面：按设计图示尺寸以需要覆盖的水平面积计算。

膜结构也叫索膜结构，是一种以膜布与支撑（柱、网架）和拉结结构（拉杆、钢丝绳等）组成的屋盖、篷顶结构。计算工程量时要注意不是膜本身的水平投影面积，而是需覆盖的水平投影面积。

表 10.5 屋面坡度系数表

坡度			延尺系数 C	隅尺迟系数 D
B/A（A=1）	B/2A	角度 α		
1	1/2	45°	1.414 2	1.732 1
0.75		36°52′	1.250 0	1.600 8
0.70		35°	1.220 7	1.577 9
0.666	1/3	33°40′	1.201 5	1.562 0
0.65		33°01′	1.192 6	1.556 4
0.60		30°58′	1.166 2	1.536 2
0.577		30°	1.154 7	1.527 0
0.55		28°49′	1.141 3	1.517 0
0.50	1/4	26°34′	1.118 0	1.500 0

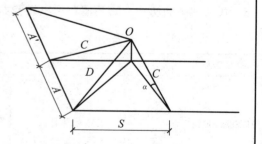

注：① A=A′且 S=0 时，为等两坡屋面；
A=A′=S 时，为等四坡屋面；
② 屋面斜铺面积=屋面水平投影面积×C；
③ 等四坡屋面斜脊长度：A×D；
④ 等两坡屋面山墙泛水斜长：A×C；

坡度			延尺系数 C	隔尺迟系数 D
B/A ($A=1$)	$B/2A$	角度 α		
0.45		24°14′	1.099 6	1.483 9
0.40	1/5	21°48′	1.077 0	1.469 7
0.35		19°17′	1.059 4	1.456 9
0.30		16°42′	1.044 0	1.445 7
0.25		14°02′	1.030 8	1.436 2
0.20	1/10	11°19′	1.019 8	1.428 3
0.15		8°32′	1.011 2	1.422 1
0.125		7°8′	1.007 8	1.419 1
0.100	1/20	5°42′	1.005 0	1.417 7
0.083		4°45′	1.003 5	1.416 6
0.066	1/30	3°49′	1.002 2	1.415 7

⑤ 表 10.5 列出了常用的屋面坡度延尺系数 C 及隔尺迟系数 D，可直接查表应用。当各坡的坡度不同或当设计坡度表中查不到时，应利用以下公式计算相应的 C、D 值：

$$C=1/\cos\alpha=\sqrt{1+\tan^2\alpha}$$

$$D=\sqrt{2+\tan^2\alpha} \text{ 或 } D=\sqrt{1+C^2}$$

【例 10.1】有一等两坡面的坡形屋面，其外墙中心线长度为 40 m，宽度为 15 m，四面出檐距外墙外边线为 0.3 m，屋面坡度为 1：1.333，外墙为 24 墙，试计算屋面工程量。

解：（1）屋面水平投影面积=长×宽，其中：

长=40+0.12×2+0.30×2=40.84（m）

宽=15+0.12×2+0.30×2=15.84（m）

则

屋面水平投影面积=40.84×15.84=646.91（m²）

（2）屋面坡度系数。

坡度为 1：1.333=B/A=0.75/1，查表 10.5 知 C=1.25。

（3）计算屋面工程量。

S=646.91×1.25=808.64（m²）

【例 10.2】某等四坡屋面平面如图 10.1 所示，A=9.6 m，设计屋面坡度 0.5，试计算屋面斜面积、斜脊长。

解：屋面坡度=B/A=0.5，查屋面坡度系数表 10.5 知 C=1.118、D=1.5，则：

屋面斜面积=（50+0.6×2）×（18+0.6×2）×1.118=1 099.04（m²）

斜脊长=$A×D$=9.6×1.5=14.40 m

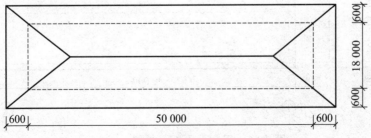

图 10.1 屋顶平面图（单位：mm）

10.1.2.2 屋面防水及其他计量

（1）屋面卷材防水、屋面涂膜防水：按设计图示尺寸以面积计算。斜屋顶（不包括平屋顶找坡）按斜面积计算；平屋顶按水平投影面积计算，不扣除房上烟囱、风帽底座、风道、屋面小气窗和斜沟所占的面积。屋面的女儿墙、伸缩缝和天窗等处的弯起部分，并入屋面工程量内。

（2）屋面刚性层：按设计图示尺寸以面积计算，不扣除房上烟囱、风帽底座、风道等所占的面积。

（3）屋面排水管：按设计图示尺寸以长度计算。设计未标注尺寸的、以檐口至设计室外散水上表面垂直距离计算。

（4）屋面排（透）气管：按设计图示尺寸以长度计算。

（5）屋面（廊、阳台）泄（吐）水管：按设计图示数量计算。

（6）屋面天沟、檐沟：按设计图示尺寸以展开面积计算。

（7）屋面变形缝：按设计图示尺寸以长度计算。

10.1.2.3 墙面防水、防潮计量

（1）墙面卷材防水、涂膜防水和砂浆防水（防潮）：按设计图示尺寸以面积计算。

（2）变形缝：按设计图示尺寸以长度计算。

10.1.2.4 楼（地）面防水、防潮计量

（1）楼（地）面卷材防水、涂膜防水和砂浆防水（防潮）：按设计图示尺寸以面积计算。楼（地）面防水按主墙间净空面积计算，扣除凸出地面的构筑物，设备基础等所占面积，不扣除间壁墙及单个面积不大于 0.3 m² 的柱、垛、烟囱和孔洞所占面积。楼（地）面防水反边高度不大于 300 mm 的算作地面防水、反边高度大于 300 mm 的算作墙面防水。

（2）楼（地）面变形缝：楼（地）面变形缝按设计图示尺寸以长度计算。

【例 10.3】某厂屋面如图 10.2 所示。设计要求：现浇水泥珍珠岩保温层最薄处 80 mm 厚，坡度为 2%，1：3 水泥砂浆找平层 20 mm 厚，三元乙丙橡胶卷材防水层（满铺且不考虑卷边，卷材层数为一层），试编制屋面防水工程量清单。

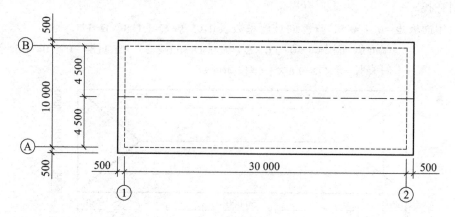

图 10.2 厂房屋面图（单位：mm）

解：（1）清单项目的编制。

该屋面项目中，三元乙丙橡胶卷材防水属"屋面及防水工程"，查《屋面建筑与装饰工程工程量计算规范》表 J.2 屋面防水及其他（编码：010902），其中 010902001 屋面卷材防水，屋面卷材防水工程内容包括基层处理，刷底油，铺油毡卷材，接缝。水泥珍珠岩保温层属规范附录 K 保温，隔热，防腐工程"保温隔热屋面"项目编码列项。1:3 水泥砂浆找平层属规范附录 L 楼地面装饰工程"平面砂浆找平层"项目编码列项。

（2）计算清单工程量。

三元乙丙橡胶卷材防水清单工程量为：

$$（20+0.2×2）×（10+0.2×2）=212.16（m^2）$$

编制工程量清单见表 10.6。

表 10.6　分部分项工程量清单与计价表

工程名称：某厂房　　　　　　　　　标段：　　　　　　　　　　　第 页 共 页

序号	项目编码	项目名称	项目特征描述	计量单位	工程量	金额（元）		
						综合单价	合价	其中：暂估价
1	010902001001	屋面卷材防水	1.卷材品种：三元乙丙橡胶卷材； 2.防水层数：一层； 3.防水层做法：满铺	m²	212.16			

10.1.3　屋面防水计价

型材屋面的钢檩条、骨架、螺栓、刷防护涂料等均应包括在"型材屋面"项目报价内。

刚性层屋面的分格缝、泛水等项目应包括在"屋面刚性层"项目报价内。刚性层屋面的分割缝、泛水、变形缝部位的防水卷材、背衬材料、沥青麻丝等应包括在报价内。

排水管，雨水口，水斗，鼻子板等应包括在"屋面排水管"项目报价内。

10.2　保温、隔热、防腐工程

10.2.1　保温、隔热工程清单分项

保温、隔热工程适用于中温、低温及恒温要求的工业厂房和一般建筑物的保温隔热工程。常用的保温隔热材料有软木板、聚苯乙烯泡沫塑料板、加气混凝土块、膨胀珍珠岩板、沥青玻璃棉、沥青矿渣棉、微孔硅酸钙、稻壳等，可用于屋面、墙体、柱子、楼地面、天棚等部位。屋面保温层中应设有排气管或排气孔。防腐工程分刷油防腐和耐酸防腐两类。常用的防腐剂材料有：水玻璃耐酸砂浆、混凝土，耐酸沥青砂浆、混凝土，环氧砂浆、混凝土及各类玻璃钢等。根据工程需要，可用防腐块料或防腐涂料做面层。

保温、隔热、防腐工程清单项目分成保温、隔热、（编码：011001）、防腐面层（编码 011002）

和其他防腐（编码：011003）三部分。

10.2.1.1 保温隔热清单分项

清单列项时应注意：① 保温隔热装饰面层，按"计量规范"附录 L（楼地面装饰工程）、附录 M（墙、柱面装饰与隔断、幕墙工程）、附录 N（天棚工程）、附录 P（油漆、涂料、裱糊工程）、附录 Q（他装饰工程）中相关项目编码列项；仅做找平层按规范附录 L（楼地面装饰工程）"找平砂浆找平层"或附录 M（墙、柱面装饰与隔断、幕墙工程）"立面砂浆找平层"项目编码列项。② 柱帽保温隔热应并入天棚保温隔热工程量内。③ 池槽保温隔热应按其他保温隔热项目编码列项。④ 保温隔热方式指内保温、外保温、夹心保温。⑤ 保温柱、梁适用于不与墙、天棚相连的独立柱、梁。保温、隔热清单分项如表 10.7 所示。

表 10.7　保温、隔热（编号 011001）

项目编码	项目名称	项目特征	计量单位	工程量计算规则	工作内容
011001001	保温隔热屋面	1.保温隔热材料品种、规格、厚度； 2.隔气层材料品种、厚度； 3.黏结材料种类做法； 4.防护材料种类做法		按设计图示尺寸以面积计算。扣除面积大于 0.3 m² 孔洞及占位面积	1.基层清理； 2.刷黏结材料； 3.铺黏保温层； 4.铺、刷(喷)防护材料
011001002	保温隔热天棚	1.保温隔热面层材料品种、规格、性能； 2.保温隔热材料品种、规格及厚度； 3.黏结材料种类及做法； 4.防护材料种类及做法		按设计图示尺寸以面积计算。扣除面积大于 0.3 m² 上柱、垛、孔洞所占面积，与天棚相连的梁按展开面积计算，并入天棚工程量内	
011001003	保温隔热墙面	1.保温隔热部位； 2.保温隔热方式； 3.踢脚线、勒脚线保温做法； 4.龙骨材料品种、规格；	m²	按设计图示尺寸以面积计算。扣除门窗洞口以及面积大于 0.3 m² 梁、孔洞所占面积；门窗洞口侧壁以及与墙相连的柱，并入保温墙体工程量内	1.基层清理； 2.刷界面剂； 3.安装龙骨； 4.填贴保温材料； 5.保温板安装；
011001004	保温柱、梁	5.保温隔热面层材料品种、规格、性能； 6.保温隔热材料品种、规格及厚度； 7.增强网及抗裂防水砂浆种类； 8.黏结材料种类及做法； 9.防护材料种类及做法		按设计图示以面积计算。 1.柱按设计图示柱断面保温层中心线展开长度乘保温层高度以面积计算，扣除面积大于 0.3 m² 梁所占面积； 2.梁按设计图示梁断面保温层中心线展开长度乘保温层长度以面积计算	6.黏贴面层； 7.铺设增强格网、抹抗裂防水砂浆面层； 8.嵌缝； 9.铺、刷(喷)防护材料

项目编码	项目名称	项目特征	计量单位	工程量计算规则	工作内容
011001005	保温隔热楼地面	1.保温隔热部位； 2.保温隔热材料品种、规格、厚度； 3.隔气层材料品种、厚度； 4.黏结材料种类、做法； 5.防护材料种类、做法	m²	按设计图示尺寸以面积计算。 扣除面积>0.3 m²柱、垛、孔洞等所占面积。门洞、空圈、暖气包槽、壁龛的开口部分不增加面积	1.基层清理； 2.刷黏结材料； 3.铺黏保温层； 4.铺、刷（喷）防护材料
011001006	其他保温隔热	1.保温隔热部位； 2.保温隔热方式； 3.隔气层材料品种、厚度； 4.保温隔热面层材料品种、规格、性能； 5.保温隔热材料品种、规格及厚度； 6.黏结材料种类及做法； 7.增强网及抗裂防水砂浆种类		按设计图示尺寸以展开面积计算。扣除面积>0.3 m²孔洞及占位面积	1.基层清理； 2.刷界面剂； 3.安装龙骨； 4.填贴保温材料； 5.保温板安装； 6.黏贴面层； 7.铺设增强格网、抹抗裂防水砂浆面层； 8.嵌缝

10.2.2 保温、隔热工程量计算

10.2.2.1 保温．隔热计算

（1）保温隔热屋面：按设计图示尺寸以面积计算。扣除面积大于 0.3 m² 孔洞以及占位面积。

（2）保温隔热天棚：按设计图示尺寸以面积计算。扣除面积大于 0.3 m² 上柱、垛、孔洞所占面积，与天棚相连的梁按展开面积计算，并入天棚工程量内。

（3）保温隔热墙面：按设计图示尺寸以面积计算。扣除门窗洞口以及面积大于 0.3 m² 孔洞、梁所占面积；门窗洞口侧壁以及墙相连的柱，凝乳保温墙体工程量内。

（4）保温柱、梁：按设计图示尺寸以面积计算。柱按设计图示柱断面保温层中心线展开长度乘保温层高度以面积计算，扣除面积大于 0.3 m² 梁所占面积。梁按设计图示梁断面保温层中心线展开长度乘保温层长度以面积计算。

（5）保温隔热楼地面：按设计图示尺寸以面积计算。扣除面积大于 0.3 m² 柱、垛、孔洞所占面积。

（6）门洞、空圈、暖气包槽、壁龛的开口部分不增加面积按设计图示尺寸展开面积计算。

（7）其他保温隔热：按设计图示尺寸展开面积计算。扣除面积大于 0.3 m² 孔洞以及占位面积。

10.2.3 保温、隔热工程计价

（1）保温隔热的面层应包括在报价内，装饰层应按相关项目列项报价。

（2）聚氯乙烯板中板的焊接应包括在报价内。

（3）防腐工程中需酸化处理时应包括在报价内。

（4）防腐工程中的养护应包括在报价内。

（5）防腐涂料需刮腻子时应包括在报价内。

（6）保温隔热天棚下贴式如需底层抹灰时，应包括在报价内，清单应明细描述抹灰的具体材料和做法。

（7）外墙内保温的内墙保温踢脚线应包括在报价内。

（8）防腐踢脚线，应按规范附录L楼地面装饰工程"踢脚线"项目列项报价。

思考题

1. 屋面防水有哪些项目？各项目适用于哪种条件屋面？其工作内容包括哪些？

2. 墙面、墙柱面防水工程清单分项有哪些项目，有何特点？如何计算的？

3. 保温隔热屋面、保温隔热天棚工程量如何计算？有何特点？包括哪些内容？

习题

1. 某工程如图 10.3 所示，屋面板上铺水泥瓦，试计算清单工程量，并编制工程量清单。

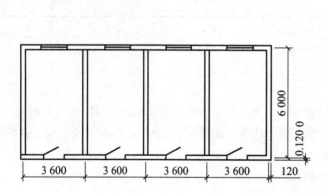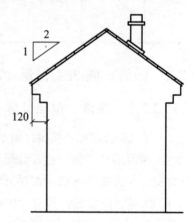

图 10.3　某工程屋面布置图（单位：mm）

2. 已知某工程女儿墙厚 240 mm，屋面卷材在女儿墙处卷起 250 mm。如图 10.1 所示，屋面做法如下：

① 4 mm 厚高聚物改性沥青卷材防水层一道。

② 20 mm 厚 1：3 水泥砂浆找平层。

③ 1：6 水泥焦渣找坡 2%，最薄处 30 mm 厚。

④ 60 厚聚苯乙烯泡沫塑料板保温层。

⑤ 现浇钢筋混凝土板。

试计算屋面清单工程量，并编制工程量清单。

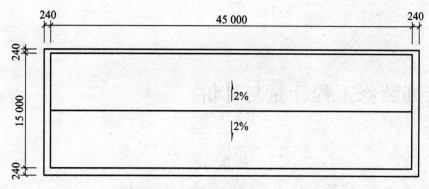

图 10.4 屋面布置图（单位：mm）

3. 试计算上题图 10.4 中屋面清单项目的综合单价。

11 装饰装修工程计量与计价

本章概要

本章主要介绍装饰装修部分的清单分项特点，清单工程量计算规则，并结合工程实例详细解该部分工程量清单的编制和工程童清单报价。本章的重点要求掌握楼地面、墙柱面、门窗的工程量计算方法，工程量清单的编制和相应的清单报价。

11.1 楼地面装饰工程

这一部分包括 8 节，即整体面层及找平层、块料面层、橡塑面层、其他材料面层、踢脚线、楼梯面层、台阶装饰、零星装饰项目。总共 43 个清单项目，适用于楼地面、台阶等装饰工程。

11.1.1 楼地面工程清单分项

部分清单项目设置及工程量计算规则如表 11.1 ~ 表 11.3 所示。

表 11.1 整体面层及找平层（编号：011101）（部分）

项目编码	项目名称	项目特征	计量单位	工程量计算规则	工作内容
01101001	水泥砂浆楼地面	1.找平层厚度、砂浆配合比； 2.素水泥.浆遍数； 3.面层厚度、砂浆配合比； 4.面层做法要求		按设计图示尺寸以面积计算。 扣除凸出地面构筑物、设备基础、室内铁道、地沟等所占面积，不扣除间壁墙及不大于 0.3 m² 柱、垛、附墙烟囱及孔洞所占面积。门洞、空圈、暖气包槽、壁龛的开口部分不增加面积	1.基层清理； 2.抹找平层； 3.抹面层； 4.材料运输
01101002	现浇水磨石楼地面	1.找平层厚度、砂浆配合比； 2.面层厚度水泥石子浆配合比； 3.嵌条材料种类、规格； 4.石子种类、规格、颜色； 5.颜料种类、颜色； 6.图案要求； 7.磨光、酸洗、打蜡要求	m²		1.基层清理； 2.抹找平层； 3.面层铺设； 4.嵌缝条安装； 5.磨光、酸洗打蜡； 6.材料运输
01101003	细石混泥土楼地面	1.基层清理； 2.抹找平层； 3.面层铺设； 4.嵌缝条安装； 5.磨光，酸洗打蜡； 6.材料运输			1.基层清理； 2.抹找平层； 3.面层铺设； 4.材料运输

项目编码	项目名称	项目特征	计量单位	工程量计算规则	工作内容
011101006	平面砂浆找平层	1.找平层厚度、砂浆配合比	m²	按设计图示尺寸以面积计算	1.基层清理； 2.抹找平层； 3.材料运输

表 11.2 块料面层（编号：011102）

项目编码	项目名称	项目特征	计量单位	工程量计算规则	工作内容
011102001	石材楼地面	1.找平层厚度、砂浆配合比； 2.结合层厚度、砂浆配合比； 3.面层材料品种、规格、颜色； 4.嵌缝材料种类； 5.防护层材料种类； 6.酸洗、打蜡要求	m²	按设计图示尺寸以面积计算。 门洞、空圈、暖气包槽、壁龛的开口部分并入相应的工程里内	1.基层清理； 2.抹找平层； 3.面层铺设、磨边； 4.嵌缝； 5.刷防护材料； 6.酸洗、打蜡； 7.材料运输
011102002	碎石材楼地面				
011102003	块料楼地面				

表 11.3 楼梯面层（部分）

项目编码	项目名称	项目特征	计量单位	工程量计算规则	工作内容
011106001	石材楼梯面层	1.找平层厚度、砂浆配合比； 2.黏结层厚度、材料种类； 3.面层材料品种、规格、颜色； 4.防滑条材料种类、规格； 5.勾缝材料种类； 6.防护材料种类； 7.酸洗、打蜡要求	m²	按设计示尺寸以楼梯（包括踏步、休息平台及不大于 500 mm 的楼梯井）水平投影面积计算。 楼梯与楼地面相连时，算至梯口梁内侧边沿；无梯口梁者算至上一层踏步边沿加 300 mm	1.基层清理； 2.抹找平层； 3.面层铺贴、磨边； 4.贴嵌防滑条； 5.勾缝； 6.刷防护材料； 7.酸洗、打蜡； 8.材料运输
011106002	块料楼梯面层				
011106003	拼碎块料面层				

11.1.2 楼地面工程定额计量

楼地面工程清单工程量计算规则依照上部分，在定额消耗工程量计算中，依照《宁夏回族自治区建筑工程预算定额》，特别注意以下问题：

（1）水泥砂浆、水泥石子浆、混凝土等的配合比，如设计规定与定额不同，可以换算。

（2）零星项目面层适用于楼梯侧面、台阶的牵边、小便池、蹲台、池槽，以及面积在 0.5 m² 以内且定额未列项目。

（3）地面垫层按室内主墙间净空面积乘设计厚度以体积计算。应扣除凸出地面的构筑物、设备基础、室内铁道、地沟等所占的体积，扣除间壁墙和面积在 0.3 m² 以内柱、垛、附墙烟囱及孔洞所占面积。

（4）整体面层、找平层均按主墙间净空而积以面积计算。应扣除凸出地面构筑物、设备基础、室内管道、地沟等所占面积，不扣除间壁墙和面积在 0.3 m² 以内柱、垛、附墙烟囱及孔洞所占面积，门洞、空圈、暖气包槽、壁龛的开口部分亦不增加。

（5）楼梯面积（包括踏步、休息平台，以及小于500 mm宽的楼梯井）按水平投影面积计算。楼梯与楼地面相连时，算至梯口梁内侧边沿；无梯门梁者，算至最上一层踏步边沿加300 mm。

（6）台阶面层按设计图示尺寸以台阶（包括踏步及最上一层踏步边沿加300 mm）水平投影面积计算。

（7）块料面层踢脚线按实贴长度乘以高度以面积计算，成品木踢脚线按实铺长度计。楼梯踢脚线按相应定额乘以1.15系数。

11.1.3　楼地面工程计价

下面以一个实例分析楼地面工程计价的整个过程。

【例11.1】某建筑平面如图11.1所示，墙厚240 mm，室内铺设500 mm×500 mm中国红大理石，是编制其工程量清单，并进行报价。

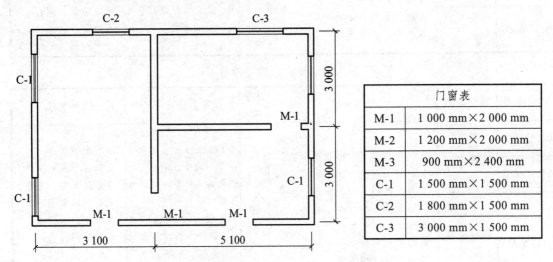

图11.1　某建筑平面图及门窗表（单位：mm）

解：（1）计算楼地面清单工程量。

根据装饰工程工程量清单项目及计价规则中块料面层，石材楼地面清单工程量为：

楼地面清单工程量＝（3.9-0.24）×（3+3-0.24）+（5.1-0.24）×（3-0.24）×
2+0.24×1×2+1.2×0.24+0.9×0.24
＝21.082+26.827+0.768＝47.91（m²）

（2）对该楼地面工程量清单报价。

① 计算定额工程量。

大理石楼面面层的组价内容对应一个定额子目2-1-41，如表11.4所示。

表11.4　大理石楼地面定额项目

定额编码	定额名称	单位	基　价	其　中		
				人工费	材料费	机械费
2-1-41	大理石楼地面　周长3 200 mm以外　单色	100 m²	18 166.02	1 936.35	15 991.45	238.22

经查定额可知，楼地面定额工程量计算规则同清单规则，即定额工程量也为 47.91 m²。

依据定额子目 2-1-41 可知完成每平方米楼地面大理石铺贴人工费是 19.36 元，材料费是 159.92 元，机械费是 2.38 元。

参照 2013 年宁夏回族自治区建筑安装工程费用定额，管理费、利润的计费基数为人工费和施工机具使用费之和，费率分别是 10.12% 和 11.2%。

人工费材料费机械费之和为：

$$47.91 \times (19.36 + 159.92 + 2.38) = 8\ 703.34（元）$$

管理费为：

$$47.91 \times (19.36 + 2.38) \times 10.12\% = 93.88（元）$$

利润为：

$$47.91 \times (19.36 + 2.38) \times 11.2\% = 103.9（元）$$

则本工程大理石楼地面综合单价为：

$$(8\ 703.34 + 93.88 + 103.9) \div 47.91（清单工程量）= 185.79（元/m²）$$

该楼地面清单项目综合单价分析表如表 11.5 所示。

表 11.5　工程量清单综合单价分析表

工程名称：　　　　标段：　　　　　　第　页　共　页

项目编码	011102001001		项目名称	大理石楼地面	计量单位		m²	
清单综合单价组成明细								
定额编号	定额名称	定额单位	数量	单价				合价
				人工费	材料费	机械费	管理费和利润	人工费	材料费	机械费	管理费和利润
2-1-41	大理石楼地面	100 m²	0.01	1936.35	15 991.45	238.22	412.83	19.36	159.92	2.38	4.13
小　计								19.36	159.92	2.38	4.13
清单项目综合单价/（元/m²）								185.79			

11.2　墙、柱面装饰与隔断、幕墙工程

这一部分包括 10 节，即墙面抹灰、柱（梁）面抹灰、零星抹灰、墙面块料面层、柱（梁）面镶贴块料、镶贴零星块料、墙饰面、柱（梁）饰面、幕墙工程、隔断。总共 36 个清单项目，适用于墙、柱、梁面装饰及幕墙隔断工程。

11.2.1　墙柱面工程清单分项

部分清单项目设置及工程量计算规则如表 11.6 ~ 表 11.10 所示。

表11.6 墙面抹灰（编号：011201）

项目编码	项目名称	项目特征	计量单位	工程量计算规则	工作内容
011201001	墙面一般抹灰	1.墙体类型; 2.底层厚度、砂浆配合比; 3.面层厚度、砂浆配合比; 4.装饰面材料种类; 5.分格缝宽度、材料种类	m²	按设计图示尺寸以面积计算。扣除墙裙、门窗洞口及单个大于0.3m²的孔洞面积，不扣除踢脚线、挂镜线和墙与构件交接处的面积，门窗洞口和孔洞的侧壁及顶面不增加面积。附墙柱、梁、垛、烟囱侧壁并入相应的墙面面积内。 1.外墙抹灰面积按外墙垂直投影面积计算; 2.外墙裙抹灰面积按其长度乘以高度计算; 3.内墙抹灰面积按主墙间的净长乘以高度计算; ①无墙裙的，高度按室内楼地面至天棚底面计算; ②有墙裙的，高度按墙裙顶至天棚底面计算; ③有吊顶天棚抹灰，高度算至天棚底; ④内墙裙抹灰面积按内墙净长乘以高度计算	1.基层清理; 2.砂浆制作、运输; 3.底层抹灰; 4.抹面层; 5.抹装饰面; 6.勾分格缝
011201002	墙面装饰抹灰				1.基层清理; 2.砂浆制作、运输; 3.勾分格缝
011201003	墙面勾缝	1.勾缝类型; 2.勾缝材料种类			1.基层清理; 2.砂浆制作、运输; 3.勾缝
011201004	立面砂浆找平层	1.基层类型; 2.找平层砂浆厚度、配合比			1.基层清理; 2.砂浆制作、运输; 3.抹灰找平

表11.7 柱（梁）面抹灰（编号：011202）

项目编码	项目名称	项目特征	计量单位	工程量计算规则	工作内容
011202001	柱、梁面一般抹灰	1.柱（梁）体型; 2.底层厚度、砂浆配合比; 3.面层厚度、砂浆配合比; 4.装饰面材料种类; 5.分格缝宽度、材料种类	m²	1.柱面抹灰：按设计图示柱断面周长乘高度以面积计算; 2.梁面抹灰：按设计图示梁断面周长乘长度以面积计算	1.基层清理; 2.砂浆制作、运输; 3.底层抹灰; 4.抹面层; 5.勾分格缝
011202002	柱、梁面饰面抹灰				
011202003	柱、梁面砂浆找平	1.柱（梁）体型; 2.找平的砂浆厚度、配合比			1.基层清理; 2.砂浆制作、运输; 3.抹灰找平
011202004	柱面勾缝	1.勾缝类型; 2.勾缝材料种类		按设计图示柱断面周长乘高度以面积计算	1.基层清理; 2.砂浆制作、运输; 3.勾缝

表 11.8 墙面块料面层（编号：011204）

项目编码	项目名称	项目特征	计量单位	工程量计算规则	工作内容
011204001	石材墙面	1.墙体类型； 2.安装方式； 3.面层材料品种、规格、颜色； 4.缝宽、嵌缝材料种类； 5.防护材料种类； 6.磨光、酸洗、打蜡要求；	m²	按镶贴表面积计算	1.基层清理； 2.砂浆制作、运输； 3.粘结层铺贴； 4.面层安装； 5.嵌缝； 6.刷防护材料； 7.磨光、酸洗、打蜡；
011204002	拼碎石材墙面				
011204003	块料墙面				
011204004	干挂石材钢骨架	1.骨架种类、规格； 2.防锈漆品种遍数	t	按设计图示以质量计算	1.骨架制作、运输、安装； 2.刷漆

表 11.9 柱（梁）镶贴块料（编号：011205）

项目编码	项目名称	项目特征	计量单位	工程量计算规则	工作内容
011205001	石材柱面	1.柱截面类型、尺寸； 2.安装方式； 3.面层材料品种、规格、颜色； 4.缝宽、嵌缝材料种类； 5.防护材料种类； 6.磨光、酸洗、打蜡要求；	m²	按镶贴表面积计算	1.基层清理； 2.砂浆制作、运输； 3.粘结层铺贴； 4.面层安装； 5.嵌缝； 6.刷防护材料； 7.磨光、酸洗、打蜡
011205002	块料柱面				
011205003	拼碎块柱面				
011205004	石材梁面	1.安装方式； 2.面层材料品种、规格、颜色； 3.缝宽、嵌缝材料种类； 4.防护材料种类； 5.磨光、酸洗、打蜡要求			
011205005	块料梁面				

表 11.10 幕墙工程（编号：011209）

项目编码	项目名称	项目特征	计量单位	工程量计算规则	工作内容
011209001	带骨架幕墙	1.骨架材料种类、规格、中距； 2.面层材料品种、规格、颜色； 3.面层固定方式； 4.隔离带、框边封闭材料品种、规格； 5.嵌缝、塞口材料种类	m²	按设计图示框外围尺寸以面积计算。与幕墙同种材质的窗所占面积不扣除	1.骨架制作、运输、安装； 2.面层安装； 3.隔离带、框边封闭； 4.嵌缝、塞口； 5.清洗
011209002	全玻（无框玻璃）幕墙	1.玻璃品种、规格、颜色； 2.粘结塞口材料种类； 3.固定方式		按设计图示尺寸以面积计算。带肋全玻幕墙按展开面积计算	1.幕墙安装； 2.嵌缝、塞口； 3.清洗

11.2.2 墙柱面工程定额计量

墙柱面工程清单工程量计算规则依照上部分，在定额消耗工程量计算中，依照《宁夏回族自治区建筑工程预算定额》，特别注意以下问题：

（1）内墙抹灰面积，应扣除墙裙、门窗洞口、空圈及单个 0.3 m² 以外的孔洞面积，不扣除踢脚线、挂镜线和墙与构件交接处的面积，门窗洞口和孔洞的侧壁及顶面不增加面积。附墙柱、梁、垛、烟囱侧壁并入相应的墙面面积内。

（2）外墙抹灰面积按外墙面的垂直投影面积计算。应扣除门窗洞口、外墙裙和单个 0.3 m² 以外孔洞所占面积，门窗洞口和孔洞的侧壁及顶面不增加面积。

（3）窗台线、门窗套、挑檐、遮阳板、腰线等展开宽度在 300 mm 以内者，按装饰线以延长米计算；如展开宽度超过 300 mm 以外时，按图示尺寸以展开面积计算，套零星抹灰定额项目。

（4）栏板、栏杆（包括立柱、扶手或压顶等）抹灰按中心线的立面垂直投影面积乘以系数 2.20 计算，套用零星项目；外侧与内侧抹灰砂浆不同时，各按系数 1.10 计算。

（5）女儿墙（包括泛水、挑砖）、阳台栏板（不扣除花格所占孔洞面积）内侧抹灰按垂直投影面积乘以系数 1.10、带压顶者乘系数 1.30 按墙面定额执行。

（6）除定额已列有柱帽、柱墩的项目外，其他项目的柱帽、柱墩工程量按设计图示尺寸以展开面积计算，并入相应柱面积内，每个柱帽或柱墩另增人工；抹灰 0.25 工日，块料 0.38 工日，饰面 0.5 工日。

（7）凡注明砂浆种类、配合比、饰面材料（含型材）型号规格的，如与设计规定不同时，可按设计规定调整，但人工、机械消耗量不变。

（8）镶贴面砖定额按墙面考虑，独立柱镶贴面砖按墙面相应项目人工乘以系数 1.15；零星项目镶贴面砖按墙面相应项目人工乘以系数 1.11，材料乘以系数 1.14。

【例 11.3】某建筑物钢筋混凝土柱的构造如图 11.2 所示，柱面挂贴花岗岩面层，试计算清单工程量。

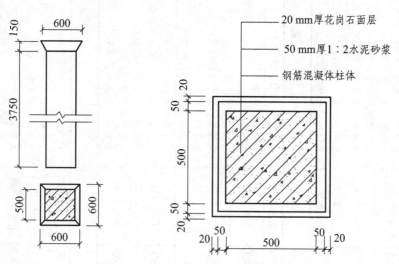

图 11.2 混凝土柱挂贴花岗岩详图

解：所求工程量=柱身工程量+柱帽工程量，其中：

柱身工程量=（0.5+0.05×2+0.02×2）×4×3.75=9.6（m²）

柱帽工程量=一个梯形饰面工程量×4

一个梯形饰面工程量=（0.64+0.74）×（0.15²+0.05²）$^{1/2}$/2=0.109（m²）

则　　　　柱帽工程量=0.109×4=0.44（m²）

柱面挂贴花岗岩的清单工程量=9.6+0.44=10.04（m²）

11.3　天棚工程

这一部分包括 4 节，即：天棚抹灰、天棚吊顶、采光天棚、天棚其他装饰。总共 10 个清单项目，适用于天棚装饰工程。

11.3.1　天棚工程清单分项

部分清单项目设置及工程量计算规则如表 11.11 及表 11.12 所示。

表 11.11　天棚抹灰（编号：011301）

项目编码	项目名称	项目特征	计量单位	工程量计算规则	工作内容
011301001	天棚抹灰	1.基层类型； 2.抹灰厚度、材料种类； 3.砂浆配合比	m²	按设计图示尺寸以水平投影面积计算。 不扣除间壁墙、垛、柱、附墙烟囱、检查口和管道所占的面积，带梁天棚的梁两侧抹灰面积并入天棚面积内，板式楼梯底面抹灰按斜面积计算，锯齿形楼梯底板抹灰按展开面积计算	1.基层清理； 2.底层抹灰； 3.抹面层

表 11.12　天棚吊顶（编号：011302）（部分）

项目编码	项目名称	项目特征	计量单位	工程量计算规则	工作内容
011302001	吊顶天棚	1.吊顶形式、吊杆规格、高度； 2.龙骨材料种类、规格、中距； 3.基层材料种类、规格； 4.面层材料品种、规格； 5.压条材料种类、规格； 6.嵌缝材料种类； 7.防护材料种类	m²	按设计图示尺寸以水平投影面积计算。 天棚面中的灯槽及跌级、锯齿形、吊挂式、藻井式天棚面积不展开计算。不扣除间墙壁、检查口、附墙烟囱、柱垛和管道所占面积，扣除单个大于 0.3 m² 的孔洞、独立柱与天棚相连的窗帘盒所占的面积	1.基层清理、吊杆安装； 2.龙骨安装； 3.基层板铺贴； 4.面层铺贴； 5.嵌缝； 6.刷防护材料

11.3.2　天棚工程定额计量

天棚工程清单工程量计算规则依照上部分所述，在定额消耗工程量计算中，依照《宁夏回族自治区建筑工程预算定额》，特别注意以下问题：

（1）凡定额中注明了砂浆种类、配合比，如与设计规定不同，可以换算，但定额的抹灰厚度不得调整。

（2）带密勒小梁和每个井内面积在 5 m² 以内的井字梁天棚抹灰，按每 100 m² 增加 3.96 个工日计算。

（3）定额中龙骨的种类、间距、型号、规格和基层面料的型号、规格是按常用材料和常用做法考虑的，如与设计要求不同时，材料可以调整，但人工、机械不变。

（4）跌级天棚其面层人工乘以系数 1.1。

（5）轻钢龙骨、铝合金龙骨定额中为双层结构（即中、小龙骨紧贴大龙骨底面吊挂），如为单层结构时（大、中龙骨底面在同一水平上），人工乘以系数 0.85。

（6）天棚检查孔的工料已包括在定额项目内，不另计算。

（7）楼梯底面抹灰，按楼梯水平投影面积（梯井宽超过 200 mm 以上者，应扣除超过部分的投影面积）乘以系数 1.30 计算，套用相应的天棚抹灰定额。

（8）阳台底面抹灰按水平投影面积计算，并入相应天棚抹灰面积内。阳台如呆悬臂梁者，其工程量乘以系数 1.30。

（9）雨篷底面或顶面抹灰分别按水平投影面积计算，并入相应天棚抹灰面积内。雨篷顶面带反岩或反梁者，其工程量乘以系数 1.20；底面带悬臂梁者。其工程量乘以系数 1.20。

（10）各种吊顶天棚龙骨按主墙间净空面积计算，不扣除间壁墙、检查洞、附墙烟囱、柱、垛和管道所占面积。

【例 11.4】某建筑平面图如图 11.3 所示，墙厚 240 mm，天棚基层类型为混凝土现浇板，方柱尺寸；400 mm×400 mm。试计算天棚抹灰的清单工程量。

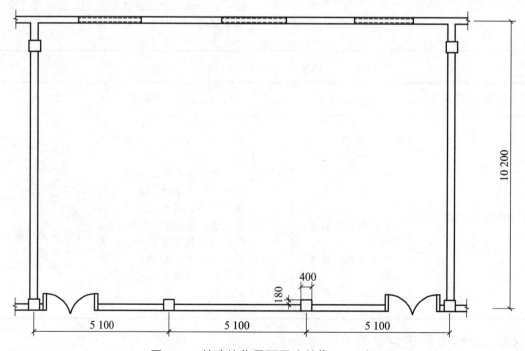

图 11.3 某建筑物平面图（单位：mm）

解：天棚抹灰清单工程量=（5.1×3-0.24）×（10.2-0.24）
$$=15.06×9.96=150.00（m^2）$$

【例11.5】在例11.4中，若装潢为天棚吊顶，试计算天棚的清单工程量。

解：天棚吊顶清单工程量=天棚抹灰工程量-独立周的工程量
$$=150.00-0.4×0.4×2$$
$$=149.68（m^2）$$

11.4 门窗工程

这一部分包括 7 节，即：木门、金属门、金属卷帘（闸）门、厂库房大门、特种门；其他门；木窗；金属窗；门窗套；窗台板；窗帘、窗帘盒、轨。总共55个清单项目，适用于门窗工程。

11.4.1 门窗工程清单分项

部分清单项目设置及工程量计算规则如表 11.13 ~ 表 11.18 所示。

11.4.2 门窗工程定额计量

门窗工程清单工程量计算规则依照上部分，在定额消耗工程量计算中，依照《宁夏回族自治区建筑工程预算定额》，特别注意以下问题：

（1）定额中普通木门窗、实木装饰门、铝合金门窗、铝合金卷闸门、不锈钢门窗、隔热断桥铝塑复合门窗、彩板组角钢门窗、塑钢门窗、塑料门窗、防盗装饰门窗、防火门窗等是按成品安装编制的。

（2）包门扇、门窗套、门窗筒子板、窗帘盒、窗台板等，如设计与定额不同时，饰面板材可以换算，定额含量不变。

（3）普通木门、普通木窗、实木装饰门安装工程量按设计图示门窗洞口尺寸以面积计算。

（4）铝合金门窗、不锈钢门窗、隔热断桥门窗、彩板组角钢门窗、塑钢门窗、塑料门窗、防盗装饰门窗，防火门窗安装均按设计图示门窗洞口尺寸以面积计算。

11.5 油漆、涂料、裱糊工程

这一部分包括 8 节，即：门油漆；窗油漆；木扶手及其他板条线条油漆；木材面油漆；金属面油漆；抹灰面油漆；喷刷涂料；裱糊。总共36个清单项目，适用于门窗油漆、金属面油漆、抹灰面油漆等工程。

11.5.1 油漆、涂料、裱糊工程清单分项

部分清单项目设置及工程量计算规则如表 11.19 所示。

表 11.13 木门（编号：020401）

项目编号	项目名称	项目特征	计量单位	工程量计算规则	工程内容
020401001	镶板木门	1.门类型； 2.框截面尺寸、单扇面积； 3.骨架材料种类； 4.面层材料品种、规格、品牌、颜色； 5.玻璃品种、厚度、五金材料、规格； 6.防护层材料种类； 7.油漆品种、刷漆遍数	樘/m²	按设计图示数量或设计图示洞口尺寸以面积计算	1.门制作、运输、安装； 2.五金、玻璃安装； 3.刷防护材料、油漆
020401002	企口木板门				
020401003	实木装饰门				
020401004	胶合板门				
020401005	夹板装饰门	1.门类型； 2.框截面尺寸、单扇面积； 3.骨架材料种类； 4.防火材料种类； 5.门纱材料品种、规格； 6.面层材料品种、规格、品牌、颜色； 7.玻璃品种、厚度、五金材料、规格； 8.防护材料种类； 9.油漆品种、刷漆遍数			
020401006	木质防火门				
020401007	木纱门				
020401008	连窗门	1.门窗类型； 2.框截面尺寸、单扇面积； 3.骨架材料种类； 4.面层材料品种、规格、品牌、颜色； 5.玻璃品种、厚度、五金材料、规格； 6.防护材料种类； 7.油漆品种、刷漆遍数	樘/m²		

表 11.14 金属门（编号：020402）

项目编号	项目名称	项目特征	计量单位	工程量计算规则	工程内容
020402001	金属平开门	1.门类型； 2.框材质、外围尺寸； 3.扇材质、外围尺寸； 4.玻璃品种、厚度、五金材料、品种、规格； 5.防护材料种类； 6.油漆品种、刷漆遍数	樘/m²	按设计图示数量或设计图示洞口尺寸以面积计算	1.门制作、运输、安装； 2.五金、玻璃安装； 3.刷防护材料、油漆
020402002	金属推拉门				
020402003	金属地弹门				
020402004	彩板门				
020402005	塑钢门				
020402006	防盗门				
020402007	钢质防火门				

表 11.15 金属卷帘门（编号：020403）

项目编号	项目名称	项目特征	计量单位	工程量计算规则	工程内容
020403001	金属卷闸门	1.门材质、框外围尺寸； 2.启动装置品种、规格、品牌； 3.五金材料、品种、规格； 4.刷防护材料种类； 5.油漆品种、刷漆遍数	樘/m²	按设计图示数量或设计图示洞口尺寸以面积计算	1.门制作、运输、安装； 2.启动装置、五金安装； 3.刷防护材料、油漆
020403002	金属格栅门				
020403003	防火卷帘门				

表 11.16 其他门（编号：020404）

项目编号	项目名称	项目特征	计量单位	工程量计算规则	工程内容
020404001	电子感应门	1.门材质、品牌、外围尺寸； 2.玻璃品种、厚度、五金材料、品种、规格； 3.电子配件品种、规格、品牌；	樘/m²	按设计图示数量或设计图示洞口尺寸以面积计算	1.门制作、安装、安装； 2.五金、电子配件安装； 3.刷防护材油漆
020404002	转门				
020404003	电子对讲门				

续表

项目编号	项目名称	项目特征	计量单位	工程量计算规则	工程内容
020404004	电动伸缩门	4.防护材料种类； 5.油漆品种、刷漆遍数			
020404005	全玻门 （带扇框）	1.门类型； 2.框材质、外围尺寸； 3.扇材质、外围尺寸； 4.玻璃品种、厚度、五金材料、品种、规格； 5.防护材料种类； 6.油漆品种、刷漆遍数			1.门制作、运输、安装； 2.五金安装； 3.刷防护材料、油漆
020404006	全玻自由门 （无扇框）				
020404007	半玻门 （带扇框）				

表 11.17 木窗（编号：020405）

项目编码	项目名称	项目特征	计量单位	工程量计算规则	工作内容
020405001	木质平开窗				
020405002	木质推拉窗				
020405003	矩形木 百叶窗	1.窗类型； 2.框材质、外围尺寸； 3.扇材质、外围尺寸； 4.玻璃品种、厚度、五金材料、品种、规格； 5.防护材料种类； 6.油漆品种、刷漆遍数	樘/m²	按设计图示数量或设计 图示洞口尺寸以面积计算	1.窗制作、运输、安装； 2.五金、玻璃安装； 3.刷防护材料、油漆
020405004	异形木 百叶窗				
020405005	木组合窗				
020405006	木天窗				
020405007	矩形木 固定窗				
020405008	异形木 固定窗				
020405009	装饰空 花木窗				

表 11.18 金属窗 （编号：020406）

项目编码	项目名称	项目特征	计量单位	工程量计算规则	工作内容
020406001	金属推拉窗	1.窗类型； 2.框材质、外围尺寸； 3.扇材质、外围尺寸； 4.玻璃品种、厚度、五金材料、品种、规格； 5.防护材料种类； 6.油漆品种、刷漆遍数	樘/m²	按设计图示数量或设计图示洞口尺寸以面积计算	1.窗制作、运输、安装； 2.五金、玻璃安装； 3.刷防护材料、油漆
020406002	金属平开窗				
020406003	金属固定窗				
020406004	金属百叶窗				
020406005	金属组合窗				
020406006	彩板窗				
020406007	塑钢窗				
020406008	金属防盗窗				
020406009	金属格栅窗				

表 11.19 门油漆 （编号：011401）

项目编码	项目名称	项目特征	计量单位	工程量计算规则	工作内容
011401001	木门油漆	1.门油漆； 2.门代号及洞口尺寸； 3.腻子类型； 4.刮腻子遍数； 5.防护材料种类	1.樘； 2.m²	1.以樘计量，按设计图示数量计算； 2.以平方米计算，按设计图示洞口尺寸以面积计算	1.层清理； 2.刮腻子； 3.刷防护材料、油漆； 1.除锈、基层清理； 2.刮腻子； 3.刷防护材料、油漆
011401002	金属门门油漆				

11.5.2 油漆、涂料、裱糊工程定额计量

油漆、涂料、裱糊工程清单工程量计算规则依照上部分，在定额消耗工程量计算中，依照《宁夏回族自治区建筑工程预算定额》，特别注意以下问题：

（1）定额中刷涂、刷油采用手工操作，喷塑、喷涂、喷油采用机械操作，操作方法不同时，不另调整。

（2）定额规定的喷、涂、刷遍数，如与设计要求不同时，可按增加一遍定额项目进行调整。

（3）涂料品种与定额不同时，材料可以换算，人工、机械不变。

（4）定额中单层木门刷油是按双面刷油考虑的，如采用单面刷油，其定额含量乘以 0.49 系数计算。

（5）木材面、金属面油漆的工程量按定额规定分别乘以相应系数。

（6）木楼梯（不包含底面）油漆，按水平投影面积乘以系数 2.3，执行木地板相应子目。

思考题

1. 楼地面工程清单分项有何特点？楼地面工程计价应注意事项有哪些？
2. 墙柱面工程清单分项有何特点？墙柱面定额工程量是如何计算的？
3. 天棚工程量清单分项和计价有何特点？
4. 门窗工程的清单分项有何特点？其计价工程量是如何确定的？
5. 油漆、涂料、裱糊工程清单工程量和定额工程量是如何计算的？

习题

某住宅楼为一类工程，外墙面贴面砖（240 mm×60 mm），业主提供的工程量清单如表 11.23 所示。试确定该分部分项工程项目综合单价。

表 11.23　分部分项工程量清单

工程名称：某墙柱面工程 第　页　共　　页

序号	项目编码	项目名称	项目特征	计量单位	工程数量
1	011204003001	块料墙面	20 mm 厚水泥砂浆打底； 10 mm 厚水泥砂浆结合层； 缝宽 10 mm 以内； 240 mm×60 mm 面砖	m²	200.00

12 措施项目计量与计价

本章概要

本章主要介绍措施项目清单分项特点，以及措施项目清单计价的相关规定。重点要求掌握脚手架、模板及垂直运输等措施项目的计量方法和清单编制及计价。

12.1 概 述

措施项目是指为完成工程项目，发生于该工程施工准备和施工过程中的技术、生活、安全、环境保护等方面的项目[《建设工程工程量清单计价规范》(GB 50500—2013)]。按《房屋建筑与装饰工程工程量计算规范》(GB 50854—2013，简称《计量规范》)，措施项目在附录S中，分别为脚手架工程、混凝土模板及支架、垂直运输、超高施工增加、大型机械设备进出场及安拆、施工排水降水、安全文明施工及其他措施项目等7节内容。《计量规范》对可以计算工程量的措施项目（单价措施项目），列出了项目编码、项目名称、工作内容及包含范围。

措施项目清单必须根据相关工程现行国家计量规范的规定编制，并且应根据工程的实际情况列项。单价措施项目清单的编制同分部分项工程量清单，需根据规范规定的项目编码、项目名称确定清单项目，描述项目特征和确定计量单位，计算清单工程量；总价措施项目清单的编制依据规范规定的项目编码、项目名称确定清单项目，不必描述项目特征和确定计量单位，无需计算清单工程量。

依《建筑安装工程费用项目组成》(建标〔2013〕44号)规定，措施项目费是指为完成实体工程施工，发生于施工前和施工过程中的技术、生活、安全、环境保护等方面的费用。措施项目费的内容包括：① 安全文明施工费；② 夜间施工增加费；③ 二次搬运费；④ 冬雨季施工增加费；⑤ 已完成工程及设备保护费；⑥ 工程定位复测费；⑦ 特殊地区施工增加费；⑧ 大型机械设备进出场及安拆费；⑨ 脚手架工程费。措施项目费随不同的专业工程会略有不同，具体的参见各类专业工程的现行国家或行业计量规范。

措施项目费包括按单价计算的项目费用(见表12.1)和按总价计算的项目费用(见表12.2)。措施项目中的单价项目，应根据招标文件和招标工程量清单项目中的特征描述及有关要求确定综合单价计算，其要求及计算方法同分部分项工程量清单费用。措施项目中的总价项目，在招标控制价中应根据拟定的招标文件和常规施工方案按规范规定计价，在投标价中根据招标文件及招标时拟定的施工组织设计或施工方案自主确定。

当工程发生变更，工程量清单发生增减，或工程量发生偏差引起措施项目发生变化时，可以根据计量规范的相关规定调整措施项目费用。

表 12.1　单价措施项目清单与计价表

序号	项目编码	项目名称	项目特征描述	计量单位	工程量	金额/元			
						综合单价	合价	其中	
								暂估价	
本页小计									
合　计									

表 12.2　总价措施项目清单与计价表

序号	项目编码	项目名称	计算基础	费率/%	金额/元	调整费率/%	调整后金额/元	备注
		安全文明施工费						
		夜间施工增加费						
		二次搬运费						
		冬雨季施工增加费						
		已完工程及设备保护费						
合　计								

12.2　脚手架工程计量与计价

在建筑施工中，当施工高度超过地面（室内自然地面或设计地面、室外地面）1.2m 时，为能继续进行操作（如结构施工、内外装饰等）、堆放和运送材料，需要搭设相应高度的脚手架，并应计算脚手架工程量。

12.2.1　脚手架工程清单分项

《房屋建筑与装饰工程工程量计算规范》（GB 50854—2013）中，脚手架工程在附录 S 措施项目中，有综合脚手架、外脚手架、里脚手架、悬空脚手架、挑脚手架、满堂脚手架、整体提升架及外装饰吊篮共 8 个子目。规范规定使用综合脚手架时，不再使用外脚手架、里脚手架等单项脚手架；综合脚手架适用于能够按"建筑面积计算规则"计算建筑面积的建筑工程脚手架，不适用于房屋加层、构筑物及附属工程脚手架。同一建筑物有不同檐高时，按建筑物竖向切面分别按不同檐高编列清单项目。建筑面积计算按《建筑面积计算规范》（GB/T 50353—2005）。脚手架材质可以不描述，但应注明由投标人根据工程实际情况按照《建筑施工扣件式钢管脚手架安全技术规范》《建筑施工附着升降脚手架管理规定》等规范自行确定。

12.2.2 脚手架工程计价

脚手架中钢管及配件（螺栓、底座、扣件）均以租赁形式表示，其他含量（脚手板等）以自有摊销形式表示。

12.2.2.1 综合脚手架

综合脚手架综合了建筑物中砌筑内外墙、运料斜坡、上料平台、金属卷扬机、外墙粉刷等作业时需要的脚手架项目的统称。不包括内墙装饰与斜道搭设。综合脚手架适用于一般工业与民用建筑工程，6 层以内总高不超过 20m，单层建筑物层高在 6.0 m 以内。

综合脚手架工程量按建筑物的建筑面积计算。建筑面积计算以国家《建筑工程建筑面积计算规范》（GB/T 50353—2013）为准。当建筑工程（主体结构）与装饰装修工程是一个施工单位施工时，建筑工程按综合脚手架、外脚手架增加费子目全部计算，装饰装修工程不再计算脚手架费用。当建筑工程（主体结构）与装饰装修工程不是一个施工单位施工时，建筑工程综合脚手架按定额子目的 90% 计算、外脚手架增加费按按定额子目的 70% 计算；装饰装修工程另按实际使用外墙单项脚手架或其他脚手架计算，外脚手架增加费按定额子目的 30% 计算。

单层建筑物的高度，自室外地坪至檐口滴水的高度为准。多跨建筑物如高度不同时，应分别按照不同的高度计算。多层建筑物层高或单层建筑物高度超过 6 m 者，每超过 1 m 再计算一个超高加高层，超高增加层工程量等于该层建筑面积乘以增加层层数。超过高度大于 0.6 m，按一个超高增加层计算；超过高度在 0.6 m 以内，舍去不计。

12.2.2.2 外脚手架增加费

外脚手架增加费包括建筑工程（主体结构）和装饰装修工程。建筑物 6 层以上或檐高 20 m 以上时，均应计算外脚手架增加费。外脚手架增加费以建筑物的檐高和层数两个指标划分定额子目。当檐高达到上一级而层数未达到时，以檐高为准套用相应定额子目；当层数达到上一级而檐高未达到时，以层数为准套用定额子目。

（1）檐高在 20 m 以上时，以建筑物檐高与 20 m 之差，除以 3.3 m（余数不计）为超高折算层层数[除（5）、（6）款外]，乘以按第（3）款计算的折算层面积，计算工程量。

（2）当上层建筑面积小于下层建筑面积的 50%时，垂直分割成两部分计算。层数（或檐高）高的范围与层数（或檐高）低的范围按第（1）款规则计算。

（3）当上层建筑面积大于或等于下层建筑面积的 50%时，按第（1）款规定计算超高折算层层数，以建筑物楼面高度 20 m 及以上实际层数建筑面积的算术平均值为折算层面积，乘以超高折算层层数，计算工程量。

（4）当建筑物檐高在 20 m 以下，而层数在 6 层以上时，以 6 层以上建筑面积套用 7～8 层子目，剩余 6 层以下（不含第 6 层）的建筑面积套用檐高 20 m 以内子目。

（5）当建筑面积檐高超过 20 m，但未达到 23.3 m 时，则无论实际层数多少，均以最高一层建筑面积（含屋面楼梯间、机房等）套用 7 ~ 8 层子目，剩余 6 层以下（不含第 6 层）的建筑面积套用檐高 20 m 以内子目。

（6）当建筑物檐高在 28 m 以上但未超过 29.9 m，或檐高在 28 m 以下但层数在 9 层以上时，按 3 个超高折算层和第(3)款计算的折算层面积相乘计算工程量，套用 9 ~ 12 层子目，余下建筑面积不计。

12.2.2.3　单项脚手架

不能以建筑面积计算脚手架，但又搭设的脚手架，均执行单项脚手架定额。

（1）凡捣制梁（除过梁、圈梁）、柱、墙，按全部混凝土按每立方米计算，13 m² 的 3.6 m 以内钢管里脚手架；施工高度在 6 ~ 10 m 时，应在按 6 ~ 10 m 范围的混凝土体积每立方米增加计算 26 m² 的单排 9 m 内钢管外脚手架；施工高度在 10 m 以上时，按施工组织设计方案另行计算。施工高度应自室外地坪面或楼面至构件顶面的高度计算。

（2）围墙脚手架，按相应里脚手架定额以面积计算。其高度应以自然地坪至围墙顶，如围墙顶上装金属网者，其高度应算至金属网顶，长度按围墙中心线计算。不扣除围墙门所占的面积，但独立门柱砌筑用的脚手架也不增加。围墙装修用脚手架，单面装修按单面面积计算，双面装修按双面面积计算。

（3）凡室外单独砌筑转、石挡土墙和沟道墙，高度超过 1.2 m 以上时，按单面垂直墙面面积套用相应的里脚手架定额。

（4）室外单独砌筑、石独立柱、墩及突出屋面的砖烟囱。按外围周长另加 3.6 m 乘以实砌高度计算相应的单排外脚手架费用。

（5）砌两砖及两砖以上的砖墙，除按综合脚手架计算外，另按单面垂直砖墙面面积增加单排外脚手架。

（6）砖、石砌基础，深度超过 1.5 m 时（设计室外地面以下），按相应里脚手架定额计算脚手架，其面积为基础底至设计室外地面的垂直面积。

（7）混凝土、钢筋混凝土带形基础同时满足底宽超过 1.2 m（包括工作面的宽度），深度超过 1.5 m 或满堂基础、独立基础同时满足底面积超过 4 m²（包括工作面的高度），深度超过 1.5 m 时，均按水平投影面积套用基础满堂脚手架计算。

（8）高颈杯形钢筋混凝土基础，其基础底面至室外地面的高度超过 3 m 时，应按基础底边周边长度乘高度计算脚手架，套用基础满堂脚手架计算。

（9）储水（油）池及矩形储仓按外围周长加 3.6 m 乘以壁高面积以面积计算，套用相应的双排外脚手架定额。

12.2.2.4　装饰用脚手架

（1）外脚手架和电动吊篮，仅适用于单独承包装饰装修，工作面高度在 1.2 m 以上时，需重新搭设脚手架的工程。

（2）装饰装修外脚手架，按外墙外边线乘以墙高以面积计算。内墙面装修脚手架，均按内墙面垂直投影面积里脚手架，不扣除门窗孔洞的面积。已计算满堂脚手架的，不得再计算内墙里脚手架。搭设 3.6 m 以上钢管里脚手架时，按 9 m 以内钢管里脚手架计算。

（3）凡天棚操作高度超过 3.6 m 需抹灰或刷油者，应按室内净面积计算满堂脚手架，不扣除垛、柱、附墙烟囱所占面积。满堂脚手架高度，单层以设计室外地面至天棚底为准，楼层以室内地面或楼面至天棚底（斜天棚或斜屋面板以平均高度计算）为准。满堂脚手架的基本层操作高度按 5.2 m 计算（基本层高 3.6 m），每超过 1.2 m 计算一个增加层。每层室内天棚高度超过 5.2 m：在 0.6 m 以上时，按增加一层计算；在 0.6 m 以内时，舍去不计。

例如，在建筑室内天棚高 9.2 m，其增加层为：

（9.2-5.2）÷1.2=3（增加层）余 0.4 m

则按 3 个增加层计算，余 0.4 m 舍去不计。

12.2.2.5 其他

建筑工程（主题结构）悬空吊篮脚手架以墙面投影面积计算，高度按设计室外地面至墙顶的高度，长度按墙的外围长度。

装饰装修工程外墙电动吊篮，按外墙装饰面尺寸以垂直投影面计算。

12.3 模板工程计量与计价

12.3.1 模板工程清单分项

《计量规范》对现浇混凝土模板采用两种方式进行编制，在现浇混凝土工程项目"工作内容"中包括模板工程的内容，同时又在措施项目中单列了现浇混凝土，模板工程项目。对此，招标人应根据工程实际情况选用。即对现浇混凝土工程项目，一方面"工作内容"中包括模板工程的内容，以平方米（m²）计量，与混凝土工程项目一起组成综合单价；另一方面又在措施项目中单列了现浇混凝土模板工程项目，以平方米（m²）计量，单独组成综合单价。上述规定包含三层意思：一是招标人应根据工程的实际情况在同一标段（或合同段）的两种方式中选择其一；二是招标人若采用单列现浇混凝土模板工程，必须按规范所规定的计量单位、项目编码、项目特征描述列出清单，同时，现浇混凝土模板中不包含模板的工程费用；三是招标人若不单列现浇混凝土模板工程项目，不再编列现浇混凝土模板项目清单，意味着现浇混凝土工程项目的综合单价中包含了模板的工程费用。

《计量规范》对预制混凝土构件，其"工作内容"中包括模板工程，不再另列预制混凝土构件模板工程项目。

混凝土模板及支架（撑）工程在规范的附录 S 措施项目中有基础、柱、梁、墙、板、天沟、檐沟、雨篷、楼梯、其他现浇构件、地沟、台阶、扶手、散水、后浇带、化粪池、检查井等共计 32 个子目。规范规定，混凝土模板及支撑（架）项目，只适用于以平方米（m²）计量，按模板与混凝土构件的接触面积计算。以立方米计量的模板及支撑（支架）《按混凝土及钢筋混凝土实体项目执行，其综合单价中应包含模板及支撑（支架）。原槽浇筑的混凝土基础，不计算模版。若现浇混凝土现浇混凝土梁、板支撑高度超过 3.6 m，项目特征应描述支撑高度。当采用清水模板时，应在特征中注明，其部分清单子目如表 12.3 所示。

表 12.3　混凝土模板及支架（撑）（编号：011702）（部分）

项目编码	项目名称	项目特征	计量单位	工程量计算规则	工作内容
011702001	基　础	1.基础类型	m²	按模板与现浇混凝土构件的接触面积计算： 1.现浇钢筋混凝土墙、板单孔面积不大于0.3 m²的孔洞不予扣除，洞侧壁模板亦不增加；单孔面积大于0.3 m²时应予扣除，洞侧壁模板面积并入墙、板工程量内计算； 2.现浇框架分别按梁、板、柱有关规定计算；附墙柱、暗梁、暗柱并入墙内工程量内计算； 3.柱、梁、板、墙相互连接的重叠部分，均不计算模板面积； 4.构造柱按图示外露部分计算模板面积	1.模板制作； 2.模板安装、拆除、整理堆放及场内外运输； 3.清理模板黏结物及膜内杂物、刷隔离剂等
011702002	矩形柱				
011702003	构造柱				
011702004	异形柱	柱截面形状			
011702005	基础梁	梁截面形状			
011702006	矩形梁	支撑高度			
011702007	异形梁	1.梁截面形状； 2.支撑高度			
011702008	圈　梁				
011702009	过　梁				
011702010	弧形、拱形梁	1.梁截面形状； 2.支撑高度			
011702011	直行墙				
011702012	弧形墙				
011702013	短肢剪力墙、电梯井壁				
011702014	有梁板				
011702015	无梁板				
011702016	平　板				
011702017	拱　板	支撑高度			
011702018	薄壳梁				
011702019	空心板				
011702020	其他板				

12.3.2　模板工程计价

宁夏地区消耗量定额对模板工程量区分为现浇混凝土构件模板和预制混凝土构件模板。对预制混凝土构件模板的规定是，外购预制混凝土成品价中已包含模板费用，不另计算。如施工中混凝土构件采用现场预制时，对现场预制的混凝土构建参照外购预制混凝土构件以成品价计算。预制混凝土构件灌缝模板工程量同构件灌缝工程量。

现浇混凝土模板工程量的计算规则，对模板按不同构件，分别以组合模板、胶合板模板、木模板和滑升模板配置。使用其他模板时，可编制补充定额。工作内容包括：清理、场内运输、安装、刷隔离剂、浇灌混凝土时模板维护、拆模、集中堆放、场外运输。木模板包括制作（现浇不刨光），组合钢模板、胶模板包括装箱。

12.3.2.1　现浇混凝土及钢筋混凝土模板定额工程量计算一般规定

1. 基础

（1）基础与墙、柱的划分，均以基础扩大顶面为界。

（2）有肋带形基础，肋高与肋宽之比在 4：1 以内的，按有肋带型基础计算；肋高与肋宽之比超过 4∶1 的，其底板按板式带形基础计算，以上部分按墙计算。

（3）箱型满堂基础应分别按满堂基础、柱、墙、梁、板有关规定计算。

（4）设备基础除块体外，其他类型设备基础分别按基础、梁、板、柱、墙等有关规定计算。

2. 柱

（1）有梁板的柱高，按基础上表面或楼板上表面至楼板上表面计算。

（2）无梁板的柱高，按基础上表面与或楼板上表面至柱帽下表面计算。

（3）构造柱的柱高，有梁时按梁间的高度（不含梁高）计算。无梁时按全高计算。

（4）依附于柱上的牛腿，并入柱内计算。

单面附墙柱并入墙内计算，双面附墙柱按柱计算。

3. 梁

（1）梁与柱连接时，梁长算至柱的侧面。

（2）主梁与次梁连接时，次梁长算至主梁的侧面。

（3）圈梁与过梁连接时，过梁长度按门窗洞口宽度共加 500 mm 计算。

（4）现浇挑梁的悬挑部分按单梁计算，嵌入墙身部分分别按圈梁、过梁计算。

4. 板

（1）有梁板包括主梁、次梁与板、梁板合并计算。

（2）无梁板的柱帽并入板内计算。

（3）平板与圈梁、过梁连接时，板算至梁的侧面。

（4）预制板缝宽度在 60 mm 以上时，按现浇平板计算；60 mm 宽以下的板缝已在接头灌缝的子目内考虑，不再列项计算。

5. 墙

（1）墙与梁重叠，当墙厚等于梁宽时，墙与梁合并按墙计算；当墙厚小于梁宽时，墙、墙、梁分别计算。

（2）墙与板相交，墙高算全板的底面。

（3）墙净长小于或等于 4 倍墙厚时，按柱计算；墙净长大于 4 倍墙厚而小于或等于 7 倍墙厚时，按短肢剪力墙计算。

6. 其他

（1）带反梁的雨篷按有梁板定额子目计算。

（2）零星混凝土构件是指每件体积在 0.05 m³ 以内的未列出定额项目的构件。

（3）现浇挑檐天沟与板（包括屋面板、楼板）连接时以外墙为分界线；与圈梁（包括其他梁）连接时，以梁外边线为分界线。外墙外边线和梁外边线以外为挑檐天沟。

12.3.2.2　现浇混凝土及钢筋混凝凝土模板工程量计算规则

（1）现浇混凝土及钢筋混凝土模板工程量，除另有规定者外，均应区别模板的不同材质，按混凝土与模板接触面的面积计算。

（2）设备基础螺旋套留孔，区别不同深度以个计算。

（3）现浇钢筋混凝土柱、梁（不包括圈梁、过梁）、板（含现浇阳台、雨篷、遮阳板等）、墙、支架、筏梁的支模高度（即室外设计地坪或板面至上一层板底之间的高度）以 3.6 m 以内为准，高度超过 3.6 m 以上部分，另按超高部分的总接触面积乘以超高米数（不含 1 m，小数进位取整）计算支撑超高增加费工程量，套用相应构件每增加 1 m 子目。

（4）现浇钢筋混凝土墙、板上单孔面积在 0.3 m² 以内的孔洞，不予扣除，洞侧壁模板亦不增加，但突出墙、板面的混凝土模板应相应增加；单孔面积在 0.3 m² 以外时，应予扣除，洞侧壁模板并入墙、板模版工程量内计算。

（5）杯形基础的净高大于 1.2 m 时（基础扩大顶面至杯口底面）按柱定额执行，其杯口部分和基础合并按杯形基础计算。

（6）柱与梁、柱与墙、梁与梁等连接的重叠部分以及伸入墙内的梁头、板头部分，均不计算模板面积。

（7）构造柱均按图示外露部分计算模板面积，留马牙槎的按最宽面计算模板宽度。构造柱与墙接触面不计算模板面积。

（8）现浇钢筋混凝土阳台、雨篷按图示外挑部分尺寸的水平投影面积计算。挑出墙外的悬臂梁及板边模板不另计算。雨篷翻边突出板面高度在 200 mm 以内时，按翻边的外边线长度乘以突出板面高度，并入雨篷内计算；雨篷翻边突出板面高度在 600 mm 以内时，翻边按天沟计算；雨篷翻边突出板面高度在 1 200 mm 以内时翻边按拦板计算；雨棚翻边凸出板面高度超过 1 200 mm 时，翻边按墙计算。

（9）楼板后浇带模板及支撑增加费以延长米计算。

（10）整体楼梯包括休息平台、平台梁、斜梁和楼梯的连接梁，按水平投影面积计算。不扣除宽度小于 500 mm 的梯井。楼梯踏步、踏步板、平台梁等侧面模板不另计算。伸入墙内部分也不增加。当楼梯与现浇楼板有梯梁连接时，楼梯应算至梯口梁外侧；当无梯梁连接时，以楼梯最后一个踏步边缘加 300 mm 计算。

（11）混凝土台阶按图示台阶尺寸的水平投影面积计算，台阶端头两侧不另计算模板面积。架空式混凝土台阶，按现浇楼梯计算。

（12）现浇混凝土明沟以接触面按电缆沟子目套用，现浇混凝土散水按散水坡实际面积计算。

（13）混凝土扶手按延长米计算。

（14）带型柱承台按带形基础定额执行。

（15）小立柱、二次浇灌模板按零星构件定额执行，以实际接触面积计算。

（16）以下构件按接触面计算模板：

①混凝土墙按直行墙、电梯井壁、短肢剪力墙、圆弧墙，划分不分厚度，分别计算。

②挡土墙、地下室墙是直行墙时，按直行墙计算；是圆弧形时，按圆弧墙计算；既有直行又有圆弧形，应分别计算。

（17）小型池槽按外形体积计算，小型池槽是指外形体积在 2 m³ 以内的池槽。

12.4　垂直运输及超高施工增加工程计量与计价

12.4.1　垂直运输、超高施工增加工程清单分项

《房屋建筑与装饰工程工程量计算规范》（GB 50854—2013）规定，垂直运输指施工工程

在合理工期内所需的垂直运输机械。同一建筑物有不同檐高时，按建筑物的不同檐高做纵向分割，分别计算建筑面积，以不同檐高分别编码列项。建筑物的檐口高度是指设计室外地坪至檐口滴水的高度（平屋顶是指屋面板底高度），突出主体建筑屋顶的电梯机房、楼梯出口间、水箱间、瞭望塔、排烟机房等不计入檐口高度。垂直运输只有一个子目，如表12.4所示。

表12.4 垂直运输（编号：011703）

项目编码	项目名称	项目特征	计量单位	工程量计算规则	工作内容
011703001	垂直运输	1.建筑物建筑类型及结构形式； 2.地下室建筑面积； 3.建筑物檐口高度、层数	1. m² 2.天	1.按建筑面积计算； 2.按施工工期日历天数计算	1.垂直运输机械的固定装置、基础制作、安装； 2.行走式垂直运输机械轨道的铺设、拆除、摊销

根据规范规定，单层建筑物檐口高度超过20 m、多层建筑物超过6层时，可按超高部分的建筑面积计算超高施工增加。计算层数时，地下室不计入层数。同一建筑物有不同檐高时，可按不同高度的建筑面，分别计算建筑面积，以不同檐高分别编码列项。

超高施工增加在附录措施项目中只有一个子目，如表12.5所示。

表12.5 超高施工增加（编号011704）

项目编码	项目名称	项目特征	计量单位	工程量计算规则	工作内容
011704001	超高施工增加	1.建筑物建筑类型及结构形式； 2.建筑物檐口高度、层数； 3.弹层建筑物檐口超过20 m，多层建筑物超过6层部分的建筑面积	m²	按建筑物超高部分的建筑面积计算	1.建筑物超高引起的人工工效降低以及由于人工工效降低引起的机械降效； 2.高层施工用水加压水泵的安装、拆除及工作台班； 3.通信联络设备的使用及摊销

12.4.2 垂直运输工程计价

垂直运输工程在《宁夏回族自治区建筑工程预算定额》中分列在结构分册和装饰装修分册中，使用时按照工程项目特征分别套用。

12.4.2.1 垂直运输工程定额应用说明

（1）建筑物垂直运输以建筑物的檐高及层数两个指标划分定额子目。如檐高达到上一级面层数未达到时，以檐高为准；如层数达到上一级而檐高未达到时，以层数为准。

（2）建筑物檐高指建筑物自设计室外地面标高至檐口滴水标高。无组织排水的滴水标高为屋面板顶，有组织排水的滴水标高为天沟板底。

建筑物层数指室外地面以上自然层（含 2.2 m 设备管道层）地下室和屋面有围护结构的楼梯间、电梯间、水箱间、塔楼、望台等，只计算建筑面积，不计算檐高和层数。

（3）高层建筑垂直运输及超高增加费包括 6 层以上（或檐高 20 m 以上）的垂直运输、超高人工及机械降效、清水泵台班、28 层以上通信等费用。建筑物层数在 6 层以上或檐高在 20 m 以上时，均应计取此费用。

（4）7~8 层（檐高 20~28 m）高层建筑垂直运输及超高增加费子目只包含本层、不包含 1~6 层（檐高 20 m 以内）。当套用 7~8 层檐高（檐高 20~28 m）高层建筑垂直运输及超高增加费子目时，余下地面以上的建筑面积还应套用 6 层以内（檐高 20 m 以内）建筑物垂直运输子目。

9 层及以上或檐高 28 m 以上的高层建筑垂直运输及超高增加费子目除包含本层及以上外，还包含 7~8 层檐高（檐高 20~28 m）和 1~6 层（檐高 20 m 以内）。当套用了 9 层及以上或檐高 28 m 以上的高层建筑垂直运输及超高增加费子目时，余下地面以上的建筑面积不再套用 7~8 层檐高（檐高 20~28 m）高层建筑垂直运输及超高费增加超高增加费子目和 6 层以内（檐高 20 m 以内）垂直运输子目。

（5）建筑物地下室（含半地下室）、高层范围外的 1~6 层且檐高 20 m 以内裙房面积（不区分是否垂直分割），应套用 6 层以内（檐高 20 m 以内）垂直运输子目。

（6）建筑物垂直运输定额中的垂直运输机械，不包括大型机械的场外运输、安拆费以及路基铺垫、基础等费用发生时，另按相应定额计算。

12.4.2.2　垂直运输工程定额工程量计算规则

（1）一般规则。

檐高 20 m 以内，建筑物垂直运输、高层建筑垂直运输及超高增加费工程量按建筑面积计算。

（2）檐高 20 m 以内建筑物垂直运输。

当建筑物层数在 6 层以内且檐高 20 m 以内，按 6 层以下的建筑面积之和计算工程量，包括地下室和屋顶楼梯间等建筑面积。

（3）高层建筑垂直运输及超高增加费。

①檐高 20 m 以上时，以建筑物檐高与 20 m 之差，除以 3.3 m（余数不计）为超高折算层层数（除本条的 5、6 款外），乘以按本条第 3 款计算的折算成面积，计算工程量。

②当上层建筑面积小于下层建筑面积的 50% 时，应垂直分割为两部分计算。层数（或檐高）的范围与层数（或檐高）低的范围分别按本条 1 款计算。

③当上层建筑面积大于或等于下层建筑面积 50% 时，则按本条第 1 款规定计算超高折算层层数，以建筑物楼面高度 20 m 及以上实际层数建筑面积的算术平均值为折算成面积，乘以超高折算层层数，计算工程量。

④当建筑物檐高在 20 m 以下，而层数在 6 层以上时，以 6 层以上建筑面积套用 7~8 层子目。剩余 6 层以下（不含第 6 层）的建筑面积套用檐高 20 m 以内子目。

⑤当建筑物檐高超过 20 m，但未达到 23.3 m，则无论实际层数多少，均以最高一层建筑面积（含屋面楼梯间、机房等）套用 7~8 层子目。剩余 6 层以下（不含第 6 层）的建筑面积套用 20 m 以内子目。

⑥ 当建筑物檐高在 28 m 以上,但未超过 29.9 m 和檐高在 28 m 以下但层数在 9 层以上时,按 3 个超高折算层和本条第 3 款计算的折算层面积相乘计算工程量,套用 9 ~ 12 层子目,余下建筑面积不计。

12.5 其他措施项目计量与计价

12.5.1 大型机械设备进出场及安拆

大型机械设备进出场及安拆按使用机械设备的数量计算。大型机械设备进出场包括施工机械整体或分体自停放场地运至施工现场,或由一个施工地点运至另一个施工地点,所发生的施工机械进出场运输及转移费用,由机械设备的装卸、运输及辅助材料费等构成。大型机械设备安拆费包括施工机械在施工现场进行安装、拆卸所需的人工费、材料费、机械费、试运转费和安装所需的辅助设施的费用。

12.5.2 施工降水排水

施工降水包括成井、井管安装、排水管道安拆及摊销、降水设备的安拆及维护的费用,抽水的费用以及专人值守的费用等。施工排水包括排水沟槽开挖、砌筑、维修,排水管道的铺设、维修,排水的费用以及专人值守的费用等。

成井按设计图示尺寸以钻孔深度计算。降水排水以降排水日历天数计算。

12.5.3 安全文明施工及其他措施项目

安全文明施工含环境保护、文明施工、安全施工、临时设施。

(1)环境保护包含范围:现场施工机械设备降低噪音、防扰民措施费用;水泥和其他易飞扬细颗粒建筑材料密闭存放或采取覆盖措施等费用;工程防扬尘洒水费用;土石方、建渣外运车辆冲洗、防洒漏等费用;现场污染源的控制、生活垃圾清理外运、场地排水排污措施的费用;其他环境保护措施费用。

(2)文明施工包含范围:"五牌一图"的费用;现场围挡的墙面美化(包括内外粉刷、刷白、标语等)、压顶装饰费用;现场厕所便槽刷白、贴面砖,水泥砂浆地面或地砖费用,建筑物内临时便溺设施费用;其他施工现场临时设施的装饰装修、美化措施费用;现场生活卫生设施费用;符合卫生要求的饮水设备、淋浴、消毒等设施费用;生活用洁净燃料费用;防煤气中毒、防蚊虫叮咬等措施费用;施工现场操作场地的硬化费用;现场绿化费用、治安综合治理费用;现场配备医药保健器材、物品费用和急救人员培训费用;用于现场工人的防暑降温费、电风扇、空调等设备及用电费用;其他文明施工措施费用。

(3)安全施工包含范围:安全资料、特殊作业专项方案的编制,安全施工标志的购置及安全宣传的费用;"三宝"(安全帽、安全带、安全网)、"四口"(楼梯口、电梯井口、通道口、预留洞口),"五临边"(阳台围边、楼板围边、屋面围边、槽坑围边、卸料平台两侧),水平防护架、垂直防护架、外架封闭等防护的费用;施工安全用电的费用,包括配电箱三级配电、两级保护装置要求、外电防护措施;起重机、塔吊等起重设备(含井架、门架)及外用电梯的安全防护措施（含警示标志）费用及卸料平台的临边防护、层间安全门、防护棚等设施费用；建筑工地起重机械的检验检测费用；施工机具防护棚及其围栏的安全保护设施费用；施工安全防护通道的费用；工人的安全防护用品、用具购置费用；消防设施与消防器材的配置费用；电气保护、安全照明设施费；其他安全防护措施费用。

（4）临时设施包含范围：施工现场采用彩色、定型钢板，砖、砼砌块等围挡的安砌、维修、拆除费或摊销费；施工现场临时建筑物、构筑物的搭设、维修、拆除或摊销的费用；如临时宿舍、办公室，食堂、厨房、厕所、诊疗所、临时文化福利用房、临时仓库、加工厂、搅拌台、临时简易水塔、水池等。施工现场临时设施的搭设、维修、拆除或摊销的费用。如临时供水管道、临时供电管线、小型临时设施等；施工现场规定范围内临时简易道路铺设，临时排水沟、排水设施安砌、维修、拆除的费用；其他临时设施费搭设、维修、拆除或摊销的费用。

其他措施项目包含夜间施工、非夜间照明、二次搬运、冬雨季施工、地上地下设施建筑物临时保护设施、已完工程及设备保护。

安全文明施工费是指工程施工期间按照国家现行的环境保护、建筑施工安全、施工现场环境与卫生标准和有关规定，购置和更新施工安全防护用具及设施、改善安全生产条件和作业环境所需要的费用；施工排水是指为保证工程在正常条件下施工，所采取的排水措施所发生的费用；施工降水是指为保证工程在正常条件下施工，所采取的降低地下水位的措施所发生的费用。

思考题

1. 简述措施项目概念。措施项目有哪些内容？
2. 措施项目编制有何特点？
3. 结合计价定额，简述脚手架、模板、垂直运输及其他项目的计价方法。

13 工程实例

13.1 招标控制价封面（表 13.1）

表 13.1 招标控制价封面

巡检楼 工程

招标控制价

招标控制价 （小写）: 1 390 160.63（元）

（大写）: 壹佰叁拾玖万零壹佰陆拾圆陆角叁分

招 标 人: 造价咨询人:

（单位盖章） （单位资质专用章）

法定代理人 法定代理人
或其授权人: 或其授权人:

（签字或盖章） （签字或盖章）

编 制 人: 复 核 人:

（造价人员签字盖专用章） （造价工程师签字盖专用章）

编制时间: 年 月 日 复核时间: 年 月 日

13.2 总说明（表 13.2）

表 13.2 编制说明

工程名称：巡检楼工程

一、工程概况

本工程为巡检楼工程，本工程分包括巡检楼的土建、安装工程。

二、编制依据

1．2013 版《房屋建筑工程量清单计价规范》《安装工程量清单计价规范》《市政工程量清单计价规范》及《宁夏回族自治区房屋建筑工程量清单计价相关规定》。

2．2013 版《宁夏回族自治区建筑工程预算定额》《宁夏回族自治区安装工程计价定额》《宁夏回族自治区市政工程计价定额》《宁夏回族自治区建设工程费用定额》等。

3．建设单位提供的设计图纸。

4．相关的规范、标准图集和技术资料。

5．其他有关文件、资料。

6．材料价格执行宁夏工程造价 2017 年第 1 期银川市地区材料价格及市场价。

三、税金

税率按 11%。

四、工程类别

执行三类企业三类工程。

五、其他说明

1．一般说明

（1）本工程投标报价按《市政工程量清单计价规范》《建设工程工程量清单计价规范》（GB 50500—2013）《房屋建筑与装饰工程工程量计算规范》（GB 50854—2013）、《通用安装工程工程量计算规范》（GB 50856—2013）的规定及要求，使用表格及格式按《建设工程工程量清单计价规范》要求执行，有更正的以勘误和解释为准。

（2）工程量清单及其计价格式中的任何内容不得随意删除或涂改，若有错误及时提出，以"补遗"资料为准。

（3）分部分项工程量清单中对工程项目特征及具体做法只作重点描述，详细情况见施工图纸设计、技术说明及相关标准图集。组价时应考虑所有工序工作内容的全部费用。

（4）材料暂估价表中价格应与综合单价及《综合单价分析表》中的材料价格一致。

（5）投标人应充分考虑施工周边的实际情况对施工的影响，编制施工方案，并作出报价。

（6）料工程暂估价详见工程量清单。

（7）说明未尽事项，以计价规范、工程量计算规则、计价管理办法及有关的法律、法规、建设行政主管部门颁发的文件为准。

2．有关专业技术说明

（1）本工程采用商品混凝土。

13.3 单位工程招标控制价汇总表（表 13.3）

表 13.3 单位工程招标控制价汇总表

工程名称：巡检楼　　　　　　标段：　　　　　　　

序号	汇总内容	金额/元	其中：暂估价/元
1	分部分项工程项目	961 014.53	
1.1	A.1 土石方工程	64 370.16	
1.2	A.2 地基处理与边坡支护工程	64 405.63	
1.3	A.4 砌筑工程	82 550.08	
1.4	A.5 混凝土及钢筋混凝土工程	311 060.56	
1.5	A.8 门窗工程	73 622.54	
1.6	A.9 屋面及防水工程	39 308.65	
1.7	A.10 保温、隔热、防腐工程	82 307.49	
1.8	A.11 楼地面装饰工程	112 582.94	
1.9	A.12 墙、柱面装饰与隔断、幕墙工程	64 996.13	
1.10	A.13 天棚工程	501.36	
1.11	A.14 油漆、涂料、裱糊工程	61 347.32	
1.12	A.15 其他装饰工程	3 952.87	
1.13	补充分部	8.8	
2	措施项目	216 674.92	
2.1	单价措施项目	163 192.04	
2.2	总价措施项目	53 482.88	
2.2.1	其中：安全文明措施费	33 157.26	
3	其他项目		—
3.1	暂列金额		—
3.2	专业工程暂估价		—
3.3	计日工		—
3.4	总承包服务费		
4	规费	74 707.51	—
4.1	工程排污费		—
4.2	社会保障费	67 076.48	—
4.2.1	养老保险费	48 632.84	—
4.2.2	失业保险费	3 253.35	—
4.2.3	医疗保险费	11 195.36	—
4.2.4	生育保险费	1 674.52	—
4.2.5	工伤保险费	2 320.41	—
4.3	住房公积金	7 631.03	—
5	税金	137 763.67	
	招标控制价合计=1+2+3+4+5	1 390 160.63	

13.4 分部分项工程和单价和总价措施项目清单与计价表

（表 13.4、表 13.5）

表 13.4 分部分项工程和单价措施项目清单与计价表

工程名称：巡检楼

序号	项目编码	项目名称	项目特征描述	计量单位	工程量	综合单价	合价
						金额/元	
		A.1 土石方工程					
1	010101002001	挖一般土方	1. 土壤类别：一、二类土 2. 挖土深度：3.15 m 3. 弃土运距：500 m 内	m³	2 094.81	16.55	34 669.11
2	010103001001	回填方-房心回填土	1. 密实度要求：0.97 2. 填方材料品种：黏土 3. 填方来源、运距：500 m 内	m³	104.89	44.2	4 636.14
3	010103001002	回填方	1. 密实度要求：0.97 2. 填方材料品种：黏土 3. 填方来源、运距：500m 内	m³	1 422.24	12.2	17 351.33
4	010103002001	余方弃置	1.废弃料品种：余土外运； 2.运距：自行考虑	m³	672.5	11.47	7 713.58
		分部小计					64 370.16
		A.2 地基处理与边坡支护工程					
5	010201001001	换填垫层	1.材料种类及配比：砂加石； 2.压实系数：0.97	m³	577.94	111.44	64 405.63
		分部小计					64 405.63
		A.4 砌筑工程					
6	010401001001	砖基础	1. 砖品种、规格、强度等级：MU10实心黏土砖； 2. 基础类型：条形基础； 3. 砂浆强度等级：水泥砂浆 M10； 4. 防潮层材料种类：水泥砂浆加5%的防水粉	m³	63.08	333.82	21 057.37
7	010402001001	砌块墙	1. 砌块品种、规格、强度等级：混凝土空心砌块 MU5.0； 2. 墙体类型：250 mm； 3. 砂浆强度等级：混合砂浆 M5.0	m³	88.58	272.22	24 113.25
8	010402001002	砌块墙	1. 砌块品种、规格、强度等级：混凝土空心砌块 MU5.0； 2. 墙体类型：200 mm； 3. 砂浆强度等级：混合砂浆 M5.0	m³	90.86	272.22	24 733.91
		本页小计					198 680.32

序号	项目编码	项目名称	项目特征描述	计量单位	工程量	金额/元	
						综合单价	合价
9	010402001003	砌块墙	1. 砌块品种、规格、强度等级：混凝土空心砌块 MU5.0； 2. 墙体类型：100 mm； 3. 砂浆强度等级：混合砂浆 M5.0	m³	3.92	272.22	1 067.1
10	010401014001	砖地沟、明沟-1 200	1.沟截面尺寸：1 200 mm×1 200 mm； 2.具体做法：详见 02G04-9 页-1，型号为 G-13II，沟底标高-1.400 m，地沟盖板选见 02G04-32 页 GB-11	m	79.65	135.76	10 813.28
11	010401014002	砖地沟、明沟-1 000	1.沟截面尺寸：1 000 mm×1 200 mm 2.具体做法：详见 02G04-9 页-1，型号为 G-13II，沟底标高-1.400 m，地沟盖板选见 02G04-32 页 GB-11	m	6.15	119.65	735.85
12	010401012001	零星砌砖	1.零星砌砖名称、部位：蹲台； 2.砖品种、规格、强度等级：MU10 240 mm×115 mm×53 mm 黏土实心砖； 3.砂浆强度等级、配合比：M10 水泥砂浆	m³	0.07	418.86	29.32
		分部小计					82 550.08
	A.5	混凝土及钢筋混凝土工程					
13	010501001001	垫层-台阶平台	1.部位：台阶平台； 2.混凝土种类：商砼； 3.混凝土强度等级：C25	m³	0.48	435.9	209.23
14	010501001002	垫层	1.部位：基础垫层； 2.混凝土种类：商砼； 3.混凝土强度等级：C10	m³	17.44	400.2	6 979.49
15	010501001003	垫层	1.部位：一层地面； 2.混凝土种类：商砼； 3.混凝土强度等级：C15	m³	24.02	400.2	9 612.8
16	010501001004	垫层	1.部位：二层地面； 2.混凝土种类：50 厚 CL7.5 轻集料砼	m³	14.34	249.16	3 572.95
17	010501003001	独立基础	1. 混凝土种类：商砼； 2. 混凝土强度等级：C30	m³	34.88	403.84	14 085.94
18	010502001001	矩形柱	1. 混凝土种类：商砼； 2. 混凝土强度等级：C30	m³	43.16	447.85	19 329.21
		本页小计					66 435.17

序号	项目编码	项目名称	项目特征描述	计量单位	工程量	金额/元	
						综合单价	合价
19	010502002001	构造柱	1. 混凝土种类：商砼； 2. 混凝土强度等级：C20	m³	13.44	437.25	5 876.64
20	010503001001	基础梁	1. 混凝土种类：商砼； 2. 混凝土强度等级：C30	m³	16.44	408.59	6 717.22
21	010503002001	矩形梁	1. 混凝土种类：商砼； 2. 混凝土强度等级：C30	m³	0.27	416.78	112.53
22	010503004001	圈梁-墙垫	1. 混凝土种类：商砼； 2. 混凝土强度等级：C20	m³	1.6	436.01	697.62
23	010503004002	圈梁	1. 混凝土种类：商砼； 2. 混凝土强度等级：C20	m³	8.09	436	3 527.24
24	010503005001	过梁	1. 混凝土种类：现场砼； 2. 混凝土强度等级：C25	m³	0.41	465.27	190.76
25	010505001001	有梁板-梁	1. 混凝土种类：商砼； 2. 混凝土强度等级：C30	m³	54.89	401.92	22 061.39
26	010505001002	有梁板-板	1. 混凝土种类：商砼； 2. 混凝土强度等级：C30	m³	62.9	401.92	25 280.77
27	010505008001	雨篷、悬挑板、阳台板	1. 混凝土种类：商砼； 2. 混凝土强度等级：C25	m³	1.01	47.24	47.71
28	010506001001	直形楼梯	1. 混凝土种类：商砼； 2. 混凝土强度等级：C30	m²	15.19	120.45	1 829.64
29	010507001001	散水	1. 垫层材料种类、厚度：300 厚中砂防冻胀层，150 厚砾石灌 M2.5 混合砂浆（每边宽出 300）； 2. 面层厚度：60 厚 C15 砼散水，1∶1 水泥砂浆压实赶光； 3. 混凝土种类：商砼； 4. 混凝土强度等级：C15； 5. 变形缝填塞材料种类：1∶2∶7 沥青砂浆	m²	82.4	122.22	10 070.93
30	010507004001	台阶	1. 踏步高、宽：踏步宽为 334 mm，踏步高为 150 mm； 2. 混凝土种类：商砼； 3. 混凝土强度等级：C25	m²	14.04	417.57	5 862.68
31	010507005001	压顶	1. 断面尺寸：300×100； 2. 混凝土种类：商砼； 3. 混凝土强度等级：C25	m³	2.29	477.53	1 093.54
32	010510003001	过梁	1. 安装高度：门窗上方； 2. 混凝土强度等级：C25	m³	1.25	552.55	690.69
33	010515001001	现浇构件钢筋	1.钢筋种类、规格：圆钢筋 6.5 以内	t	1.156	4 574.68	5 288.33
本页小计							89 347.69

序号	项目编码	项目名称	项目特征描述	计量单位	工程量	金额/元	
						综合单价	合价
34	010515001002	现浇构件钢筋	1.钢筋种类、规格：圆8钢筋	t	5.57	3 788.82	21 103.73
35	010515001003	现浇构件钢筋	1.钢筋种类、规格：圆10钢筋	t	1.141	3 788.82	4 323.04
36	010515001004	现浇构件钢筋	1.钢筋种类、规格：圆12钢筋	t	1.545	4 079.47	6 302.78
37	010515001005	现浇构件钢筋	1.钢筋种类、规格：螺纹钢筋（Ⅱ）φ12	t	3.196	4 052.07	12 950.42
38	010515001006	现浇构件钢筋	1.钢筋种类、规格：螺纹钢筋（Ⅱ）φ14	t	0.871	4 052.07	3 529.35
39	010515001007	现浇构件钢筋	1.钢筋种类、规格：螺纹钢筋（Ⅱ）φ16	t	1.015	3 628.13	3 682.55
40	010515001008	现浇构件钢筋	1.钢筋种类、规格：螺纹钢筋（Ⅱ）φ18	t	1.082	3 628.13	3 925.64
41	010515001009	现浇构件钢筋	1.钢筋种类、规格：螺纹钢筋（Ⅱ）φ20	t	6.739	3 498.69	23 577.67
42	010515001010	现浇构件钢筋	1.钢筋种类、规格：螺纹钢筋（Ⅱ）φ22	t	5.633	3 498.69	19 708.12
43	010515001011	现浇构件钢筋	螺纹钢筋（Ⅱ）φ25 以内	t	7.541	3 314.1	24 991.63
44	010515001012	现浇构件钢筋	箍筋 φ6.5 以内	t	0.445	5 050.72	2 247.57
45	010515001013	现浇构件钢筋	箍筋 φ8 以内	t	5	4 270.99	21 354.95
46	010515001014	现浇构件钢筋	1.钢筋种类、规格：箍筋 φ10 以内	t	0.304	3 827.8	1 163.65
47	010515001015	现浇构件钢筋	1.钢筋种类、规格：φ6	t	0.84	4 833.64	4 060.26
48	010515002001	预制构件钢筋	1.钢筋种类、规格：预制圆8及以下	t	0.05	3 870.8	193.54
49	010515002002	预制构件钢筋	1.钢筋种类、规格：预制圆6钢筋	t	0.575	4 468.12	2 569.17
50	010516002001	预埋铁件	1.构件名称：防盗窗； 2.钢材品种、规格：30×3角钢，25×3扁钢，直径12圆钢 3.油漆品种、刷漆遍数：红丹防锈漆两遍，银粉漆两遍	t	0.547	8 468.7	4 632.38
51	010516003001	机械连接	1.连接方式：套筒连接； 2.螺纹套筒种类：钢筋直（锥）螺纹套筒接头 G20 以下	个	146	12.17	1 776.82
本页小计							162 093.27

序号	项目编码	项目名称	项目特征描述	计量单位	工程量	金额/元	
						综合单价	合价
52	010516003002	机械连接	1.连接方式：套筒连接； 2.螺纹套筒种类：钢筋直（锥）螺纹套筒接头 G22/25	个	442	13.19	5 829.98
		分部小计					311 060.56
	A.8	门窗工程					
53	010801001002	木质门	1. 门代号及洞口尺寸：M1021 1 000×2 100； 2. 是否安锁：安装	m²	10.72	215.98	2 315.31
54	010801001003	木质门	1. 门代号及洞口尺寸：M1521 1 500×2 100； 2. 是否安锁：安装	m²	34.65	208.93	7 239.42
55	010802001004	金属（塑钢）门	1. 门代号及洞口尺寸：M0821 800×2 100； 2.门框、扇材质：地弹门	m²	6.72	324.89	2 183.26
56	010802001001	金属（塑钢）门	1. 门代号及洞口尺寸：M3627 3 600×2 700； 2. 门框、扇材质：塑钢门； 3. 玻璃品种、厚度：6+12A+6 中空玻璃	m²	9.72	410.53	3 990.35
57	010802001002	金属（塑钢）门	1. 门代号及洞口尺寸：M3629 3 600×2 920； 2. 门框、扇材质：塑钢门； 3. 玻璃品种、厚度：6+12A+6 中空玻璃	m²	10.51	410.53	4 314.67
58	010802001003	金属（塑钢）门	1. 门代号及洞口尺寸：M1529 1 500×2 920； 2. 门框、扇材质：塑钢门； 3. 玻璃品种、厚度：6+12A+6 中空玻璃	m²	4.38	410.53	1 798.12
59	010807001001	金属（塑钢、断桥）窗	1. 框、扇材质：塑钢窗； 2. 玻璃品种、厚度：6+12A+6 中空玻璃	m²	127.5	394.57	50 307.68
60	010809004001	石材窗台板	1. 黏结层厚度、砂浆配合比： 1：2.5 水泥砂浆作浆； 2. 窗台板材质、规格、颜色：预制大理石板厚 25	m²	9.14	161.24	1 473.73
		分部小计					73 622.54
			本页小计				79 452.52

序号	项目编码	项目名称	项目特征描述	计量单位	工程量	金额/元	
						综合单价	合价
	A.9	屋面及防水工程					
61	010902001001	屋面卷材防水	1. 防水层做法：4 厚 SBS 改性沥青卷材防水自带保护层； 2. 找平层：30 厚 C20 细石混凝土找平层； 3. 黏结层：刷冷底子油一道	m²	360.59	58.63	21 141.39
62	010903003001	墙面砂浆防水（防潮）-平面	1. 防水层做法：水泥砂浆加 5%的防水粉； 2. 砂浆厚度、配合比：20 厚 1：2.5 水泥砂浆	m²	35.04	13.86	485.65
63	010903003002	墙面砂浆防水（防潮）-立面	1. 防水层做法：水泥砂浆加 5%的防水粉； 2. 砂浆厚度、配合比：20 厚 1：2.5 水泥砂浆	m²	588.35	17.45	10 266.71
64	010904002001	楼（地）面涂膜防水	1. 涂膜厚度、遍数：1.5 厚聚氨酯涂膜； 2. 反边高度：1 800 m； 3. 找平层：20 厚 1：3 水泥砂浆	m²	131.93	55.2	7 282.54
65	010904003001	楼（地）面砂浆防水（防潮）-雨篷	1. 防水层做法：水泥砂浆加 5%防水粉； 2. 砂浆厚度、配合比：20 厚 1：2 水泥砂浆	m²	9.55	13.86	132.36
		分部小计					39 308.65
	A.10	保温、隔热、防腐工程					
66	011001001001	保温隔热屋面	1. 保温隔热材料品种、规格、厚度：聚乙烯笨板 100 厚，容重为 22kg/m³； 2. 找坡：1：6 水泥炉渣找 2%坡，最薄处 30 厚	m²	340.07	68.57	23 318.6
67	011001003001	保温隔热墙面	1. 保温隔热部位：外墙面； 2. 保温隔热方式：外保温； 3. 保温隔热材料品种、规格及厚度：50 厚阻燃型挤塑保温板 B2 级； 4. 找平层：10 厚 1：3 水泥砂浆	m²	666.24	88.54	58 988.89
		分部小计					82 307.49
			本页小计				121 616.14

序号	项目编码	项目名称	项目特征描述	计量单位	工程量	金额/元	
						综合单价	合价
	A.11	楼地面装饰工程					
68	011102001001	石材楼地面	1.部位：台阶平台； 2.结合层厚度、砂浆配合比：30厚1：3 水泥砂浆； 3.面层材料品种、规格、颜色：花岗石； 4.嵌缝材料种类：水泥浆擦缝	m²	7.8	129.23	1 007.99
69	011102001002	石材楼地面	1.部位：楼梯间地面； 2.结合层厚度、砂浆配合比：30厚1：3 干硬性水泥砂浆结合层； 3.面层材料品种、规格、颜色：20～25 厚花岗石地面	m²	15.95	129.23	2 061.22
70	011102003001	块料楼地面	1.部位：卫生间； 2.结合层厚度、砂浆配合比：30厚1：3 干硬性水泥砂浆结合层； 3.面层材料品种、规格、颜色：6-10防滑地砖 300×300 地砖	m²	36.53	126.23	4 611.18
71	011102003002	块料楼地面	1.部位：除卫生间、楼梯间其他房间； 2.结合层厚度、砂浆配合比：30厚1：3 干硬性水泥砂浆结合层； 3.面层材料品种、规格、颜色：6-10厚 600×600 地砖地面	m²	575.65	155.95	89 772.62
72	011105002001	石材踢脚线	1.部位：楼梯间； 2.踢脚线高度：150 mm； 3.黏贴层厚度、材料种类：12 厚1：2 水泥砂浆； 4.面层材料品种、规格、颜色：花岗岩	m²	5.01	129.05	646.54
73	011105003001	块料踢脚线	1.部位：除楼梯间、卫生间其他房间； 2.踢脚线高度：150 高； 3.粘贴层厚度、材料种类：12 厚1：2 水泥砂浆黏结层； 4.面层材料品种、规格、颜色：块料踢脚板	m²	63.21	84.4	5 334.92
74	011106001001	石材楼梯面层	1.黏结层厚度、材料、颜色：花岗石	m²	15.19	241.86	3 673.85
本页小计							107 108.32

序号	项目编码	项目名称	项目特征描述	计量单位	工程量	金额/元	
						综合单价	合价
75	011107001001	石材台阶面	1. 黏结材料种类：1：3 水泥砂浆； 2. 面层材料品种、规格、颜色：火烧板； 3. 勾缝材料种类：1：1 水泥砂浆	m²	14.04	389.93	5 474.62
		分部小计					112 582.94
			A.12 墙、柱面装饰与隔断、幕墙工程				
76	011201001001	墙面一般抹灰-楼梯段侧面抹灰	1. 墙体类型：楼梯段侧面抹灰； 2. 底层厚度、砂浆配合比：12 厚1：3 水泥砂浆打底； 3. 面层厚度、砂浆配合比：8 厚1：2.5 水泥砂浆面层； 4. 装饰面材料种类：刷调和漆两遍	m²	1.38	145.64	200.98
77	011201001002	墙面一般抹灰	1. 墙体类型：砼砌块墙； 2. 底层厚度、砂浆配合比：12 厚1：3 水泥砂浆； 3. 面层厚度、砂浆配合比：8 厚1：2 水泥砂浆	m²	74.59	21.31	1 589.51
78	011201001003	墙面一般抹灰	1. 墙体类型：砼空心砌块； 2. 底层厚度、砂浆配合比：12 厚1：1：6 水泥石膏砂浆打底； 3. 面层厚度、砂浆配合比：3 厚石膏罩面； 4. 是否刷界面剂：刷界面剂一道	m²	1 472.45	20.97	30 877.28
79	011201003001	墙面勾缝	1.勾缝材料种类：两种不同材料界面处理：挂200 宽纤维网	m²	226.67	15.2	3 445.38
80	011204003001	块料墙面	1. 墙体类型：小型砼空心砌块； 2. 面层材料品种、规格、颜色：300×300 面包砖； 3. 缝宽、嵌缝材料种类：1：1 水泥砂浆； 4. 贴结层厚度：1：2 水泥砂浆	m²	162.69	77.29	12 574.31
		本页小计					54 162.08

序号	项目编码	项目名称	项目特征描述	计量单位	工程量	金额/元	
						综合单价	合价
81	011204003002	块料墙面	1. 墙体类型：砼空心砌块； 2. 安装方式：干粉型黏接剂粘贴； 3. 面层材料品种、规格、颜色：白瓷板200×300； 4. 是否刷界面剂：刷界面剂一道	m²	100.28	83.11	8 334.27
82	011204003003	块料墙面	1. 墙体类型：砼空心砌块； 2. 安装方式：1：3水泥砂浆粘贴； 3. 面层材料品种、规格、颜色：白瓷板200×300； 4. 是否刷界面剂：刷界面剂一道	m²	95.95	83.11	7 974.4
		分部小计					64 996.13
	A.13	天棚工程					
83	011301001001	天棚抹灰	1.部位：楼梯底； 2.基层类型：砼天棚； 3.砂浆配合比：1：2水泥砂浆	m²	16.52	20.2	333.7
84	011301001002	天棚抹灰-雨篷	1.部位：雨篷； 2.基层类型：砼板； 3.砂浆配合比：1：2水泥砂浆	m²	8.3	20.2	167.66
		分部小计					501.36
	A.14	油漆、涂料、裱糊工程					
85	011401001002	木门油漆	1. 门类型：胶合板门； 2. 门代号及洞口尺寸：M1021 1000×2100； 3. 腻子种类：普通腻子； 4. 刮腻子遍数：满刮腻子两遍； 5. 油漆品种、刷漆遍数：刷调和漆两遍	m²	10.72	36.59	392.24
86	011401001003	木门油漆	1. 门类型：胶合板门； 2. 门代号及洞口尺寸：M1521 1500×2100； 3. 腻子种类：普通腻子； 4. 刮腻子遍数：满刮腻子两遍； 5. 油漆品种、刷漆遍数：刷调和漆两遍	m²	34.65	36.59	1 267.84
		本页小计					18 470.11

序号	项目编码	项目名称	项目特征描述	计量单位	工程量	金额/元	
						综合单价	合价
87	011406001001	抹灰面油漆	1. 基层类型：砼天棚； 2. 腻子种类：普通腻子； 3. 刮腻子遍数：满刮腻子两遍； 4. 油漆品种、刷漆遍数：刷乳胶漆两遍	m²	678.76	19.7	13 371.57
88	011406001002	抹灰面油漆-雨篷天棚底面	1. 基层类型：水泥砂浆； 2. 腻子种类：普通腻子； 3. 刮腻子遍数：满刮腻子两遍； 4. 油漆品种、刷漆遍数：乳胶漆两遍； 5. 部位：雨篷天棚底面	m²	5.52	19.7	108.74
89	011406001003	抹灰面油漆-雨篷外侧面	1. 基层类型：水泥砂浆； 2. 腻子种类：外墙腻子； 3. 刮腻子遍数：满刮腻子两遍； 4. 油漆品种、刷漆遍数：外墙丙烯酸涂料两遍； 5. 部位：雨篷外侧面	m²	2.1	35.65	74.87
90	011406001004	抹灰面油漆	1. 基层类型：挤塑板； 2. 腻子种类：外墙腻子两遍； 3. 刮腻子遍数：满刮腻子； 4. 油漆品种、刷漆遍数：米黄色乳胶漆两遍	m²	471.23	35.65	16 799.35
91	011406001005	抹灰面油漆	1. 基层类型：混合砂浆墙面； 2. 腻子种类：普通腻子； 3. 刮腻子遍数：满刮腻子两遍； 4. 油漆品种、刷漆遍数：刷乳胶漆两遍	m²	1472.45	19.7	29 007.27
92	011407002001	天棚喷刷涂料	1. 基层类型：水泥砂浆基层； 2. 喷刷涂料部位：天棚底面； 3. 腻子种类：普通腻子； 4. 刮腻子要求：满刮腻子两遍； 5. 涂料品种、喷刷遍数：乳胶漆两遍	m²	16.52	19.7	325.44
		本页小计					59 687.24
		分部小计					61 347.32

序号	项目编码	项目名称	项目特征描述	计量单位	工程量	金额/元	
						综合单价	合价
	A.15	其他装饰工程					
93	011503001001	金属扶手、栏杆、栏板	1. 扶手材料种类、规格：直径75不锈钢扶手； 2. 栏杆材料种类、规格：不锈钢栏杆其他形式； 3. 固定配件种类：膨胀螺栓	m	10.35	381.92	3 952.87
		分部小计					3 952.87
		补充分部					
94	01B001	水滴子	1. 材质：直径50PVC管	个	2	4.4	8.8
		分部小计					8.8
		分部小计					961 014.53
		措施项目					
95	011701001001	综合脚手架	1.建筑结构形式：构架结构； 2.檐口高度：7.55 m	m²	728.42	26.19	19 077.32
96	011702001001	基础	1.部分：独立基础； 2.模板：复合木模板	m²	117.54	49.56	5 825.28
97	011702002001	矩形柱	1.部分：矩形柱； 2.模板：复合木模板	m²	211.41	53.98	11 411.91
98	011702003001	构造柱	1.部分：构造柱； 2.模板：复合木模板	m²	123.28	53.51	6 596.71
99	011702005001	基础梁	1.部分：基础梁； 2.模板：复合木模板	m²	108.97	45.89	5 000.63
100	011702006001	矩形梁	1.部分：矩形梁； 2.模板：复合木模板	m²	3.04	61.8	187.87
101	011702008001	圈梁	1.部分：圈梁； 2.模板：复合木模板	m²	89.06	46.69	4 158.21
102	011702009001	过梁	1.部分：过梁； 2.模板：复合木模板	m²	15.71	28.6	449.31
103	011702014001	有梁板	1.部分：有梁板； 2.模板：复合木模板	m²	907.02	17.63	15 990.76
			本页小计				72 659.67

序号	项目编码	项目名称	项目特征描述	计量单位	工程量	金额/元	
						综合单价	合价
104	011702023001	雨篷、悬挑板、阳台板	1.部分：雨篷； 2.模板：复合木模板	m²	8.24	130.22	1 073.01
105	011702024001	楼梯	1.部分：楼梯； 2.模板：复合木模板	m²	15.19	159.05	2 415.97
106	011702027001	台阶	1.部分：台阶； 2.模板：复合木模板	m²	21.84	35.29	770.73
107	011703001001	垂直运输	1.建筑物建筑类型及结构形式：构架结构； 2.建筑物檐口高度、层数：7.55 m	m²	728.42	60.38	43 982
108	011705001001	大型机械设备进出场及安拆	1.机械设备名称：塔式起重机	台·次	1	46252.33	46 252.33
		分部小计					163 192.04
		本页小计					94 494.04
		合　计					1 124 206.57

表 13.5　总价措施项目清单与计价表

工程名称：巡检楼　　　　　　　　　标段：　　　　　　　　　　　　第 1 页　共 1 页

序号	项目编码	项目名称	计算基础	费率（%）	金额/元	调整费率/%	调整后金额/元	备注
1	1	安全文明施工	预算人工费（不含现场砼）+预算机械费（不含现场砼）+技术措施项目人工费_预算价+技术措施项目机械费_预算价+现场砼子目人工费预算价×0.55+现场砼子目机械费预算价×0.55	9.38	33 157.26			2013 宁夏建设工程费用定额 P32
2	2	夜间施工	预算人工费（不含现场砼）+预算机械费（不含现场砼）+技术措施项目人工费_预算价+技术措施项目机械费_预算价+现场砼子目人工费预算价×0.55+现场砼子目机械费预算价×0.55	0.49	1 732.1			2013 宁夏建设工程费用定额 P32
3	3	二次搬运	预算人工费（不含现场砼）+预算机械费（不含现场砼）+技术措施项目人工费_预算价+技术措施项目机械费_预算价+现场砼子目人工费预算价×0.55+现场砼子目机械费预算价×0.55	1.3	4 595.36			2013 宁夏建设工程费用定额 P32
4	4	冬雨季施工	预算人工费（不含现场砼）+预算机械费（不含现场砼）+技术措施项目人工费_预算价+技术措施项目机械费_预算价+现场砼子目人工费预算价×0.55+现场砼子目机械费预算价×0.55	1.65	5 832.57			2013 宁夏建设工程费用定额 P32
5	5	生产工具用具使用费	预算人工费（不含现场砼）+预算机械费（不含现场砼）+技术措施项目人工费_预算价+技术措施项目机械费_预算价+现场砼子目人工费预算价×0.55+现场砼子目机械费预算价×0.55	1.52	5 373.03			2013 宁夏建设工程费用定额 P32
6	6	工程定位复测	预算人工费（不含现场砼）+预算机械费（不含现场砼）+技术措施项目人工费_预算价+技术措施项目机械费_预算价+现场砼子目人工费预算价×0.55+现场砼子目机械费预算价×0.55	0.44	1 555.35			2013 宁夏建设工程费用定额 P32
7	7	已完工程及设备保护	预算人工费（不含现场砼）+预算机械费（不含现场砼）+技术措施项目人工费_预算价+技术措施项目机械费_预算价+现场砼子目人工费预算价×0.55+现场砼子目机械费预算价×0.55	0.35	1 237.21			
8	8	地上、地下设施、建筑物的临时保护设施						
合计					53 482.88			

240

13.5 其他项目清单与计价汇总表

其他项目清单与计价汇总表见表 13.6。

表 13.6 其他项目清单与计价汇总表

工程名称：巡检楼 标段：   第 1 页 共 1 页

序号	项目名称	金额/元	结算金额/元	备注
1	暂列金额			明细详见表-12-1
2	暂估价			
2.1	材料暂估价	—		明细详见表-12-2
2.2	专业工程暂估价			明细详见表-12-3
3	计日工			明细详见表-12-4
4	总承包服务费			明细详见表-12-5
5	签证与索赔			
合　计				—

编制人（造价人员）：　　　　　　　　　　　复核人（造价工程帅）：

13.5.1 暂列金额明细表（表 13.7）

表 13.7 暂列金额明细表

工程名称：巡检楼 标段：   第 1 页 共 1 页

序号	项目名称	计量单位	暂定金额/元	备注
合　计				—

编制人（造价人员）：　　　　　　　　　　　复核人（造价工程师）：

13.5.2 材料（工程设备）暂估价及调整表（表 13.8）

表 13.8　材料（工程设备）暂估单价及调整表

工程名称：巡检楼　　　　　　　　　　　标段：　　　　　　　　　　第 1 页 共 1 页

序号	材料（工程设备）名称、规格、型号	计量单位	数量		暂估/元		确认/元		差额±/元		备注
			暂估	确认	单价	合价	单价	合价	单价	合价	
合计											

编制人（造价人员）：　　　　　　　　　　　　复核人（造价工程师）：

13.5.3 专业工程暂估价及结算价表（表 13.9）

表 13.9　专业工程暂估价及结算价表

工程名称：巡检楼　　　　　　　　　　　标段：　　　　　　　　　　第 1 页 共 1 页

序号	工程名称	工程内容	暂估金额/元	结算金额/元	差额±/元	备注
合　计						—

编制人（造价人员）：　　　　　　　　　　　　复核人（造价工程师）：

13.5.4 计日工表（表 13.10）

表 13.10　计日工表

工程名称：巡检楼　　　　　　　　　　　标段：　　　　　　　　　　第 1 页 共 1 页

编号	项目名称	单位	暂定数量	实际数量	综合单价/元	合　价	
						暂定	实际
1	人工						
人工小计							
2	材料						
材料小计							
3	机械						
机械小计							
总　计							

编制人（造价人员）：　　　　　　　　　　　　复核人（造价工程师）：

13.6 规费、税金项目计价表（表 13.11）

表 13.11 规费、税金项目计价表

工程名称：巡检楼　　　　　　　　　　标段：　　　　　　　　　　第 1 页 共 1 页

序号	项目名称	计算基础	计算基数	计算费率 /%	金额/元
1	规 费	工程排污费+社会保障费+住房公积金	74 707.51		74 707.51
1.1	工程排污费	分部分项人工费_预算价+技术措施项目人工费_预算价	239 217.12	0	0
1.2	社会保障费	养老保险费+失业保险费+医疗保险费+生育保险费+工伤保险费	67 076.48		67 076.48
（1）	养老保险费	分部分项人工费_预算价+技术措施项目人工费_预算价	239 217.12	20.33	48 632.84
（2）	失业保险费	分部分项人工费_预算价+技术措施项目人工费_预算价	239 217.12	1.36	3 253.35
（3）	医疗保险费	分部分项人工费_预算价+技术措施项目人工费_预算价	239 217.12	4.68	11 195.36
（4）	生育保险费	分部分项人工费_预算价+技术措施项目人工费_预算价	239 217.12	0.7	1 674.52
（5）	工伤保险费	分部分项人工费_预算价+技术措施项目人工费_预算价	239 217.12	0.97	2 320.41
1.3	住房公积金	分部分项人工费_预算价+技术措施项目人工费_预算价	239 217.12	3.19	7 631.03
2	税 金	分部分项工程项目+措施项目+其他项目+规费	1 252 396.96	11	137 763.67
合 计					212 471.18

编制人（造价人员）：　　　　　　　　　　复核人（造价工程师）：

13.7 计算过程

13.7.1 土石方工程清单工程量计算表（表 13.12）

表 13.12 土石方工程清单工程量计算表

序号	项目编码	项目名称	单位	工程量	计算式
1	010101002001	挖基础土方	m³	2 094.81	挖基础土方=基础垫层底面积×挖土深度 $V_挖=（a+2c+kH）（b+2c+kH）+1/3K^2H^3$ a=30+（1.225−0.25）×2=31.95

序号	项目编码	项目名称	单位	工程量	计算式
1	010101002001	挖基础土方	m³	2 094.81	a=30+（1.225−0.25）×2=31.95 m b=12+（1.2−0.25）×2=13.9 m H=2.5−0.45+0.1+1=3.15 $V_{挖}$=（31.95+2×1+0.75×3.15）（13.92×1+0.75×3.15） ×3.15+1/3×0.75²×3.15³=2 094.81
2	010103001002	土方回填−房心回填	m³	104.89	V=主墙间净面积×回填厚度 卫生间：（3.8×4.9）×0.31=5.77 楼梯间：3.1×5.15×0.315=5.03 其他：（3.1×4.95+4.4×4.95+7.0×4.95+7.1×4.1+7×4.1+ 4.4×4.3+3.1×4.1+3.4×4.1+3.5×4.1+2.05×29.5+7.1×4.95）× 0.315=285.13×0.33=94.09
3	010103001004	回填土	m³	1 422.24	V=2 094.81−15.585−19.48−15.391−44.17−577.94 =1 422.24
5	010103002001	余土外运	m³	672.57	V=2 094.81−1 422.24=672.57

13.7.2 地基处理表（表13.13）

表13.13 地基处理表

序号	项目编码	项目名称	单位	工程量	计算式
1	010201001001	换填垫层	m³	577.94	$V_{挖}$=（31.95+2×1+0.75×1）（13.9+2×1+0.75×1）×1+1/3× 0.75²×1³=577.94

13.7.3 砌筑工程清单工程量计算表（表13.14）

表13.14 砌筑工程清单工程量计算表

序号	项目编码	项目名称	单位	工程数量	计算式
1	010401001001	砖基础	m³	63.08	砖基础体积=基础截面积×基础中心线长 砖墙基础： −2.00 到−0.5 L=（29.5−0.9−0.85×3）×3−（3.3−0.12×2）+（11.5−0.9× 2）×6−（2.4−0.65−0.12）×3−（2.4−0.12−0.12）=126.24 $V_{基1}$=126.24×0.24×（2−0.5）=45.45 −0.5 到−0 L=（30−0.5×2−0.45×3）×3−（3.3−0.12×2）+（12−0.5× 3）×6−（2.4−0.25−0.12）×3−（2.4−0.65−0.12）=136.44 $V_{基2}$=136.44×0.24×（0.5−0.2）=9.82 条基： S=0.48×0.12+0.36×0.06+0.24×（0.82−0.2）=0.23

244

序号	项目编码	项目名称	单位	工程数量	计算式
1	010401001001	砖基础	m³	63.08	L=30+4.9+4.6－0.12×2+4.2－0.12×2=43.22 $V_{基3}$=0.23×43.22=9.94 扣构造柱 V=（0.24×0.2+0.03×0.24×2）×（2－0.2）×19=2.13 小计：V=45.45+9.82+9.94－2.13=63.08
2	010401003001	砌块砖 －250 mm	m³	88.58	砖墙体积=砖墙截面积×砖墙中心线长－门窗体积 一层： 墙=（30－0.5×2－0.45×3+12－0.5×3）×2×（3.6－0.6）×0.25 　=57.22 扣 MC=（1.8×2×15+1.5×2+1.5×2.9+3.6×2.9）×0.25 　　　=17.95 扣构造柱=（0.25×0.2+0.03×0.25×2+0.02×0.25）×3 ×12 　　　　=2.52 扣墙垫=（3.9－0.25－0.1+4.9－0.25×2）×0.2×0.25 　　　　=0.4 小计=57.22－17.95－2.52－0.4=36.35 二层： 墙=（30－0.45×5+12－0.45×3）×2×（3.5－0.5）×0.25 　=57.6 扣 MC=（1.8×2.1×16+1.5×2.1×2）×0.25=16.62 扣构造柱=（0.25×0.2+0.03×0.25×2+0.02×0.25）×3×10 　　　　=2.10 扣墙垫=（3.9－0.25－0.1+4.9－0.25×2）×0.2×0.25 　　　　=0.4 小计=57.6－16.62－2.1－0.4=38.48 女儿墙： 墙=（30－0.25+12－0.25）×2×（0.9－0.1）×0.25=16.60 扣构造柱=（0.25×0.25+0.03×0.25×2）×（0.9－0.1）×46 　　　　=2.85 小计=16.60－2.85=13.75 合计：36.35+38.48+13.75=88.58
3	010401003002	砌块砖 －200 mm	m³	90.86	砖墙体积=砖墙截面积×砖墙中心线长－门窗体积 一层： 墙=[30－0.5×2－0.45×3－（3.3－0.1×2）+30－0.25×2－ （4.6－0.1×2）+（4.9+0.05）+（4.9－0.25×2）×3+（4.9+ 0.15）+（4.2－0.25－0.1）×3+（4.2－0.1）×2]×（3.6－ 0.6）×0.2+（4.6－0.1×2）×3.5×0.2=58.64

序号	项目编码	项目名称	单位	工程数量	计算式
3	010401003002	砌块砖 -200 mm	m³	90.86	扣 MC=（1.5×2.7+1×2.1×5+1.5×2.1×5+3.6×2.7）×0.2=8 扣构造柱=（0.2×0.2+0.03×0.2×2）×（3.6-0.6）×13 　　　=2.03 扣墙垫=（4.9+0.15+3.9-0.25-1.5）×0.2×0.2=0.29 扣过梁=（1.5×5×0.12+2×7×0.15+4.1×0.36）×0.2 　　　=0.84 小计 58.64-8-2.03-0.29-0.84=47.48 二层： 墙=[30-0.5×2-0.45×3-（3.3-0.1×2）+30-0.25×2+ （4.9-0.25×2）+（4.9+0.15）×3+（4.2-0.25-0.1）×3]× （3.5-0.5）×0.2=51.09 扣 MC=（1.5×2.7+1.5×2.1×7）×0.2=5.22 扣构造柱=（0.2×0.2+0.03×0.2×2）×（3.6-0.6）×11 　　　=1.72 扣墙垫=（4.9+0.15+3.9-0.25-1.5）×0.2×0.2=0.29 扣过梁=2×8×0.15×0.2=0.48 小计 51.09-5.22-1.72-0.29-0.48=43.38 合计：47.48+43.38=90.86
4	010401003003	砌块砖 -100 mm	m³	3.92	一层： 墙=（3.8×2-1.35+1.4）×（3.6-0.35）×0.1=2.49 扣 MC=0.8×2.1×2×0.1=0.34 扣过梁=1.3×2×0.12×0.1=0.03 扣墙垫=（3.8×2-1.35+1.4-0.8×2）×0.2×0.1=0.12 小计 2.49-0.34-0.03-0.12=2 一层 墙=（3.8×2-1.35+1.4）×（3.5-0.35）×0.1=2.41 扣 MC=0.8×2.1×2×0.1=0.34 扣过梁=1.3×2×0.12×0.1=0.03 扣墙垫=（3.8×2-1.35+1.4-0.8×2）×0.2×0.1=0.12 小计 2.41-0.34-0.03-0.12=1.92 合计：2+1.92=3.92
5	010401012001	蹲台零星砌砖	m³	0.07	0.12×0.18×（1.8+1.5-0.1）=0.07
6	010401014001	砖地沟 1 200 mm	m	79.65	（29.5+12-1.2×2）×2+1.45=79.65
7	010401014001	砖地沟 1 000 mm	m	6.15	（3.6-1.2）×2+1.35=6.15

13.7.4 混凝土及钢筋混凝土工程清单工程量计算表（表 13.15）

表 13.15 混凝土及钢筋混凝土工程清单工程量计算表

序号	项目编码	项目名称	单位	工程数量	计算式
1	010501001001	垫层－台阶	m³	0.78	（4×1.5+1.8×1）×0.1=0.78
2	010501001001	基础垫层	m³	17.44	基础垫层：J-1=（2.1+0.2）²×0.1×4=2.116 J-2=（2.4+0.2）²×0.1×8=5.408 J-3=（2.8+0.2）²×0.1×3=2.7 小计：V=10.224 地梁垫层：0.5×0.1×（20.2+18.7+20.2+7×2+6.3×3）=4.6 条基垫层：0.68×0.1×（4.9+29.5+4.2）=2.62
3	010501001002	一层地面垫层	m³	25.59	卫生间 C15 垫层：3.8×4.95×0.08=1.5048 楼梯间 C15 垫层：3.1×5.15×0.08=1.28 其他房间垫层：一层：285.13×0.08=22.81
4	010501001003	二层楼面垫层	m³	15.09	二层：（9.7×4.95+8.0×4.95+7.1×4.95+7.1×4.1+7×4.1+7.1×4.1+29.5×2.05+7.7×4.1）×0.05=15.09
5	010501003001	独立基础	m³	34.88	$V=[A×B+（A+a）（B+b）+a×b]/6$ J-1=2.1×2.1×0.3+[2.1²+（2.1+0.9）²+0.9²]×0.2/6=1.80×4=7.19 J-2=2.4×2.4×0.3+[2.4²+（2.4+0.9）×（2.4+0.85）+0.9×0.85]×0.2/6=2.3×8=18.42 J-3=2.8×2.8×0.3+[2.8²+（2.8+0.9）×（2.8+0.85）+0.9×0.85]×0.2/6=3.09×3=5.53 小计：V=34.88
6	010502001001	矩形柱 C30	m³	43.16	±0.000 以下： 0.9×0.9×1.5×4+0.85×0.9×1.5×8+0.85×0.9×1.5×3=17.48 0.5×0.5×0.5×4+0.45×0.5×0.5×8+0.45×0.5×0.5×3+0.2×0.35×2×3=2.16 ±0.000 以上： 一层：0.5×0.5×3.6×4+0.45×0.5×3.6×11+0.2×0.35×1.8×3=12.89 二层：0.45×0.45×3.5×15=10.63 小计：V=43.16
7	010503001001	基础梁	m³	16.50	A 轴：29.5-2.4×3-2.1=20.20 C 轴：29.5-2.8×3-2.35=18.75 D 轴：20.2 1 轴：11.5-2.4-2.1=7.0 3 轴：11.5-2.4-2.8=6.3 5 轴：7 轴：6.3 6 轴：11.5-0.3=11.2 8 轴：7.0 V=0.3×0.5×（20.2×2+18.75+11.2+7×2+6.3×3）+（1.05-0.5）×8×0.3×0.2/2+（1.2-0.45）×24×0.3×0.2/2+（1.4-0.45）×6×0.3×0.2/2=16.50

序号	项目编码	项目名称	单位	工程数量	计算式
8	010505001001	有梁板-梁	m³	53.681	KL1 KL3：[（4.2+2.4+4.9-0.25×2-0.5）×0.3×0.6]×2=3.78 KL2：[（4.2+2.4+4.9-0.25×2-0.5）]×0.3×0.6×3 =5.67 KL4 KL6：[（30-0.25×2-0.25×2-0.45×3）]×0.25×0.6×2 =8.295 KL5：[30-0.25×2-0.2×2-0.45×3]×0.3×0.6=4.995 L1：（1.4-0.1×2）×0.2×0.35=0.008 4 L2 L3：（12-0.25×2）×0.25×0.5×4=5.75 L4：（30-0.3×2-0.25×4-0.3×3）×0.25×0.4=2.75 WKL1：（12-0.25×2-0.2×2-0.25×5）×0.25×0.5×2=2.462 5 WKL2：（12-0.25×2-0.2×2-0.45）0.25×0.5×3=3.994 WKL3，WKL5：（30-0.25×2-0.2×2-0.45×3-0.25×12）× 0.25×0.5×2=6.188 WKL4：（30-0.25×2-0.2×2-0.45×3）×0.25×0.6 =4.163 L1：（12-0.25×2-0.25）×0.25×0.5×4=5.625 小计：53.681
9	010505001003	有梁板-板 C30	m³	62.90	板厚 110 mm 一层： [（3.9-0.125-0.05）×（4.2-0.125）]×0.11+[（3.6-0.125+0.005）×（4.2-0.125+4.9+0.05）]×0.11=5.17 二层： （3.9-0.125）×4.9×0.11+（3.6-0.125）×（6.6-0.25）×0.11 =4.46 小计：5.17+4.46=9.63 板厚 100 mm 一层： [（30-0.5）×（12-0.5）-19.5×0.25-29.5×0.3-（11.5-0.55）×0.25×4-（11.5-0.55）×0.3×3-16.1-15.18-39.08-31.82]×0.1=20 二层： （29.5×11.5-29.5×0.25-11.5×0.25×7-24-18.45-48.92-22.09）×0.1=19.83 小计：20+19.83=39.83 板厚 120 mm 一层： [（4.6-0.125-0.15）×（4.2-0.125+4.9+0.05）]×0.12=4.69 二层： [（3.9-0.125）×（6.6-0.25）]×.12+（4.6-0.125×2）× （4.2+2.4+4.9-0.25）×0.12=8.75 小计：4.69+8.75=13.44 合计：5.17+4.46+20+19.83+4.69+8.75=62.90

序号	项目编码	项目名称	单位	工程数量	计算式
10	010403005001	过梁	m³	1.25	一层： 0.1×0.12×1.3×2+0.2×0.12×1.3+0.12×0.2×1.3×3+0.2×0.15×2.0×3+0.36×0.2×4.1+0.15×0.2×2.0×2=0.75 二层： 0.1×0.12×1.3+0.15×0.2×2.0×7+0.15×0.2×2.0=0.50 小计：0.75+0.5=1.25
11	010503004001	地圈梁	m³	8.26	0.24×0.2×[（30−0.5×2−0.2×4−0.45×3）×2+（4.4+2.05+3.85）×2+（4.95×2+4.4×3）+（3.85×3+4.1×2）+（29.5+6.775+6.75+4.275+6.65）]=8.26
12	010502002001	构造柱	m³	10.3	−2.0～−0.08： 0.25×0.2×1.92×12+0.2×0.2×1.92×12=2.07 −0.08～3.52： 0.25×0.2×3.0×12+0.2×0.2×3.1×10+0.2×0.2×3.5×2=3.32 3.52～6.9： 0.25×0.2×2.88×10+0.2×0.2×2.88×11=2.71 屋面： 0.25×0.25×0.8×44=2.2 小计：2.07+3.32+2.71+2.2=10.3
13	010507005001	压顶	m³	2.29	（0.06×0.06+0.24×0.1）×（30−0.15×2+12−0.15×2）×2=2.29
14	010505008001	雨篷、悬挑板、阳台板	m³	1.01	4.6×1.2×0.1+（4.5+1.05×2）×0.2×0.1+2.4×1×0.1+（2.3+0.95×2）×0.2×0.1 =1.01
15	010506001001	直形楼梯C30	m³	15.19	3.1×4.9=15.19
16	010507004001	台阶	m²	14.04	6×2.5+3.6×1.9−4×1.5−1.8×1=14.04
17	0105070010011	散水	m²	82.4	[（32+14）×2−3.6−6]×1=82.4

13.7.5 门窗工程清单工程量计算表（表13.16）

表13.16 门窗工程清单工程量计算表

序号	项目编码	项目名称	单位	工程数量	计算式
1	010801001001	木质门 M1021	m²	10.5	S=洞口面积×数量 1×2.1×5=10.5
2	010801001002	木质门 M1521	m²	34.65	S=洞口面积×数量 1.5×2.1×11=34.65
3	010805004001	弹簧门 M0821	m²	6.72	S=洞口面积×数量 0.8×2.1×4=6.72
4	010805005001	全坡门（塑钢框玻璃门）	m²	24.612	S=洞口面积×数量 3.6×2.7×1+1.5×2.92+3.6×2.92=24.612

序号	项目编码	项目名称	单位	工程数量	计算式
5	010807001001	塑钢窗	m²	127.5	S=洞口面积×数量 1.5×2.0+1.5×2.1×3+1.8×2.02×15+1.8×2.1×16 =127.5
6	010809004001	石材窗台板	m²	9.14	窗台板宽度：（0.25-0.07）/2+0.05=0.14 C1：（1.5+0.1）×0.14×1=0.22 C2：（1.5+0.1）×0.14×3=0.67 C3：（1.8+0.1）×0.14×15=3.99 C4：（1.8+0.1）×0.14×16=4.26 小计：9.14

13.7.6 屋面及防水工程清单工程量计算表（表 13.17）

表 13.17 屋面及防水工程清单工程量计算表

序号	项目编码	项目名称	单位	工程数量	计算式
1	010902001001	屋面卷材防水	m²	359.75	29.5×11.5+（29.5+11.5）×2×0.25=359.75
2	010902004001	屋面排水管	m	44.4	（7.1+0.45-0.15）×6=44.4
3	010903003001	墙面砂浆防潮－平面	m²	42.02	（136.44+43.22－0.24×19）×0.24=42.02
4	010903003002	墙面砂浆防潮－立面	m²	79.52	43.22×（0.82-0.2+0.06×2+0.06+0.12）×2 =79.52
5	010903003003	墙面砂浆防潮－雨棚	m²	9.55	4.4×1.1+（4.4+1.1×2）×0.2+2.2×0.9+（2.2+0.9× 2）×0.2=9.55
6	010904002001	楼（地）面涂膜防水－卫生间	m²	133.76	[3.8×1.8+1.3×3.8+1.65×3.8－1.3×0.1+（3.8×4+ 2.3×2+4.75×2+1.3×2－0.8×4－1.5）×1.8]×2 层 =133.76

13.7.7 防腐、隔热、保温工程清单工程量计算表（表 13.18）

表 13.18 防腐、隔热、保温工程清单工程量计算表

序号	项目编码	项目名称	单位	工程数量	计算式
1	011001001001	屋面保温－水泥炉渣最薄 30 mm 找 2%坡	m²	339.25	屋面净面积 29.5×11.5=339.25
2	011001001002	屋面保温－聚苯板保温 80 厚	m²	339.25	同上
3	011001003001	保温隔热墙保温	m²	586.07	外墙保温： （30+12）×2×（8+0.45）=709.8 扣门窗： 1.8×2.0×15+1.8×2.1×16+1.5×2.9+1.5×2.0+ 3.6×2.9+1.5×2.1×2=138.57 扣台阶： 5.3×0.45+3×0.45=3.74 加门窗侧边： [（1.8×2+2.0）×15+（1.8×2+2.1）×16+ （1.5×2+2.9）+（1.5×2+2.0）+（3.6×2+2.9）+ （1.5×2+2.1）×2]×（0.25－0.07）/2=18.58 合计：709.8-138.57-3.74+18.58=586.07

13.7.8 楼地面工程清单工程量计算表（表 13.19）

表 13.19 楼地面工程清单工程量计算表

序号	项目编码	项目名称	单位	工程数量	计算式
1	011102001001	石材楼地面-地 23（楼梯间 02J1-72）	m²	15.969	S=主墙间净面积 楼梯间：3.1×5.15=15.965
2	011102001004	石材楼面-楼 30（楼梯间 02J1-96）	m²	15.965	楼梯间：3.1×5.15=15.965
3	011102003001	块料地面－地 19（宁 02J1-96）	m²	288.43	工具间： 3.1×4.95+1.0×0.2+4.4×4.95+1.0×0.2=37.53 气化二交接班室：7.0×4.95+1.5×0.2=34.95 合成二交接班室：7.1×4.95+1.5×0.2=35.45 气化二巡检室：7.1×4.1+1.5×0.2=29.41 合成二巡检室：7×4.1+1.5×0.2=29 门厅门斗：4.4×4.3+3.6×0.2=19.64 管理室：3.1×4.1+1.0×0.2=12.91 空分工具间：3.4×4.1+1.0×0.2=14.14 空分巡检室：3.5×4.1+1.0×0.2=14.55 走廊：2.05×29.5+1.5×0.25=60.85 合计：288.43
4	011102003002	块料地面－地地 20（卫生间宁 02J1-71）	m²	37.02	卫生间：（3.8×1.8+1.3×3.8+1.65×3.8+0.1×0.8×0.2+1.5×0.2）×2 层=37.02
5	011102003003	块料楼面－楼 25（宁 02J1-95）	m²	303.84	S=主墙间净面积 系统分析班：9.7×4.95+1.5×0.2=48.32 电议二车间仪表检修班：8.0×4.95+1.5×0.2=39.9 7.1×4.95+1.5×0.2=35.45 7.1×4.1+1.5×0.2=29.41 电气检修一班二班：7×4.1+1.5×0.2+7.7×4.1+1.5×0.2=60.87 电气运行调试班：7.1×4.1+1.5×0.2=29.41 走廊：29.5×2.05=60.48 合计：303.84
6	011105003001	块料踢脚线-踢 2（宁 02J1-109）	m²	83.29	一层： [（3.1+4.95）×2+（4.4+4.95）×2+（7.1+4.95）×2+（7.1+4.1）×2+（7+4.1）×2+（4.1×2+0.4×4）+（3.1+4.1）×2+（3.4+4.1）×2+（3.8+4.1）×2+（29.5+20.5）×2+（4.4-3.6）-1.5-（1.5+1×5+1.5×4）×2]×0.15=38.57 二层： [（9.7+4.95）×2+（8.0+4.95）×2+3.1+5.15×2+（7.1+4.95）×2+（7.1+4.1）×2+（7+4.1）×2+（7.7+4.1）×2+（7.1+4.1）×2+（29.5+2.05）×2-（1.5×14）]×0.15=44.72

序号	项目编码	项目名称	单位	工程数量	计算式
7	011102003001	块料楼梯面层	m²	23.03	1.5×4.9+3.2×4.9=23.03
8	011102003002	块料楼梯面层－台阶平台	m²	7.8	4×1.5+1.8×1=7.8
9	011107002001	块料台阶面	m²	14.04	6×2.5+3.6×1.9-（4×1.5+1.8×1）=14.04

13.7.9 墙柱面工程清单工程量计算表（表13.20）

表13.20 墙柱面工程清单工程量计算表

序号	项目编码	项目名称	单位	工程数量	计算式
1	011201001001	内墙面一般抹灰	m²	1894.56	S=墙面净面积 一层：297×3.5-1.5×2.7-1.0×2.1×2×5-1.5×2.1×2×4-3.6×3-1.8×2.0×14-1.5×2.0-1.5×2.9=920.7 二层：319.12×3.4-1.5×2.7-1.5×2.1×2×7-1.8×2.1×15-1.5×2.1×2=973.86
2	011201001002	外墙面一般抹灰	m²	493.08	外墙刷外墙漆处一般抹灰：（30+12）×2×（6.2+0.9）-195.84+3.6×2+1.5×2=410.76 女儿墙处：8.4×0.8+84×0.3+84×0.3×2=82.32
3	011204003001	块料墙面－内墙卫生间	m²	208.35	S=墙面净面积+凸出部分面积 [（3.8+1.8）×2+（3.8+1.3）×2+（3.8+1.65）×2]×3.5+32.3×3.4-（0.8×2.1×2×4+0.5×2.7×2+1.8×2.0+1.8×2.1）=208.35
4	011204001001	外墙面贴面包石	m	105.07	（30+12）×2×（0.9+0.45）-（5.3×0.45+3+0.45+3.6×0.9+1.5×0.9）=105.07

13.7.10 天棚工程清单工程量计算表（表13.21）

表13.21 天棚工程清单工程量计算表

序号	项目编码	项目名称	单位	工程数量	计算式
1	011301001001	天棚抹灰-棚	m²	676.57	S=主墙间净面积 285.13+301.73+梁侧 4.95×0.5×2×5+2.025×0.6×2×3+4.075×0.5×2×4+6.35×0.5×2×4=676.57
2	011301001002	天棚抹灰-棚	m²	9.16	雨棚抹灰：0.9×2.2+4.4×1.1+侧面1.24+1.1=9.16
3	020302001001	天棚吊顶-卫生间	m²	37.62	S=主墙间净面积 卫生间：（3.8×4.85）×2=37.62

13.7.11 油漆、涂料、裱糊工程清单工程量计算表（表13.22）

表13.22 油漆、涂料、裱糊工程清单工程量计算表

序号	项目编码	项目名称	单位	工程数量	计算式
1	011406001001	抹灰面油漆－内墙面	m²	1 894.56	同内墙抹灰
2	011406003001	满刮腻子－内墙面	m²	1 894.56	同上
3	011406003002	满刮腻子－外墙面	m²	410.76	见外墙抹灰
4	011407001002	抹灰面油漆－外墙面	m²	410.76	同上
5	011401001002	木门刷油漆 1 000×2 100	m²	10.5	1.0×2.1×5=10.5
6	011401001003	木门刷油漆 1 500×2 100	m²	34.65	1.5×2.1×11=34.65

13.7.12 其他装饰工程清单工程量计算表（表13.23）

表13.23 其他装饰工程清单工程量计算表

序号	项目编码	项目名称	单位	工程数量	计算式
1	020107001001	金属扶手带栏杆、栏板	m	8.992	3.45×1.12+0.1+3.63×1.12+1.6=9.63

13.8 工程量清单（表13.24）

表13.24 工程量清单

序号	项目编码	项目名称	项目特征描述	计量单位	工程量
			A.1 土石方工程		
1	010101002001	挖一般土方	1. 土壤类别：一、二类土； 2. 挖土深度：3.15 m； 3. 弃土运距：500 m内	m³	2094.81
2	010103001001	回填方-房心回填土	1. 密实度要求：0.97； 2. 填方材料品种：黏土； 3. 填方来源、运距：500 m内	m³	104.89
3	010103001002	回填方	1. 密实度要求：0.97； 2. 填方材料品种：黏土； 3. 填方来源、运距：500 m内	m³	1422.24
4	010103002001	余方弃置	1. 废弃料品种：余土外运； 2. 运距：自行考虑	m³	672.5
			A.2 地基处理与边坡支护工程		
5	010201001001	换填垫层	1. 材料种类及配比：砂加石； 2. 压实系数：0.97	m³	577.94

序号	项目编码	项目名称	项目特征描述	计量单位	工程量
			A.4 砌筑工程		
6	010401001001	砖基础	1. 砖品种、规格、强度等级：Mu10实心黏土砖； 2. 基础类型：条形基础； 3. 砂浆强度等级：水泥砂浆 M10； 4. 防潮层材料种类：水泥砂浆加 5%的防水粉	m^3	63.08
7	010402001001	砌块墙	1. 砌块品种、规格、强度等级：砼空心砌块 MU5.0； 2. 墙体类型：250mm； 3. 砂浆强度等级：混合砂浆 M5.0	m^3	88.58
8	010402001002	砌块墙	1. 砌块品种、规格、强度等级：砼空心砌块 MU5.0； 2. 墙体类型：200 mm； 3. 砂浆强度等级：混合砂浆 M5.0	m^3	90.86
9	010402001003	砌块墙	1. 砌块品种、规格、强度等级：砼空心砌块 MU5.0； 2. 墙体类型：100 mm； 3. 砂浆强度等级：混合砂浆 M5.0	m^3	3.92
92	011407002001	天棚喷刷涂料	1. 基层类型：水泥砂浆基层； 2. 喷刷涂料部位：天	m^2	16.52
			A.15 其他装饰工程		
93	011503001001	金属扶手、栏杆、栏板	1. 扶手材料种类、规格：直径 75 不锈钢扶手； 2. 栏杆材料种类、规格：不锈钢栏杆其他形式； 3. 固定配件种类：膨胀螺栓	m	10.35
94	01B001	水滴子	1. 材质：直径 50PVC 管	个	2

注：以上清单内容 10-91 项略。

参考文献

[1] 刘富勤，程瑶. 建筑工程概预算[M]. 武汉：武汉理工大学出版社，2014.

[2] 住房和城乡建设部标准定额研究所. 建筑工程工程量清单计价规范（GB 50500—2013）[S]. 北京：中国计划出版社，2013.

[3] 中华人民共和国住房和城乡建设部. 房屋建筑与装饰工程工程量计算规范（GB 50854—2013）[S]. 北京：中国计划出版社，2013.

[4] 规范编制组. 建设工程计价计量规范辅导（2013）[S]. 北京：中国计划出版社，2013.

[5] 住房和城乡建设部标准定额研究所. 建筑工程工程量清单计价规范（GB 50500—2013）[S]. 北京：中国计划出版社，2013.

[6] 宁夏回族自治区住房和城乡建设厅. 宁夏回族自治区建筑工程计价定额[S]. 北京：中国建材工业出版社，2013.

[7] 宁夏回族自治区住房和城乡建设厅. 宁夏回族自治区装饰装修工程计价定额[S]. 北京：中国建材工业出版社，2013.

[8] 宁夏回族自治区住房和城乡建设厅. 混凝土砂浆配合比及施工机械台班费用定额[S]. 北京：中国建材工业出版社，2013.

[9] 宁夏回族自治区住房和城乡建设厅. 宁夏回族自治区建设工程费用定额（建筑、装饰装修、安装、市政、园林绿化工程）[S]. 北京：中国建材工业出版社，2013.

[10] 张国栋，张波. 建筑工程概预算与清单报价实例详解[M]. 上海：上海交通大学出版社，2015.

[11] 高洁. 建筑工程概预算与招投标[M]. 中山：中山大学出版社，2013.

[12] 吴贤国. 建筑工程概预算[M]. 2版. 北京：中国建筑工业出版社，2012.

[13] 曹小琳. 建筑工程定额原理与概预算（含工程量清单编制与计价）[M]. 北京：中国建筑工业出版社，2008.

[14] 赵延辉. 建筑工程概预算与招标投标[M]. 南京：江苏凤凰科学技术出版社，2014.

[15] 刘宝生. 建筑工程概预算[M]. 2版. 北京：机械工业出版社，2012.

[16] 焦红. 建筑工程概预算习题集[M]. 北京：机械工业出版社，2011.

[17] 李玉芬. 建筑工程概预算[M]. 2版. 北京：机械工业出版社，2010.

[18] 俞国凤，吕茫茫. 建筑工程概预算与工程量清单[M]. 上海：同济大学出版社，2005.

[19] 宋景智，郑俊耀. 建筑工程概预算定额与工程量清单计价实例应用手册[M]. 北京：中国建筑工业出版社，2005.

[20] 朱志杰. 建筑工程概预算与基础知识[M]. 北京：化学工业出版社，2009.

[21] 宋景智. 建筑工程概预算实例应用手册[M]. 北京：中国建筑工业出版社，2006.

[22] 龙敬庭. 建筑工程概预算[M]. 武汉：武汉理工大学出版社，2008.

[23] 张建平. 工程估价[M]. 北京：科学出版社，2006.

[24] 张毅. 装饰工程概预算与工程量清单计价[M]. 哈尔滨：哈尔滨工业大学出版社，2010

[25] 陈英. 建筑工程概预算[M]. 2版. 武汉：武汉理工大学出版社，2014.

[26] 杨会云. 建筑工程计量与计价[M]. 北京：科学出版社，2010.

[27] 袁建新. 施工图预算与工程造价控制[M]. 北京：中国建筑工业出版社，2007.

[28] 赵延辉. 建筑工程概预算与招标投标[M]. 南京：江苏凤凰科学技术出版社，2014.

[29] 刘宝生. 建筑工程概预算[M]. 2版. 北京：机械工业出版社，2012.

[30] 焦红. 建筑工程概预算习题集[M]. 北京：机械工业出版社，2011.

[31] 李玉芬. 建筑工程概预算[M]. 2版. 北京：机械工业出版社，2010.

[32] 俞国凤，吕茫茫. 建筑工程概预算与工程量清单[M]. 上海：同济大学出版社，2005.